インプレスR&D［NextPublishing］

技術の泉 SERIES

E-Book / Print Book

技術同人誌を書こう！ ［アウトプットのススメ］

親方Project｜編

ネタ出しから印刷所選び
イベント当日のノウハウ、委託まで
同人誌制作の全てがこの1冊に！

impress R&D

An impress Group Company

JN194614

目次

はじめに

この本の目的

図: 10/22に開催された「技術書典3」後のツイート

 おやかた@技術書典3 き01
@oyakata2438

フォロー中

C93合同誌：「ワンストップ！技術同人誌を
書こう(仮)」 の企画要旨説明
oyakata2.blog104.fc2.com/blog-entry-13....
これ一冊読めば、技術書を書いて、オンリー
で売るところまで、全体流れがわかるマニュ
アルを作りたい。冬コミで出したく、参加者
募集開始。

23:45 - 2017年10月30日

2017年10月22日に開催された「技術書典3」のあと、『一冊読めば、技術書を書いて、イベントで売るところまで全体の流れがわかるマニュアル的な本を作ってみたら面白いのではないだろうか？』と思ったのが、この本を制作したきっかけです。

もちろん、そこに至る要素である、執筆環境、共著の際のGitの使い方、入稿マニュアル、イベントでの展示、etc…それぞれの個別の内容については、既存の本なりBlogなりWebページはたくさんあります。しかし、それらを統合した「ワンストップ手引」的な資料は筆者が知る限りありません。そこで、できる範囲内で情報を網羅したマニュアル本として本書は制作されました。

本書の制作は共同作業で行われましたが、筆者の呼びかけに何人もの方に手を挙げていただけました。いずれも、技術書典にサークル参加されている方で、それぞれの分野についての技術書を作っている方々です。技術書典に参加した経験値を還元・共有して、技術書に関わるみんなで盛り上がりたい、という意識から参加いただけたのではないかと想像しています。あるいは、単純に面白そうだったから、かもしれませんが。

さて、本書の中身ですが、この本そのものの執筆工程である「共著」に関するテクニックのみならず、イベントに参加することはこんなに楽しいぞ、技術書コミュニティは楽しいぞ、という記事で溢れています。

さらに、ネタ出しや事前準備、当日のオペレーションといった「イベントのノウハウ」を可視化することも目的の一つとしました。『文章で読んでも、一度やってみないとわからない』という意見ももちろんあろうかと思いますが、事前知識・対策で回避できる点も多分にあり、些

細な障害で参加を尻込みしていてはもったいないからです。

　いずれにせよ、これまでは暗黙知、経験者のみしか持ち得ない経験として公開・可視化されていなかった内容をある程度含むものにできたのではないかと考えています。もちろんお金の話や印刷部数など、非常にデリケートな内容を含むことも事実です。ですが、これらは公開されづらいからこそ価値のある情報です。

　この本の同人誌版初版は、2017年冬コミ=C93にて発行されました。これまで3回開催されてきた技術書典は、2018年4月22日に第4回が開催されます。主催者のコメントによれば「半年ごとの開催を試しているところ」ということですから、次回は2018年の秋頃に開催されるのではないでしょうか。読者のみなさんがまずこの本を読んで、次回の技術書典5で自分の本を売ることができる、ということになればいいな、という夢を持っています。

　最後に、執筆者の皆様、いろいろ無茶な思いつきに付き合っていただきありがとうございました。特に、東京ラビットハウス@erukitiさんには、執筆環境設定やいろいろ交通整理含めて本当にお手数をお掛けしました。誇張ではなく、えるきちさんの初動なくしてはこの本は成立しませんでした。ありがとうございます。

　また、「わかばちゃんと学ぶGit使い方入門」の著者でもある湊川さん@llminatollには、ステキな表紙イラストを描いていただきました。かわいいです。ありがとうございます。そして、「わかばちゃんと学ぶGit使い方入門」があったおかげで、この本の複数人同時執筆という環境が成立しました。Gitの有効性を目の当たりにしつつ、迷ったら調べるという作業ができました。

　他の執筆者の皆様も、様々なテクニック、ノウハウを文章化・可視化してくださいました。ありがとうございます。おかげさまで、素晴らしい本になったと思います。

　それでは、この本を手に取っていただいた方に、よっしゃ、いっちょ書いてみようか、と思って頂けることを期待して、まえがきとします。

発起人:親方

親方Project

表記関係について

　本書に記載されている会社名、製品名などは、一般に各社の登録商標または商標、商品名です。会社名、製品名については、本文中では©、®、™マークなどは表示していません。

免責事項

　本書に記載された内容は、情報の提供のみを目的としています。したがって、本書を用いた開発、製作、運用は、必ずご自身の責任と判断によって行ってください。これらの情報による開発、製作、運用の結果について、著者はいかなる責任も負いません。

　また、当然ながらイベントごとに参加規約は異なります。運営への確認等実施いただけますようお願い致します。

第1章 イベント参加のススメ

‖‖‖

この章は、サークル参加するとこんないいことあるよ！という話です。技術書を取り扱うイベントの二大巨頭は、技術書典とコミケです。（Text:親方）

‖‖‖

1.1 サークル参加方法

　この本を手にとっているということは、「同人誌」というものの定義、あるいは同人イベントについてはすでにご存知だと思います。ここでは、まだサークル参加はしたことがない、という方に向けてイベントへのサークル参加の概要について触れたいと思います。

　「サークル参加」を一言でいえば、一般参加者から見て机の向こう側、つまり本を売る側になる、ということです。

　まず、サークル参加の大きな流れとしては、

　　1．イベントに申し込みをする（サークルカットを描く、コミケの場合：参加費を支払う）
　　2．当選する（技術書典の場合：参加費を支払う）
　　3．本を作る
　　4．イベント当日に頒布する

といったものです。イベントによって参加規則や要領は若干異なるものの、申し込みにはサークルカットの作成と必要事項の記入が必要になります。必要事項には住所や連絡先の他、作る本のジャンルや持ち込み数、配布価格などを記入することが多いようです。つまり、「どんな本を作り、何部くらい持ち込むのか」については申し込みの段階である程度固めておく必要があります。

　主催者側は、それぞれのサークルカットと搬入予定数を見ながら、会場内での各サークルの配置を決めます。この時、似たような傾向のサークルがまとまって配置されます。コミケなどのカタログを見たことがある方は覚えがあると思いますが、同一ジャンルが固まって配置され、「〜島」などと机の列を呼びます。したがって、申込時のデータと配布物が大きく異なると周りから浮く、といったことも起こりえます。

　もちろん、進捗やネタの流行りによって、申し込み時点から配布物が変わる可能性はありますし、浮いたとしても誰かに怒られるわけではありません。書きたいものを書く、その結果としてのサークルカット無視、というのもサークル主の自由ではあります。……とはいうものの、

やはり原則として申込時の内容と配布物が全く異なるということはやめたほうがよいでしょう。

　また、搬入数が多いサークルや、これまでの実績から多数の購入者が見込まれ、一般参加者の待機列が長くなりそうな場合に、いわゆる「壁」や「お誕生日席」といった、スペース的に余裕のある場所に配置される可能性が増えます。お誕生日席は島の両端の席、壁は会場外周の席です。比較的大部数の搬入が可能であり、混雑対策が採りやすいことから人気サークルを割り当てることが多く、サークルの人気の指標の一つ、つまりステータスともなります。

　申し込みからしばらくすると当落が発表され、ここでサークル参加できるのかが決定します。当落基準は一般に非公開とされている場合が多いのですが、単純な抽選だけではなく配布物・サークル活動の内容や、そのジャンル全体のサークル数などを考慮して当選サークルが選ばれるようです。例えば同一ジャンルのサークルが多い場合は抽選となります。逆に、当該ジャンルの参加サークルが少なく、そのサークルが落選するとジャンル自体がなくなってしまう場合には当選率が上がる、といった可能性もあるようです。

　なお書類不備、つまり必要事項の記入がなされていない場合は問答無用で落選となる場合が多いようです。最近のイベントはほとんどWebからの申し込みだと思いますので、くれぐれも記入欄が空欄のまま、といったミスは避けましょう。

　当落発表後は、とにかく完成に向けて本を作ります。そして、できた本を頑張って売りましょう。

抽選に落ちたときどうするか

　サークル参加できなくても、友人・知人のサークルに委託するという方法があります。筆者は第一回技術書典の際、知人のサークルに自分の本を委託するついでに、そのサークルのお手伝いをするという形で参加しました。サークル参加した方が色々と都合が良いのは確かですが、サークル参加ではなくても同人誌は出せます。ただし、お金が絡む話ですからお互いの信頼関係は大切にしましょう。（Text:erukiti／佐々木俊介）

1.2　イベント参加のメリット

　イベントに参加する理由は人それぞれです。基本的には、「読者と直接交流できる」という点が大きいのではないかと思います。自分が書いた本が売れていく様をみるのは、やはり気持ちのよいものです。常連さんなどができてくると、本当に「ありがたい……」という気持ちになります。

　他のメリットとしては、出版社の目に留まった本が商業出版になる（この本もその一例ですが）可能性があります。ただこれはテーマ次第の面があります。とはいえ、この本も含まれるインプレスR&Dの「技術書典シリーズ」を始め、同人誌から商業化された書籍も本も増えてい

るので、今後も一定の可能性はあります。

　ただ、同人誌で一山当ててお金を稼ぐ、ということはあまりおすすめできません。同人誌は、コミケでごく一部の大手サークルが頒布するケースを除いてそれほど儲かりません。詳細には後述のお金の項目で触れる内容にもなりますが、こと技術書という分野では一回のイベントでせいぜい100冊〜200冊売った場合で5万〜10万の売り上げに対し、印刷費、イベント参加費、その他経費を引くと利益はわずかです。さらに執筆時間を考えると、時間あたりの単価はとても低い金額になってしまいます。

　単純にお金を稼ぎたい、ということなら他の金儲けに注力するほうが効率的です。ただ、頒布数という面では、自作の技術書を100冊、200冊というレベルで実績を残すことができるイベントは、コミケと技術書典くらいではないでしょうか。

1.3　コミケと技術書典

　世の中には多数の同人誌即売会が存在します。こと技術書を配布するという観点からは、概ね2つのイベントがメインとなろうかと思います。それが、コミックマーケット（コミケ）[1]と技術書典[2]です。

　コミックマーケットの説明は今更不要かとは思いますが、夏と冬に東京ビックサイトでそれぞれ3日間開催される、世界最大の同人誌即売会です。サークル数は3日間で約3万サークル、参加者は一日あたり約20万人、3日のべ50〜60万人の参加者が集う巨大イベントです。

　一般的にコミケはいわゆる二次創作の「薄い本」、あるいはコスプレといったイメージが強いのは事実ですが、実は技術書を扱うサークルがかなりの数存在します。特に、一日目に配置されることが多い「同人ソフト」カテゴリのなかに、自主制作ハードやPC及びIT系評論情報というジャンルがあり、島1本〜2本、数十サークルが活動しています。また、三日目になることが多い「評論情報」にも、IT系、あるいは数学や電子工作、その他の技術系のサークルが存在します。

　そしてもう一つのイベントが技術書典です。コミケで壁になることもある技術書の大手サークルTechbooster[3]が主催する、「技術書のオンリーイベント」（ジャンルが技術書に限定されているイベント）です。2016年6月、2017年4月、2017年10月と過去3回開催され、いずれも大盛況でした。技術書典4は2018年4月22日にサークル数をさらに増やした240サークルに拡大して開催されます。参加者は約3000人ですが、技術書典2と3についてはいずれも暴風雨のなかでのイベント開催ということで、天候に全く恵まれていません。その中での来場者数ですので、天候に恵まれればもっと増えるのではないでしょうか。

1.http://www.comiket.co.jp/
2.https://techbookfest.org/
3.https://techbooster.org/

技術書典をお奨めします

技術書を頒布する機会として、現時点ではコミケと技術書典が考えられます。ただ、コミケは会場が広すぎる、参加者が多すぎる、体力を使いすぎる……など、一般参加者、サークル参加者ともにハードルが高めに感じます（筆者の個人的感想です）。

ですが、技術書典はそこまで体力を使うイベントではありません。また、技術書オンリーイベントであることから、ターゲットが絞られている分頒布しやすい環境です。今後コミケでの頒布を目指すにしても、最初は技術書典からスタートしてみるといいでしょう。コミケはコミケでお祭り感が強く、楽しくパワフルなイベントです。他ジャンルを目当てにした人が来てくれることもあります。サークルとしてのパワーができあがってから参加を考えてもいいでしょう。（Text:erukiti／佐々木俊介）

さて、技術書典とコミケの参加者層は若干異なる傾向にあるようです。技術書典は基本的には「技術書を買いに」来る人が多いということで、本の値段には余り頓着せず買っていく印象があります。なぜなら、技術同人誌は類書のない（あるいは極めて少ない）最もエッジな内容の本が多いからです。逆にコミケは、自分の好きなジャンルを目当てに来たついでにざっと回る人が目に付きます。

混雑の時間帯もかなり異なります。コミケでは最初から技術系サークルを狙ってくる人はあまり多くないため、開場直後は比較的暇です。ひとしきり買い物が終わった11時とか12時ごろから人が増え始め、そのまま15時ごろまで満遍なく忙しくなります。一方の技術書典では、開場からいきなり忙しくなり、それが昼過ぎまでずっと続きます。売り切れサークルも出始める中盤から後半になって、ふらっと秋葉原に来た人がイベントに立ち寄る、という雰囲気になります。

所属する組織との関係について

技術同人誌を執筆する場合、所属する組織で業務として扱っている技術分野を執筆する場合があります。この際、それぞれの所属先の諸規定との関係で所属する組織と調整が必要になる場合があります。

同人誌を執筆するということは表現の自由に属する事柄のため、一概に「所属先の組織の承認を得るべきである」というわけではありません。

ここで述べたいのは、「もしその組織が、業務外で執筆活動を行うことに理解がある組織であるなら、その環境を大事にするべき」ということです。

これは、同人誌を執筆する上で、入稿の直前の時期は、時間外労働のペースを調整したり、場合によっては休暇を取得して作業を行ったりするなどの影響が出る場合があるからです。

もちろん有給休暇を取得することは法律に定める当然の権利ですが、技術者としての知識・スキルは所属する組織の業務によって得る部分が大半である以上、執筆を行う上で同僚などと良好な関係を持つことが重要なことは言うまでもないでしょう。（Text：setoazusa／大中浩行）

‖‖

1.4　なぜ本を書くのか

　イベントに参加するには、まず「本を書く」必要があります。同人誌といえば二次創作などが主流ですが、技術同人誌というジャンルに限れば、自分が持っている知見、本業または趣味に関する技術を1冊にまとめることで、技術書という形にします。自分が持っている技術に関する解説であれば、それをうまく切り取ることで世の中に類書のない本を作る元ネタになりえます。

　そして、本を買う側からすれば、どこにも売っていない技術書を手に入れるチャンス。購入する際の価格はあまり判断基準になりません。例えば、断片的にはWebに乗っている内容でも、書籍には載っていないハマりどころについて解説されているとか、「具体的な何かを実装した」など、技術のエッジな部分を探しているときに、それがマッチングできれば即座に購入することになります。また、商業出版に比較して執筆から発行までのスパンが短いため、最新情報を手に入れるチャンスにもなります。

　つまり、執筆者側から見ると、「具体的な何かを実装する」という点にフォーカスした本は参加者の誰かに刺さる可能性が高くなります。もちろんあまりに狭すぎると部数は出なくなりますが。

　個人的意見にはなりますが、商業出版の技術書のように全体を網羅し、抜けなくもれなく、あるいはいろんな環境について併記する必要がないのが同人誌の良いところです。一般的な手順を記載したうえで、「こんなところにハマった」という点を深掘りするほうが書きやすく、また読者に刺さる本ができると考えます。当たり前すぎて商業誌には載ってないけど自分はハマった、という内容は他の人も同じようにハマる可能性があり、解決方法がなかなかみつからないという事があります。「うちの環境ではこんなトラブルがあって、こうやったら解決した」という内容は、十分に同人誌足りえます。

　更に、出版までのタイムスパンが短いという点については、通常の商業出版では企画から出版まで短くて3ヶ月～半年というところを、同人誌は申し込みからイベントまで最長で半年、執筆期間が長くて2ヶ月、短ければ（コピー本など）では、1週間を切っても発行できるのが強みです。

‖‖
技術同人誌のススメ

　出版業界が縮小傾向の時代なのに、なぜ技術同人誌なのでしょうか？

　それは、Google検索にノイズが溢れる現代において技術書の重要性は年々増す反面、これま

での商業出版では現代の技術の発展速度についていけないからです。技術書を求めるニーズは一定数あっても、発行のタイムスパンなどの問題もあり、商業出版でニーズを満たしきれていません。

その矛盾を解決できるのが技術同人誌です。ブログよりもまとまった形でその時代にあったエッジを切り取る、そしてそれを求めている人がコミケや技術書典でそれを買うというWIN-WINなエコシステムが生まれています。

最近はプリントオンデマンド[4]（POD）を商業出版でも取り入れる動きがあり、インプレスR&D[5]がPODと電子書籍で展開しているNextPulishing[6]では、さまざまな旬のエッジな本や、技術書典で頒布された同人誌を底本として商業化した「技術書典シリーズ」を精力的に発行しています。

書くにせよ、読むにせよ、技術同人誌はIT・出版における最前線なのです。（Text:erukiti／佐々木俊介）

|||||||||||||||||||||||||||||||||||||||||||||||||||||||||||||||||||||||||||||||||||||||||||||||||||||||||||

また、潜在的読者の数が少なく出版されにくい本があるのに対して、同人誌は責任を自分で追うことで、いかなる内容の本であろうと発行可能です。この面で技術同人誌が果たす役割は大きいと考えます。洋書や仕様書しか情報がない技術についての解説本は、とても有益です。そこに刺さる人たちに届けるんだ！という風に考えると執筆する意義を見いだせるかもしれません。

|||||||||||||||||||||||||||||||||||||||||||||||||||||||||||||||||||||||||||||||||||||||||||||||||||||||||||

技術同人誌を知らなかった私が技術書典3に出展するまで

私は技術書典3に出展し、「radiberry pi! 構築手順書」というRaspberry Pi絡みの技術同人誌を頒布しました。ほぼ個人的な話になりますが、そこに至るまでの経緯を記します。

そもそも私は、技術同人誌というジャンルの本があることをつい最近まで知りませんでした。秋葉原でジャンクパーツを物色した帰り、ふとCOMIC ZINに立ち寄って色々眺めていたところ、棚の一角に技術同人誌が置かれているのを発見。「技術系の同人誌なんてあるんだ！」と驚き、気になったものを片っ端から購入したのが2017年2月の出来事でした。

家で技術同人誌について調べているうちに、技術書典という即売会の存在を知り、4月に行われる技術書典2に行ってみることになりました。技術書典2に参加して感じたのは、技術同人誌を作成しているサークル参加者が思っているより遥かに多いということでした。イベント直後はRapsberry Piに関する本を中心に色々買えてただ満足していたのですが、色々なブースを巡って本を読んでいるうちに、こう考え始めました。

4.PODと略されるもので、注文が入ったら、業務用の超高性能プリンターでリアルタイムに印刷して出荷する仕組みです。在庫リスクが無く、版をアップデートすることもできます。

5.http://www.impressrd.jp/

6.https://nextpublishing.jp/

「今Raspberry Pi使って遊んでる、ラジオに関する内容で本を書けたりしないかな…？」

　技術書典2の戦利品を消化し終わらないうちに、技術書典3の開催決定がアナウンスされました。参加登録の申込期限まではおよそ1ヶ月半。ただの一参加者でしかなかった私ですが、ここから参加登録を行うべきかどうかを申込期限ギリギリまで悩むことになります。果たして3、4ヶ月先の納期を守れるのかどうか。そもそも、同人誌即売会のお作法を全く知らない状態で参加して大丈夫なものか。

　色々考えた結果、最終的に参加する決め手となったのは、「もし似たテーマの本を別の人が作っているのを見たら絶対に後悔する」と考えたからでした。

　そう思った後に、これまで結構な時間を費やした結果溜まった知見をどうにか形にしたいという考えに至り、参加締め切りの1時間前にようやく参加申し込みを行いました。参加登録から本の作成まで様々なトラブルがありましたが、無事に間に合わせることが出来ました。イベント当日、自分が作った本の束に初めて触れた時の感動は忘れられません。

　この本を読んでいるあなたがもし、技術同人誌の作成に挑戦するか迷っているのであれば、ちょっと想像してみて下さい。「自分が詳しく知っている／前々から目をつけていたテーマを取り上げた技術同人誌を、別の誰かが即売会で頒布している」状況を。

　もし見過ごせないと思ったのなら、是非この本で技術同人誌作成の準備を進めましょう。きっと役に立つはずです。（Text：病葉／木田原 侑）

||||||||||||||||||||||||||||||||||||||||||||||||||||||||||||||||||||||||||||||||||||||||||||||||||||||||||||||||||||||||

第2章　アウトプットを始めよう

本を書くことは実は大きなメリットがいくつもあります。わかりやすい例でいえば、技術書典で出した同人誌が出版社の目にとまって、商業化されるという事例です。しかしこれに限らず、本章では「アウトプットする」というテーマで、その色々なメリットを説明しつつ、アウトプットの練習方法について紹介します。（Text：erukiti／佐々木俊介）

2.1　ブログだって立派なアウトプット

　エンジニアとして、日々の困ったことについてその解決方法をブログに書くのも、立派なアウトプットです。筆者は元々アウトプットが苦手だったのを克服する一環として技術系ブログを書き始めましたが、それらがたまりにたまっていつの間にか技術同人誌を出すに至りました。

　ちょっとしたブログなら、書くのは簡単です。もし名前を出すのが恥ずかしければ匿名アカウントでもなんでもいいのです。Qiita[1]やMedium[2]やnote.mu[3]など、発表に適した場はいろいろとあります。Qiitaは技術に強いコミュニティです（技術的ではない記事は削除される可能性があります）。後者2つは技術系以外も多い総合サイトです。

　ブログを1本書けば「ブログを書いた」という実績が自分の中でアンロックされます。おめでとうございます！実績がアンロックされる前とは、きっと違うあなたになっているはずです。ブログを10本書けば「10本ブログを書いた」という実績です。最近のゲーム機では当たり前のように存在する実績システムですが、これは別に架空の概念でもなんでもありません。ブログという形で1つの記事を書き上げるということは、達成するだけで自分に大きな力として返ってくるのです。

　また、ブログ経由で執筆のスカウトメールが届くこともありますし、ライターを目指すなら手っ取り早い手段ではあります。イマドキの編集者は実際にnote.muやMediumをチェックして面白そうな文章を書ける人を探しているのです。

1.https://qiita.com/trend

2.https://medium.com/japan

3.https://note.mu/

2.2　アウトプットで理解が深まる

　人に教えると理解が進む、という経験をした人はそれなりに多いでしょう。ブログを書くためには、自分の知識を他の人にも通じる共通の言語・概念・ルールを用いて形にしないといけません。最低でも言語化できていなければブログを書けません。人に説明するために、おそらく普通よりも頑張って調べ物をすることもあるでしょう。これらの行程は理解を深める為にはとても有益なものなのです。

　また、自分の書いた記事を未来の自分が参考にすることもあります。備忘録としても優秀です。

2.2.1　書かないと始まらない

作家の結城浩さんが語る「常に書け。現在の自分の最前線を書け」 - Togetterまとめ

https://togetter.com/li/1172094

> そして思います。文章は、そのつど書かなきゃ駄目ということを。経験を積んでから、十分学んでから、時間ができてから書くのではない。断じて違う。そのつど書く。自分の不十分さをたっぷり自覚した状態で書く。そうでなければ、いつまでたっても書けやしない。
>
> 常に書け。現在の自分の最前線を書け。いまを逃せば、いまの自分は書けない。だから、いま、書くしかないのです。理解も不十分、経験も少ない、世の中もわからない、こんなこと書いたら恥ずかしい、批判がたくさん来るかも。という状態で書くしかない。いまを逃せば、チャンスはない。

　これはほんとにそう思います。下手な時には下手なりに自分の血肉となる何かを残す、というのは重要です。黒歴史を恐れる人もいますが、犯罪行為を除けば黒歴史なんて恥ずかしい（可能性がある）だけの取るに足らないものです。当時の自分の切り口を振り返るというのは、じつは後になって大きな資産になるものなのです。

　書くことに恥ずかしいとか遠慮とかを持っているならば、なんとかその呪縛を壊せばいいのです。よほど個人情報でも晒さない限りMediumとかQiitaでIDを取って記事を書くだけなら、恥ずかしさは少しでも軽減するのではないでしょうか？

2.3　インプット・コンピュート・アウトプットサイクルを刻む

　コンピュータの仕組みは「入力（インプット）」「演算（コンピュート）」「出力（アウトプット）」です。人間も同様ではないでしょうか？情報を入力して、その情報を処理（咀嚼）して、それらを文章やソースコード、あるいは他の作品の形でアウトプットするのです。

2.3.1 バランスが偏ると罠にハマりやすい

入力に偏ると脳がパンクしてしまいませんか？十分に咀嚼しないと自分のものにはなりません。逆に入力が足りずに頑張ろうとすると、狭い知識で無理矢理ひねり出すような"縛りプレイ"になってしまうこともあります。アウトプットは、入力と咀嚼の両方がそろってはじめて出せるものです。

入力と咀嚼が足りているとして、アウトプットを怠るとどうなるか？それは偏ったガラパゴス状態になりがちということです。せっかく咀嚼して自分の血肉にした技術でも、アウトプットしなければいつかは腐らせてしまいます。

つまり、これらの要素はどれも重要なものなのです。

2.3.2 大きなジャンプより小さな一歩

たとえばソースコードを変更したいとします。このとき、一気に大きな変更を施すと大変なことになりがちです。変更点の把握、それが正しいかどうかの確認、大人数開発であればコミュニケーションコストも馬鹿にできません。プロモーションなんかも絡んでくるでしょう。

よくプログラミング言語では大きなジャンプをすることがあります。Ruby1.8から2.0, Python2から3, JavaScriptの言語仕様であるES5からECMAScript2015やPHPの5.2から5.3などです。この大きなジャンプの特徴として、互換性の破壊、開発期間の長期化、ユーザーの移行が手間取るなどの問題があります。時間をかければかけるほど大事になりやすいのです。

個人の作業でもそうです。時間をめいっぱい掛けて大事にするより、小さな一歩を刻んでいく方が自分にとっても理解しやすく、心のハードルも低いものです。

また大抵のケースでは、1つの大きなサイクルをまわすよりは、小さなサイクルをたくさん回す方が得られる経験値は段違いに多いものです。未完の大作よりはちゃんと完成したものを少しずつ作っていく方が力を得やすいのです。分割統治法とか二分探索とか、エンジニアなら好きな言葉だったりしませんか？

2.3.3 脳みそのはなし

「やる気」ってどういうものでしょうか？何もやる気が起こらない。よくある現象です。筆者が考える「やる気」は、「何かをやりはじめた時」に出やすいものだと感じています。まずは「何か」きっかけになることに手を付けましょう。エディタを立ち上げる。1行でも書き始める。書きたい記事に必要な要素をリストアップする、などなど何でもいいからはじめてみましょう。始めないと始まりません。やらないとやる気は出ません。少しでも物理的な行動を始めてから考えればいいのです。

始めるときにお勧めのライフハックがあります。まずプライベートなノート、紙でも電子データでもいいので、そこに自分の考えを話し言葉で書き出してみましょう。ネタは何でもいいです。技術のこと、設計論、人とのコミュニケーションのやりかた、あるいはこれは恥ずかしい、

人に見せられない、それらの理由、思ってること、感じたこと、なんでもいいので言葉として書き出してみてください。それだけで少し位心が楽になるものです。いったん書いて形にする事で、脳内に溜まったままのものに決着を付けやすくなります。

そうしたら、次はどうやって自分の得た技術を本にするかをノートに書き出しながら考えてみてください。きっと次の一歩を踏めるはずです。

2.4　技術同人誌はコストパフォーマンスのよいアウトプット方法である

一番見返りの大きな「アウトプット」はおそらく商業で本をガッツリ書くことでしょう。編集者の方に色々手伝ってもらいながら一冊の本を書き上げるというのは、得られる経験や知名度、収入などさまざまなメリットがあります。ただ、当然のことながら敷居の高いものではあります。

そこで同人誌です。技術同人誌は誰でも作って誰でも頒布できます。

サークルとして参加する際には当落があるので、必ずしもサークルとして参加できるとはかぎりません。でもいざとなれば友人知人のサークルに委託するという手もありますし、BOOTHのようなオンライン販売サイト、ComicZINのような委託可能な書店に委託もできます。

||||||||||||||||||||||||||||||||||||||||||||||||||||||||||||||||||||||||||||||||||||||||||||||||||||||||||||||||
初めて同人誌を書くには

ネタはある。書く気もある。でもサークル申し込みしていない。さあどうしよう。

そんなときは、友人知人を捕まえて、委託させてくれ、寄稿させてくれ、と言ってみましょう。うちのサークルの例では、3回ほど寄稿で執筆してくれた人が、今は自分のサークルを持って活動しています。サークル参加している知人がいなければ、ちょっとハードルは上がりますが、もくもく会[4]等で委託・寄稿させてくれる人を探すのもアリです。

そしていっそのこと、コミケや技術書典に申し込みをするのが一番の近道です。技術書典は、全サークルの2割が初参加（本を書くのが初めて）だそうです。200サークルのうち実に40サークルです。さあ！さあ！さあ！（Text：親方）
||||||||||||||||||||||||||||||||||||||||||||||||||||||||||||||||||||||||||||||||||||||||||||||||||||||||||||||||

2.5　モチベーション

アウトプットのモチベーションですが、筆者は「欲望」が大きいと思っています。JavaScriptの同人誌を出していますが、これはウェブ上での情報汚染がひどかったので、自分なりにまとめなおしたかったからです。例えば技術書典2で出したModern JavaScriptという本では、ES5という古びた技術が未だにウェブ上では散見される現状に我慢できなかったのです。技術書典

4.https://techbook-meetup.connpass.com/

3で出した簡単JavaScript AST入門という本は、JavaScriptのもつポテンシャルを高める技術について、どこにも本が出ていなかったことと、ウェブ上でも情報が限られていたからです。

2.5.1　真人間のアドバイスは無視していい

創作、執筆、そういったものにおいて、足を引っ張るのは（自称）真人間のアドバイスです。執筆にかぎりません。「そんなの金にならない」「まっとうな社会人なら」「年甲斐も無く」「車輪の再発明をするやつは馬鹿だ」「○○なんて馬鹿のつかうものだ」など色々な言葉がありますが、そういうたぐいの言葉はほぼ100%無責任で、経験や感情を押しつけるだけのものです。

あなたが書きたいと思った欲望（モチベーション）を止める人の言葉は、あなたの創作意欲をつぶそうとする有害なものです。

批判もそうです。現代ではSNSによって批判にあふれかえっています。本や記事を書いたら批判を耳にすることもあるでしょう。そういったものには有用なものもありますが、批判に支配されてはいけません。批判をどう受け止めるのかはあなたの選択です。大抵の場合はスルーすればいいでしょう。どうしても気になる批判であれば、自分の中で咀嚼するか、マインドフルネスするか、まぁ何らかの対処をしましょう。

あなたが生み出すものを邪魔する権利は他人にはありません。あなたが生み出すはずだったものについて責任を取ってくれる人はこの世に誰一人いません。

2.6　本を書きたくなったら最初に目指すこと

それは目次の作成です。ある編集者[5]の持論としては「目次が完成したら、その本の半分以上ができたようなものだ」というものです。特に理系の論文の組み立て方やロジカルライティングに通じるものですが、大きなテーマがあって、それを伝えるためにはこれを伝えて、というのを目次という形にします。この目次がしっかりした構成であれば、後はもう中身を書くだけなのです。

目次が出来たら誰かに見せてみましょう。一番いいのは技術書執筆系の勉強会に参加して、そこらへんにいる編集者を捕まえて「こういう本を書きたいと思って目次を書いてみたんですがどうでしょう？」と聞いてみることです。アドバイスしたがりの人が多いので、きっと本に繋がる有益なアドバイスを受けられるとおもいます。

‖‖‖
レビューをお願いしよう

原稿がだいたいできあがったら、誰かにレビューをお願いしてみましょう。自分では気づきづらい論理構成の破綻、流れが分かりづらいところ、誤解、誤植等を見つけてもらうことができます。

5.https://twitter.com/kurakake

Twitter等で「こういう本を書いたー。レビュー募集中！お願いします！」とつぶやけば、手を上げてくれる人がいるでしょう。PDFを出力し、Google Document等で共有するのが簡単です。

　レビューに協力してくれる人は、自分の本を心待ちにしている人です。そして、レビューした人は、「こんな面白い本がある。買いに行くぜー」と告知してくれる場合もあるでしょう。

　レビューのお礼は、謝辞に載せる、完成した本を進呈する、等が良いでしょう。

　ただし、レビューをお願いして、その結果を本に反映させるには、入稿締め切りまでに余裕をもたせておく必要があります。レビューをお願いするにあたっての最難関は、その数日の余裕かもしれませんね。（Text:親方）

||||||||||||||||||||||||||||||||||||||||||||||||||||||||||||||||||||||||||||||||||||||||||||||||||||||||||||||||||||||||||||||||||||||||||||

第3章 ネタだし法

本を作るにはネタがないと話は始まりません。ですが「すべての事象はネタたりうる」というくらい、切り取り方次第で同人誌のネタとなります。本章では、自分が持っているタネをネタにする方法について述べます。（Text：もふもふ）

3.1 全ての事象はネタたりうる

そもそもネタとは何者なのでしょうか。ここでのネタとは、同人誌の内容そのもののことです。

同人誌を作ろうと思ったのはいいけれど、何を書いたらいいのかわからない！というあなた。難しく考える必要はありません。自分が持っている技術のタネをうまく切り取り、育てることでネタはいくつも作れます。

このとき、ネタというのはソフトウェア技術には限りません。技術書典もコミケも、少なからず電子工作勢や、デザイナー勢もいます。技術的な何かでさえあればいいのです。

ネタはいくつかの区分に分けることができるのです。1つずつ紹介します。

3.1.1 ネタ案その1:技術の紹介

よく使っていてお気に入りの技術はありませんか？誰かに話したくてたまらないような技術があるならちょうどいい機会です。ぜひとも布教しましょう。その思いをそのまま同人誌にぶつけてください。みんなそういうネタが大好きです。具体例としては、

- ・ある言語のライブラリ紹介
- ・ミドルウェアの使用法とユースケース紹介
- ・運用時に便利なLinuxコマンド集
- ・あまり知られてないけど自分が好きなプログラミング言語の解説
- ・ユニットテスト技法、設計技法、アジャイルテクニック
- ・電子工作・IoTの解説

などが挙げられます。

このネタの良いところは、「好き駆動」で同人誌を書き進めることができるという点です。「好き駆動執筆」に勝るものは何もありません。話したいことを全て詰め込めば、それなりのボ

リュームになるはずです。読んでいる側としても読み応えがあり、新しい分野の知見を深めることができます。

　ただし、紹介系のネタは技術用語と解説の羅列になりやすく、文章が単調になりがちです。技術の紹介とユースケースを織り交ぜて説明することで、読者は自分が使うことを想像しやすくなります。もしかすると、あなたの同人誌のおかげで紹介した技術のユーザーが1人増えるかもしれませんよ。

　マイナーな技術の情報も、求めている人が意外にいるものです。資料がウェブ上で見当たらない、英語の情報しか無い、英語ですら無いような情報。ソースコードを読めば実はわかりやすい、仲間内の暗黙知だけど文章になっていないもの、というような技術はよくあります。それらをあなたの言葉で記事にするだけで十分に同人誌として成立するのです。あなたにとっての当たり前も、他の人にとっては喉から手が出るほどほしいものだったりすることは、よくあります。

3.1.2　ネタ案その2:「困った」を解決した系

　ある技術を使っていた/使おうとしたら"はまって"しまったことや、作った成果物が壊れてしまい慌てて直した経験はありませんか？その苦い知見を共有することで、同じ轍を踏んでしまう人を少なくすることができるかもしれません。これは世界に対する貢献であり、世界平和への第一歩なのです！

　……と大げさに書いてしまいましたが、実はトラブルシュート系のネタを扱う技術同人誌はあまり多くありません。自分が困ったことは、120%他の人も同じように困っています。あなたの知見を世界は待っているのです。

　例えば、

- ・インフラ系の運用知識やトラブルに対する対処法
- ・プログラミング中にエラーが出ても慌てないようにするための知見
- ・Gitトラブルあるあると対処法
- ・ミドルウェアをいかにチューニングして落ちないようにするか
- ・あるAPIにまつわるバッドノウハウ

など、はまりそうなものをトピックとして挙げればキリがありません。でもそれがいいのです。

　自分の体験を元に書くことができるので、オリジナリティを出しやすいのがこのネタの良いところです。さらに同人誌を書くことで、自分自身の行動を冷静に振り返ることができます。

　しかし、いきなりトラブルの事例と対処法だけを説明されても読者は困ってしまいます。文脈としてわかりやすくするため、出てくる単語は全て丁寧に定義し、最低限の説明は怠らないようにしましょう。文章量も稼ぐことができ、一石二鳥です。

3.1.3　ネタ案その3:○○やってみた系

　まるでYouTubeやニコニコ動画にありそうなネタですね。これは先に具体例を紹介します。

- 気になるフレームワークを使ってWebアプリ作ってみた
- 初心者がUnityでゲーム作ってみた
- スマートフォンアプリを作って公開したら、赤字になった
- 電子工作でアート作品作ってみた
- 秋葉原で部品を買ってPC作ってみた

いかがでしょうか？あまり普段はやらないけど、ちょっと興味あることはありませんか？それ、同人誌のネタになりますよ。

全部書くのススメ

技術同人誌を書く場合、初歩的なことこそ丁寧に書くことをおすすめします。インストールや環境設定、使い方でハマりやすいところ（より具体的には自分がつまずいたところ）は確実に他の人もつまずきます。

このライブラリを入れないとこんなエラーが出るとか、最新バージョンでやったらダメで一個前のバージョンでないと動かない、とかいった情報は前提知識がないと脱出までに時間もかかります。問題の本質ではないところであるからこそ、つまずいた挙げ句にモチベーションを下げ、もうやーめた、と思うことになります。だからこそ一から十まで丁寧にかくことで、「本のとおりにやったのに動かない」という事態を避けることができます。

コードの書き方を例に示したいと思います。自分が一般的なレベル、と思っているような"おまじない"でも、初心者はハマります。ですから、最初は本当のコードレベルの冗長さは必要です。2回目以降は、理解によって（あるいは想定する読者のレベルによって）調整すればよいのです。

図3.1: 本当のコードと本に書いてあるコード

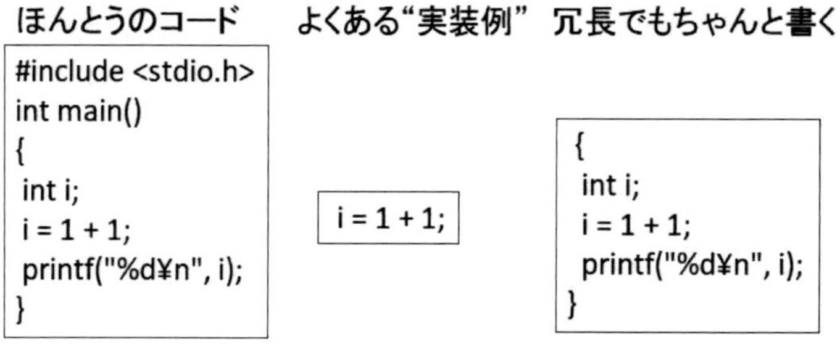

ほんとうのコード

```
#include <stdio.h>
int main()
{
 int i;
 i = 1 + 1;
 printf("%d¥n", i);
}
```

よくある"実装例"

```
i = 1 + 1;
```

冗長でもちゃんと書く

```
{
 int i;
 i = 1 + 1;
 printf("%d¥n", i);
}
```

「本のとおりにやったのに動かない」は、初心者のモチベーションを最も下げる要因ですから、注意したいものです。

おまけに、本文の分量も稼げます。技術書において、厚いは正義です。（Text：親方）

このネタは初心者であればあるほど輝きます。というのも、このネタを求めている読者は同じ初心者である可能性が高いからです。初心者にしかわからないつまずきや、面白いと感じた感想は同類を勇気付けることができます。ありがたい！

ネタの精度を上げるためには、実施した記録が全て再現できるかきちんと確認しておくと良いでしょう。初心者は何から手をつけて良いかわからないからこそ、あなたの知見を欲しているのです。その欲求に誠実に答えるのであれば、きちんと動くコードやプロパティが紹介されているかしっかり確認しましょう。操作手順を画面キャプチャし、本文に挿入するのもおすすめです。

3.2 ネタが出やすい環境

ネタの種類についてはよくわかりました。でも肝心のMyネタが降りてこなければ困ってしまいます。そこで、ネタをいかに出しやすくするかについて語りたいと思います。

3.2.1 ネタが出やすい場所「3B」と「三上」

ネタが出やすい場所として「3B」、そして「三上（さんじょう）」をご存知でしょうか。

3BはBus、Bath、Bedを合わせて3Bと呼ばれています。まずBus（移動中）です。電車やバスに乗っているときは普段より思考する量が少なくなるかもしれませんが、普段なら思いつかないネタが出てきやすい環境です。広告や街の景色にヒントをもらうことができる環境でもあります。

次はBath（お風呂）です。血行がよくなり頭に血が巡るので、いいネタが出やすい環境です。この章を書いているもふもふはお風呂でネタの中身を練っていることが多いです。

最後はBed（布団の中）です。究極のパラダイスです。特に冬は永遠に篭もっていられますね。寝る前よりは起きた後にいいネタを思いつく率が高いです。脳は眠っている間に記憶を整理するので、その影響でいいネタがでるのでは、と仮説をたてています。

もう一つのネタが出やすい場所をまとめた「三上」ですが、これは鞍上、枕上、厠上をあわせて三上と呼びます。これは欧陽脩（おうようしゅう）という中国の政治家・文学者が、文章の着想を得るのに優れた場所として挙げたものです。

鞍上は馬に乗っている時のこと。現代に置き換えれば通勤電車・列車といったところでしょうか。3BのBusとほぼ同じと言えるでしょう。

枕上は寝床の上のことで、寝る前だけでなく目を覚まして起きるまでを指します。平たく言えば「寝て起きるまで」で、こちらは3BのBedと対応しますね。

厠上はトイレの中のこと。3BのBathroomにはトイレの意味もあるのですが、区切られた空間で無心になると良いアイデアが出て来ることがあるかもしれませんね。

3B・三上のどちらの環境に身を置いた場合でも、良いアイデアが出てきたら忘れないようにメモ出来る態勢を整えましょう。

差分執筆

ネタに困ったとき、あるいは続き物を書いているときに有力な方法が、差分執筆です。

まず、差分執筆とはなにかですが、簡単に言うと前回からの進捗、あるいは今回の締め切りまでにやったことを文字にして、書けた分だけを出版するという方法です。今何かを作っていて、それの構成要素がたくさんあるときに、もちろん全体を書くことができればそれに越したことはないでしょう。しかし、時間的制約や自分の技術力、あるいはその他の制約から全体システムの一部しか作れない、あるいは書けない事があります。特に、電子工作のようにものづくりをする場合など、その傾向は顕著かもしれません。その時は、今回実装した分ということで執筆しても構わないと考えます。実際私はその方法で本を書き続けています。

例えば、何かのマイコンを使って温度を測定して、それを記録してWebにも上げるというシステムを作る場合を考えます。そのときに必要な内容は、マイコンの選定、温度センサの選定と実装、記録する部分の設計・実装、Web/通信部分の実装、電源、筐体、その他詳細仕様、様々な実装が含まれます。ソフト・言語の解説も同じかもしれませんね。模式的に構成技術を図にすると、図のようになります。

図3.2: 実装システムの構成要素と本にする内容の例

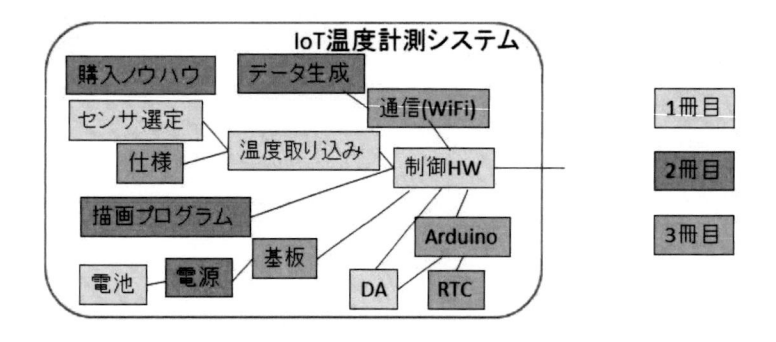

差分執筆では、手を付けたところから書けば良いのです。例えば、今回はこんなマイコンを選んでその特徴はxxで、温度計繋いだ。2冊目では、SDカードに記録できるようになった点と、バッテリー容量最適化したので、1ヶ月動く装置になった。次回は、Web連携を実装。そういう方法も全然ありです。全部完成させてからでないと本が書けないということは全くありません。書けた部分を本にすればよいのです。(Text：親方)

3.2.2　ネタだ、捕まえろ！

　ネタは蝶によく似ています。ふわりと飛んできてすぐどこかへ消えてしまうからです。蝶が飛んでいるのは可愛らしいですが、ネタに飛んでいかれてしまうのはとても困ります。どうすれば思いついた蝶＝ネタを捕まえておくことができるのでしょうか。

　おすすめの方法は、いつもメモ帳を持ち歩くことです。ここでのメモ帳ですが、スマートフォンのメモ帳でも構いません。重要なことは、自分の思考を何かに書き残しておくことです。

　ふと思いついたことは、そのまま何もしないと1日経てば忘れてしまいますよね。特にコーディングをされる方は強く実感されているのではと思います。何事もこまめに記録をつけることが大事、これはどの世界でも変わりません。

　特に、起きた後思いついたネタはすぐ忘れやすいです。枕元にスマートフォンを置いておけばすぐにメモが取れるのでおすすめです。寝ている間に踏みつぶさないように気をつけてください。

　今度はあなたがネタを出す番です。とびっきりのネタ、待ってます！

3.2.3　張り詰めてから緩める

　集中的に執筆なりコーディングなりをして張り詰めた状態を続けると、少しずつ視野がせまくなることもあります。これはこれで集中力が発露した状態ではありますが、これを逆のパターンで利用する方法があります。たとえば2日缶詰状態でひたすら書いて、それからじっくり風呂入って寝るのです。朝起きたとき、自分が書いていた原稿の誤字・脱字、足りないモノ、ミス、そういったものを見つけやすくなっていることに気づくでしょう。

　このテクニックは執筆中に使えますが、もちろんネタだしにも使えます。プログラミングに熱中している、仕事を頑張っている、スプラトゥーンでガチマッチしまくってる、など何かに集中した状態から張り詰めたものを緩めるのです。緩まった時は普通よりもインスピレーション力が高まっているはずです。あー、そういえばこのネタ書きたいなとか、そういうのを思いつける確率があがるでしょう。

‖‖
緩める・リラックスするテクニック

　呼吸に意識を集中する、散歩やサイクリングで自分のバランス感覚や筋肉に意識を集中するなど、身体感覚に耳を澄ませるとリラックスしやすいです。

　たとえば、アメリカの特殊部隊もやっているというボックスブレッシングというテクニックがあります。

1. 4秒で息を吸う
2. 肺に空気がたまった状態で4秒止める
3. 4秒で息を吐く
4. 空気が無くなった状態で4秒止める

これを繰り返すだけです。似たテクニックに、6秒吸って、6秒止めて、6秒ではき出すというものもあります。

　呼吸に意識を向けることと、横隔膜を止めるという2つがリラックスや集中力を取り戻すのにとても役立ちます。（Text：erukiti／佐々木俊介）

|||||||||||||||||||||||||||||||||||||||||||||||||||||||||||||||||||||||||||||||||||||||||||||||||||||||||||||||

3.2.4　需要とネタ

　同人誌のネタを出す際に、この本には需要があるのだろうか？と考えてしまう人がいるかもしれません。確かにこの資本主義の世界では、需要と供給を検討することは重要です。しかし、同人誌のネタに需要と供給を持ち込む必要はない、と筆者は考えます。

　なぜならば、同人誌は「同志が自分の資金を使って作成する冊子」だからです。あなたの大好きを詰め込んだ、あなたのための本を作成してください。

　世界にはたくさんのエンジニアがいます。あなたの大好きは、他の誰かの大好きかもしれません。自信を持って自分だけの本を作りましょう。

第4章 本のスタイルはどうすればいいのか？

||||||||||||||||||||||||||||||||||||||||||||||||||||||||||||||||||||||||||||||||||||||||||||||||||||||||

同人誌を作成する場合、そのスタイルを大きく分けると印刷所に出すのか、コピー誌にするのか、電子書籍にするのか、という選択があります。印刷所に出す場合には、オフセット印刷、オンデマンド印刷の選択があり、コピー誌にも選択肢がいくつかあります。見た目、読みやすさ、大きさ、コストがそれぞれ違います。本節では、同人誌の体裁や印刷方法について触れます。（Text:親方）

||||||||||||||||||||||||||||||||||||||||||||||||||||||||||||||||||||||||||||||||||||||||||||||||||||||||

4.1　印刷所に出すか、コピー誌にするか、または電子書籍にするか

　一般的にイメージする同人誌は、印刷所で印刷されたもの思って良いでしょう。くるみ製本（表紙で本文をくるんであるのでそう呼ばれます）の本ができあがります。ページ数によっては中綴じとする場合もありますが、技術同人誌はある程度厚みがある事が多いので、中綴じについてはここではあまり触れません。

　なお、本章において、（広義の）コピー本は、自分で印刷して、製本した本という意味で使います。必ずしもコピー機でコピーしてステープラ（ホチキス）止めした本のみを指すわけではありません。

　印刷所に出す場合、イベントの2週間から3週間前には原稿を仕上げて、入稿する必要があります。この締め切りを守れない場合は、費用がUPする、あるいは本が発行できないということになります。

　これに対してコピー本は、直前まで執筆・製作が可能です。あまりおすすめはしませんが、当日朝まで徹夜で書いて、そのままイベント開始までの時間で印刷・製本して当日頒布する、ということも可能です。突発的に本のネタを思いついたときなどに活躍します。自宅のプリンター、コンビニのコピー機やキンコーズのような印刷サービスを利用して印刷します。キンコーズであれば製本まで可能ですが、それ以外は書類とじ器による製本に必要な作業を自分で行う必要があります。

　コピー本のデメリットは、頒価が上げづらい割に、少部数のコピー／印刷なので印刷コストがかかります。

　3つめの選択が、電子書籍として頒布する方法です。PCで書いているので、そのまま電子書籍として頒布可能なpdfやepub形式が出力可能です。これをCDやUSBなどのメディアに書き

込んで配布する、あるいは、ダウンロードURL／QRコードを載せたダウンロードカードを販売するとか、電子書籍頒布プラットフォームに載せます。

　印刷費用がほぼ不要であるとともに、技術書は電子書籍として馴染みやすいというメリットがあります。また適宜改訂も可能であるというメリットがあります。また、搬入の手間や在庫リスクがないのも大きなメリットです。また、全文検索に対応させることで、閲覧性、情報へのアクセシビリティが大幅向上します。

　デメリットは、技術者が集まる技術書典といえど、現時点でも参加者の「紙の本」への志向が強いという点です。紙の本と電子書籍があったとして、紙の本のほうがよく売れるという傾向にあるようです。所有欲や閲覧性もあるのでしょうが、紙志向というのは私は納得するところです。

　発行媒体それぞれについてのメリット・デメリットをまとめます。

表4.1: 媒体まとめ

出版方法	メリット	デメリット
印刷所	直接搬入可、体裁クオリティ高、	入稿日早い、少部数困難
コピー本	締め切り自由度高い	頒価の割にコスト大、手間大
電子書籍	在庫リスクなし、印刷費小	紙志向は案外強い

印刷所のえらびかた

　はじめて同人誌をだすとき一番悩むのはおそらくどの印刷所にお願いするか？でしょう。

　技術書典であれば、公式サイトからリンクされている印刷所にお願いするといいでしょう。技術書典ほどの大規模イベントだと、印刷所がそのイベントを支援していることが多いようです。イベント支援とは、会場への直接搬入だったり、締め切りの融通が利いたり、すこしお得な値段設定だったり様々です。

　印刷についてわからないことが、あれば早めに印刷所に問い合わせましょう。データの形式や入稿方法など、印刷所の人は色々丁寧に教えてくれますし、どうしてもわからない場合は印刷所が融通してくれることもあります。そして、問い合わせはなるべく電話を使いましょう。さらに、入稿後はちゃんと電話に出られるようにしましょう。

　慣れているサークル参加者は、自分の好きな印刷所があるようです。印刷所によって品質や値段もかなり違いますし、回数をこなすことで入稿トラブルも減ってきます。（Text：erukiti／佐々木俊介）

4.2　オフセット印刷とオンデマンド印刷

　印刷所で印刷する場合は「オフセット印刷」と「オンデマンド印刷」のどちらかを選ぶことになります。オフセット印刷はある程度の分量を刷るのに向いていて、解像度が高く印刷が綺麗という特徴があります。オンデマンド印刷は多少安いですが、印刷所の設備によっては解像度の面で仕上がりが微妙なケースもあります。

　オフセット印刷は、大型印刷機で版下を作って印刷する方法です。「印刷」といったときのイメージはだいたいこれです。大部数にも対応し、印刷品質が高いというメリットがあります。

　デメリットは、少部数の印刷には向かない（コストが高い）という点です。

　オンデマンド印刷は、業務用レーザープリンターのようなもので印刷する方法で、少部数（10部など）でも比較的安価に印刷可能です。印刷クオリティはオフセットに比べると若干落ちるのですが、そうはいっても、同じ原稿を比べると発色が眠いかな？線の再現が甘いかな？といった程度の話で、一冊だけを見てパッと解るレベルではありません。

　お金の話の章で金額的な詳細がありますが、コスト面での両者の逆転ポイントは150部程度にあり、100部以下ならオンデマンド、200部以上ならオフセットとするのが印刷費上有利です。

　また印刷所によっては、印刷し易いモノクロ本文はオフセット印刷をし、表紙はオンデマンド印刷をして製本時に合わせるという方式を採っているところもあります。本文は印刷がきれいで、表紙はコストを抑えつつ納期に余裕があるということで、美味しい選択肢です。

　オンデマンド印刷もオフセット印刷も入稿方法には差はありません。オンデマンド印刷のほうが若干締め切りが遅い傾向がありますが、それも印刷所次第であまり大きな差ではありません。

4.3　コピー誌

　大昔であればコンビニでコピーして製本用のステープラを使って作る光景がよく見かけられましたが、イマドキならキンコーズなどのオフィスサービスを使うのが楽でしょう。

　くるみ製本まで自動でやってくれるところもある模様です。

　デメリットは、見た目がコピー用紙なだけに頒価を上げづらい割に、印刷コストがかかるという点です。例えば、20Pのコピー本を作るのに、両面印刷した場合は20回コピーすることになり、コピー料金が1回10円として200円かかります。ページ数が増えると印刷コストが上がりますが、頒価を上げるのはなかなか勇気のいるところです。また、表紙をカラーにした場合は更にその分UPします。また、作成の手間も（キンコーズ等を使う場合はともかく）、折ったり綴じたりは案外大変です。コピー機やプリンターに張り付く時間は結構長くなりますし、本が厚くなると書類とじ器の針が通らないのでやり直すなど、案外手間を取られます。

4.4　判型：B5、A5、A4……

　同人誌の大きさは、B5が主流です。特段の問題なければ、B5として良いと思います。

ページ数が少ない場合、本文の分量が少ない場合は、A5でも良い場合があるでしょう。とはいえ、A5サイズの厚い本も普通にあります。ある程度文章量がある場合に、厚みを出すために使うということも可能です。

　逆に、A4サイズの同人誌も時々あります。個人的には、持ち帰るのが大変なのでちょっと……と思うこともあります。またA4に対応していない印刷所もあるようです。特段の意図をもってA4を選択する場合は、対応している印刷所を選ぶ必要があります。

　本の大きさをいずれにしようとも、原稿作成にあたっては文字数、行数、文字サイズを設定後、執筆する必要があります。本文原稿作成中に一度実寸で印刷してみて、文字が小さすぎないか、ページの余白が大きすぎないか（スカスカに見えないか、つまりすぎていないか）等をチェックして、出来上がり原稿サイズとページ数の兼ね合いを検討すると良いでしょう。

表4.2: 判型

名称	サイズ	使用例
B5	182 × 257mm	同人誌や技術書ではよく見かけられるサイズ。あるいは教科書（大きい方）
A5	148 × 210mm	教科書（小さい方）
B4	257 × 364mm	役所の書類などで見られる用紙サイズ
A4	210 × 297mm	一般的なコピー用紙の大きさ
A3	297 × 420mm	セブンイレブンのネットプリントでの最大サイズ

4.5　フォントをどうするか

　最近は無料で使える優秀なフォントがたくさんあります。もしMacを利用していれば、ヒラギノなどMacに付属するフォントは商用利用可能です。

　フォントは大きく分けて明朝体とゴシック体に分かれます。明朝体は教科書っぽさがでますし、ゴシック体だと少し柔らかい感じになります。どういうターゲット層にどういう印象を与えたいかで選択すればいいと思います。

4.6　サンプルコードをどうするか

　ソフトウェアの技術書にはサンプルコードがつきものです。ベストは、Githubなどでサンプルソース専用のリポジトリを作成してそこで公開する方法。これなら、読者がいつでも最新のサンプルソースを入手できます。Re:VIEWで原稿を書く場合、リポジトリからサンプルソースをそのまま引っ張ってくる記法もあります。

　サポートページを作ってもそこでサンプルソースを配布してもいいですが、手間を考えるとGithubというエコシステムに乗っかるのがもっとも楽です。

4.7 電子書籍

電子書籍の場合はepub形式かPDF形式が主流です。

epubはごく簡単に説明すると、HTML+CSSをzipで固めたものです。サイズの違う端末で見たときに文字数などを変えるリフロー機能が特徴的です。そのため、スマートフォン、タブレットなどを活用する読者にはepub形式が便利です。ただ、epub形式もそれぞれの閲覧環境によって細かい違いがあったり、微妙なバッドノウハウがはびこるところもあます。

PDFはリフローはできませんが印刷物と同じクォリティを実現できるフォーマットです。技術書としてはPDFの方がありがたいという人もそれなりにいるようです。

どちらも利点・欠点があり、それぞれ需要があるため、一番いいのは両方を生成することです。本書の執筆に用いているRe:VIEWは、epubとPDFの両方を生成できます。

|||||||||||||||||||||||||||||||||||||||||||||||||||||||||||||||||||||||||||||||||||||||||||||||||||||

印刷所を選んだ遍歴

これまで15冊近く同人誌を発行してきて、3回ほど印刷所を変えました。不満があってというわけではなく、そのときに必要だったから変えた、という面が多いのですが、その履歴を少し説明します。

- 共信印刷：オンデマンドセットを利用。初めての本から数冊。締め切りが遅い。
- ポプルス：共信印刷では対応しない厚み（100Pover)をオンデマンドで印刷。
- 栄光：表紙の絵師から勧められて、オフセットで印刷。リピーターへのサービスが厚い。
- K-9：栄光より安かった。締め切りは栄光より若干遅い。

いずれも印刷クオリティ、対応については申し分なく、不満があって印刷所を変えたわけではないことは繰り返しておきます。

「同人誌印刷」で検索すれば、非常にたくさんの印刷所が見つかります。私の場合は、価格と締め切りのバランスを考えつつ、直接搬入に対応していることを必要条件として、さらにはポスター印刷サービスなどがあるか、といったところを基準に選んでいます。

|||||||||||||||||||||||||||||||||||||||||||||||||||||||||||||||||||||||||||||||||||||||||||||||||||||

第5章　表紙を作る

||||||||||||||||||||||||||||||||||||||||||||||||||||||||||||||||||||||||||||||||||||||||||||||||||||||||||||
表紙は同人誌の顔です。キチンと作ってあげたいところですが、悩ましい部分でもあります。
本章と次章はそんな同人誌の表紙の作り方について解説します。（Text：親方）
||||||||||||||||||||||||||||||||||||||||||||||||||||||||||||||||||||||||||||||||||||||||||||||||||||||||||||

5.1　表紙デザインについて

　技術同人誌の表紙をどんなデザインにするかは、非常に悩ましい問題です。一般的な同人誌
であれば、イラストやマンガを自分で描いているので中身に関連する絵をテーマに合わせて描
けばよく、ある意味かんたんです（作成がかんたんと言っているわけではありませんので誤解
なきよう）。また、そもそも絵描きの能力があるので、自分で作ればよい/作る必要があるので、
悩むところではありません。

　一方で、技術書においては、中身は基本的に文字またはコードですから、関連するキャラク
ターがいるわけでもなければ、内容を表すイラストがあるわけでもありません。しかし、表紙
は「同人誌の顔」ですから、見た目は重要です。実際、技術書典などの即売会では、技術書なの
に萌え絵のイラストが表紙の本もたくさんあり、眺めているだけで楽しかったりもします。そ
こで本節では、「同人誌の表紙をどうするか」という問題について扱います。

5.1.1　よくある技術同人誌の表紙

　非常に一般的な話として、技術同人誌の表紙は、大きく以下の3つに分けられると思ってい
ます。

- ・有名出版社のオマージュ系表紙
- ・萌イラスト系
- ・写真系

技術書典やコミケで同人誌を買ったことのある方なら納得頂けるのではないでしょうか。

　出版社オマージュ系は、例えばオライリー風ならば動物や昆虫などの線画と単色ベタでタイ
トルを入れたものなので、比較的カンタンに作成できますし、それだけで非常に技術書っぽい
表紙になります。デザインとしてもシンプルながら、タイトルもわかりやすく、読者に伝わり
やすいでしょう。

　写真系は、フリーの写真を使ってもよく、全体デザインの自由度も高いものになります。ま

た、フォントをどうするのか、文字の色や配置をどうするのか、自由であることは、全部自分で考えなければならないということで、なかなか大変です。

イラスト系は、同人誌ならではの表紙で、同人誌を作った！という感じがあふれるものになります。イベント会場でもやはりよく見かけるものですから、一度は作ってみたいものですね。ただし中身と表紙の関係性を結びつけるのはかなり難しく、「表紙と中身は関係ありません」となってしまったりします。

とはいえ、同人誌ですから別に関係なくてもいいのです。ただし、クオリティの高いイラストが表紙だから、技術書として売れるというわけでもないのは悩ましいところです。コミケの技術系島にせよ、技術書典にせよ、「技術書」を買いに来ている人が多数なので、イラストだけでは売れません。よっぽど著名なプロが描いてくれたイラストであれば、その絵だけ買いに来る人もいるかもしれませんが……。

5.2　フリー素材を利用する場合

オマージュ系と写真系に共通するのは、フリー素材を使って表紙を作るということです。

インターネットにはいくつか同人誌の表紙に使っても大丈夫なライセンスで配布されている画像（イラストもしくは写真）があります。例えば「いらすとや」という有名なフリー素材サイトで配布されているイラストを使ったりします。作風によってはこういったイラストを使うという手があります。

「フリー 画像」とかで検索して素材を探すのもありですが、もう少しいいキーワードがあります。それはCC0です。これはクリエイティブコモンズ[1]という団体が作ったライセンスの1つで、実質パブリックドメインに該当するものです。つまり商用・非商用問わず、自由に使っていいというライセンスなのです。CC0でライセンスされた写真は山ほどあるので、そういったものを使うというのはよいでしょう。

||||||||||||||||||||||||||||||||||||||||||||||||||||||||||||||||||||||||||||||||||||||||||||||||||
クリエイティブコモンズ

エンジニアの方ならBSD、GPL、MITライセンスなどをご存じかもしれません。みんなが有名なライセンスを使えば、いちいち細かい規定をしたオリジナルのライセンスにまつわるトラブルから解放されるため、作者・ユーザーに大きな利点となっています。

クリエイティブコモンズも同様の考え方で成り立っています。音楽・写真・文芸など、芸術・創作系での採用例が多いものです。クリエイティブコモンズは基本的には○○は許可する。○○は許可しない、などを選んで組み合わせるスタイルです。その中でも一番シンプルなのがCC0です。

パブリックドメイン、つまり著作権の行使を放棄するというのは、じつは多くの国では法的に

面倒ごとが生じやすいのですが、そういう面倒が生じない程度に規定されたライセンスがCC0です。

みなさんもプログラム以外の何かを公開するときにCC0やクリエイティブコモンズを検討してみてもいいかもしれません。（Text:erukiti／佐々木俊介）

||||||||||||||||||||||||||||||||||||||||||||||||||||||||||||||||||||||||||||||||||||||||||||||||||||||

5.3　イラスト系表紙をクラウドソーシングで作る

イラスト系表紙の魅力は大きいとはいえ、その調達方法についてはかなりのハードルがあることも事実です。要するに、そのイラストをどうやって入手するか、という問題です。自分で描けるならそもそもそんなことで悩む必要はなく、一般的に誰かにお願いする必要があるわけですが、そのツテをさがすことも大変です。そこで有効なのが、クラウドソーシングです。

5.3.1　クラウドソーシングとは？

クラウドソーシング（英語: crowdsourcing）とは、不特定多数の人に募集をかけ、必要とするサービス、アイデア、またはコンテンツなどの成果を取得するプロセスです。ある種デジタル内職ともいえる形態で、仕事を依頼したいクライアントと、仕事を受けたいワーカー/ランサーとのマッチングを行うサイトはいくつかの企業が展開しています。一般には、マッチングサイトを提供するとともに、対価の幾ばくか(20%程度)を手数料として徴収しているビジネスモデルとなっているようです。

詳細な依頼方法などは、直接当該サイトを見ていただくとして、ここを読んでいる人は、同人誌表紙を誰かに作ってほしい側ですから、クライアントになるわけです。発注仕様や報酬を決めて依頼を出すと、数日から数週間のうちに成果が得られる、とっても便利なサービスで、筆者自身最近の同人誌表紙イラストはクラウドソーシングに依頼しております。

そこで、本節では、クラウドソーシングに依頼するメリットおよび依頼に当たっての実際についてまとめたいと思います。

5.3.2　クラウドソーシングに依頼するメリット

なんといっても、比較的安価な原稿料で、クオリティの高い表紙イラストが手に入ることです。先に述べたように、特注イラストを誰にお願いするか、という問題は非常に悩ましい問題で、そもそもお願いできる先に心当たりがない場合が多いかと思います。友人知人にイラストが趣味な人がいればよいのですが、その人とて本業が忙しいなどの都合があり、お願いしづらいかと思います。また、TwitterやPixivで「イラストお仕事募集」とやっている絵師さんなどもいらっしゃいますが、直接依頼するのもなかなかハードルが高いものです。

それに対し、クラウドソーシングは、絵師サイドで発注者を待つシステムですから、やる気

のある人しかエントリーしません。依頼を出したのにスルーされた、などといった無駄に精神を削られることは発生しません。

　また、発注仕様を自分で決められるので、キャラ指定、タイトル入れの依頼も可能です。デザイン含めてまとめて依頼することも可能ですから、自分のデザインセンスのなさに絶望する必要はありません。

　また外注費も魅力の一つです。筆者のこれまでの体験から、15000円程度の費用で表紙イラストの完全データを上げてもらえます。絵師側からすると、全体に安すぎるという意見・指摘もあろうと思いますし、その指摘も理解はするところです。とはいえ、同人誌発行における収支を計算すると、イラスト部分の費用にも自ずと限界が生じます。そういう意味で、これくらいの費用であれば十分安価に実施可能であるといえます。

5.3.3　依頼するときに必要なこと

仕様

　仕様がないと話が始まりません。技術同人誌の表紙をお願いしたいということ、タイトル文字入れからデザイン全部込みでお願いしたいこと、完成原稿を納品してほしいこと、発注者側での使用に制限を設けないこと、など必要な項目を明記しましょう。

納期

　納期は明確にしましょう。マイルストーンも記載しておくと良いです。自分の入稿から逆算して、完成原稿提出期限、入れてもらうべき文字を連絡する期限、クリーンアップ提出・確認、ラフ提出・確認、あたりがあると、絵師さんのスケジュールが立てやすいです。
・納期の例（入稿日からの逆算例）
　1．入稿日　　12/15
　2．完成原稿提出　　12/13
　3．原稿提出→修正指示　　12/10
　4．イラスト完成　　12/5
　5．タイトル・表紙文字類連絡　　12/1
　6．ラフ提出　　11/20　　→承認後仕上げ
など、といった感じになります。これは一例で、もっと余裕をもってお願いしたほうが良いのは当然です。詳細な作業スケジュールは、絵師さんに確認して、すり合わせをしておくことが重要です。

本の大きさ、背表紙厚さ、綴じ方向

　B5なのか、A4なのか、A5なのかによって原稿サイズが変わります。何ページくらいなのかによって背表紙の厚さが変わります。綴じ方向も、技術書ならば横書きが多いと思うので左綴じになり、表紙（表1）は右側、裏表紙（表4）は左側に来ます。これを間違えると大変なことになるので、明記しましょう。

その他、希望

キャラ指定、どんな感じのイラストがいいかなど、ある程度具体的にしておくとミスマッチが減ります。せっかくエントリーしてもらうので、自分の好みから外れる可能性は減らしておくとお互いに無駄な工数が減ります。（たとえば、好きではないキャラ、知らないキャラは外したいですよね？）

5.3.4　直接依頼よりも、コンテスト形式の方がよい

コンテスト形式にすると、多数のクリエイターからのエントリーが期待できます。自ずとクオリティも上がりますし、バチっと好みに刺さる可能性が高くなります。ただし、逆に選定までの時間がかかるようになります。募集期間を2週間から3週間と考え、それから仕上げの時間が必要です。修正依頼や文字入れ作業等もありますので、余裕を持って依頼開始しましょう。あとは、依頼ページに書いてあるテンプレートを使えば良いでしょう。

絵師によっては、既存のポートフォリオからの画像を貼ってお仕事可能です、と言ってくる人もいれば、ラフを載せてくれる人、かなり手を入れた（カラーの）イラストを上げてくれる人もいるので、自分の好みのテイストの絵師を選ぶと良いでしょう。「エントリーしたものの落選した」という履歴には評価がつかないため、ヤフオクなど違って「評価がゼロ」だからダメというわけではありません。

選定後は、スケジュール、仕様、その他相談すべき内容について詰めた上で、納品まで適宜フォローしつつ進めていくことになります。エントリーしてくれたということは、仕事やる気満々ということです。一般にこちらからの投げかけへのレスも早く、適切に仕事が進んでいく場合が多いと思われます。なお、修正依頼や仕様変更もあるかもしれませんが、必要以上に遠慮する必要はありません。もちろん無理難題を出すとか、土壇場でひっくり返すなど納期・工数的に不要なサービスさせることがないように注意したいところです。常識的な範囲内で発注しましょう。

第6章 表紙のお手軽な作り方（macOS編）

||||||||||||||||||||||||||||||||||||||||||||||||||||||||||||||||||||||||||||||||||||||||||||||||||||||

すでに前章で説明されているように、見栄えのいい表紙を自分で作る作業は、技術書を書く上での最難関のひとつといっていいでしょう。この章では、macOS上でKeynote.appを使って、表紙をお手軽に作る方法を紹介します。

なおKeynote.appを使うため、この章はmacOS（or iOS）限定です。（Text：カウプラン）

||||||||||||||||||||||||||||||||||||||||||||||||||||||||||||||||||||||||||||||||||||||||||||||||||||||

6.1 KeynoteでB5やA5のPDFを作成する

B4やA5のPDFをKeynote.appで作成するには、次の手順で行います。

- ・Step1. スライドの幅と高さをB5やA5用に調整する
- ・Step2. スライドをPDFファイルに変換する
- ・Step3. PDFファイルの幅と高さを確認する

具体的に見てみましょう。

6.1.1 Step1. スライドの幅と高さを調整する

1. Keynote.appでスライドを新規作成します（テーマは「ホワイト」）。右上の「マスターを変更」ボタンを押し、マスターを「空白」に変更します。
2. 右上の「書類」アイコン→「書類」タブ→「スライドのサイズ」で「カスタムのスライドサイズ…」を選択します（図6.1）。
3. スライドの大きさを指定するダイアログが出るので、幅と高さを指定します（単位：pt）。たとえばB5用なら516pt × 728pt、塗り足し[1]用に上下3ミリずつ広げるなら533pt × 745ptです（他のサイズは後述）。

残念ながら、Keynote.appでは幅と高さをcmやmmでは指定できません。そのため、B5やA5の幅と高さをptに換算して指定する必要があります。換算方法については後述します。

---

1. 塗り足しについては後述。

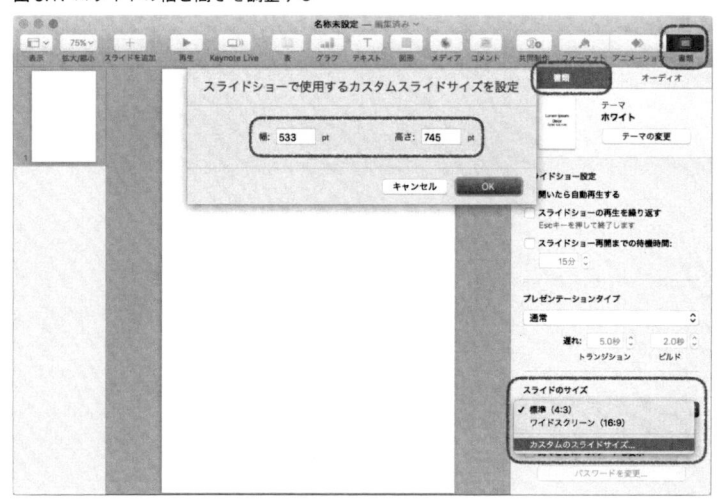

6.1.2　Step2. スライドをPDFファイルに変換する

1．Keynote.app画面上のメニューから「ファイル」→「書き出す」→「PDF…」を選びます。
2．ダイアログで、「イメージの品質」を「高」または「最高」にして、「次へ…」を押します。
3．ファイル保存用のダイアログが出るので、ファイル名を指定して「書き出す」を押します。

このとき、スライドの幅と高さがそのままPDFの幅と高さになります。変更はできません。

6.1.3　Step3. PDFファイルの幅と高さを確認する

1．書き出したファイルを、Finder.appでダブルクリックします。
2．Preview.appで開かれるので、⌘ + i（Commandキーを押しながらi）を押します。
3．ダイアログが出るので、いちばん左のタブを選ぶと、PDFページの大きさ（例：18.81 × 26.29 cm）が表示されます（図6.2）。

図 6.2: PDF の幅と高さを確認する

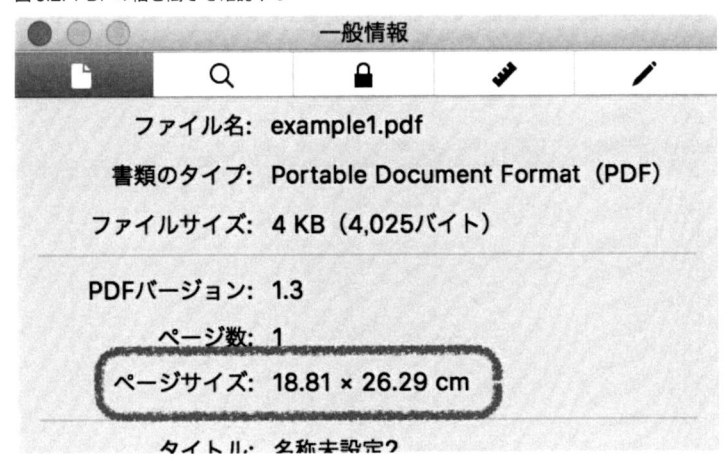

以上の手順により、Keynote.app で B5 や A5 の PDF ファイルを作ることができます。

6.2　cm や mm を pt に変換する

前述したように、Keynote.app ではスライドの大きさを pt でしか指定できず、cm や mm では指定できません。しかし B5 や A5 といった規格は cm や mm で規定されているため、Keynote.app ではそれらを pt に変換する必要があります。

ためしに、デフォルトの幅と高さ（1024pt × 768pt）でスライドを作成し、PDF ファイルに変換してみましょう。そして Preview.app でそのファイルを開き、Command+i で幅と高さを調べると、幅 36.13cm、高さ 27.1cm になっているはずです。つまり、「1024pt × 768pt」は「36.13cm × 27.1cm」だということです。

よって、たとえば B5 サイズ（幅 18.2cm、高さ 25.7cm）を pt に変換するには、次のように計算します[2]。

- 幅：1024pt ÷ 36.13cm × 18.2cm ＝ 515.8pt ≒ 516pt
- 高さ：768pt ÷ 27.1cm × 25.7 ＝ 718.3pt ≒ 718pt

主な用紙サイズと対応するスライドの大きさを、表 6.1 に掲げておきます[3]。

---

2. これで分かるように、どうしても 0. 数ミリ程度の誤差はでます。しかし塗り足し部分は印刷後に切り落とされるので、通常はこの程度の誤差を気にする必要はありません。

3. 塗り足しについては次節参照。

表6.1: 主な用紙サイズと対応するスライドの大きさ

用紙	塗り足し	用紙幅×高さ	スライド幅×高さ	備考
A4	なし	21.0cm × 29.7cm	595pt × 842pt	会社や大学ではいちばん一般的
A4	上下左右 3mm	21.6cm × 30.3cm	612pt × 859pt	同人誌ではほとんど見かけない
B5	なし	18.2cm × 25.7cm	516pt × 728pt	ジャンプやマガジンやLaLaの大きさ
B5	上下左右 3mm	18.8cm × 26.3cm	533pt × 745pt	同人誌ではいちばん一般的
A5	なし	14.8cm × 21.0cm	419pt × 595pt	コロコロやボンボンやLaLaDXの大きさ
A5	上下左右 3mm	15.4cm × 21.6cm	436pt × 612pt	同人誌ではB5の次に一般的

6.3 塗り足し

　表紙を作成するときは、B5ちょうどやA5ちょうどの大きさで作成することはほとんどなく、通常は上下左右に3〜5mmずつ広げた大きさで作成します。この広げた部分を「塗り足し」といいます。

　これは、印刷所で印刷するときB5ちょうどやA5ちょうどの大きさの紙にぴったり印刷できないためで、通常B5やA5より大きなサイズで印刷し、そのあと上下左右を裁断機で切り落としています。この切り落とし部分があるために、表紙では塗り足しが必要になっています。詳しくは「同人誌 表紙 塗り足し」などでインターネット検索してみてください。

　例外として、表紙の上下左右がすべて白色（色がついていない）の場合にのみ、塗り足しがなくても印刷できます。何らかの事情でB5ぴったりの大きさでしか表紙が作れない（つまり塗り足しが加えられない）場合は、イラストや写真やタイトルが表紙の上下左右にかからないようにしましょう。

　塗り足しの幅は3mmが多いのですが、印刷所によっては5mmとしている場合もあります。心配であれば印刷所のホームページで確認しましょう。また「5mm」と指定されている印刷所に3mmの塗り足しで入稿しても、通常は問題ないはずです。塗り足しは切り落としされる領域なので、塗り足しの幅にはあまり神経質にならなくてもいいです。

　なお塗り足しは、（文字中心の技術書であれば）表紙以外の原稿本文では必要ありません。あくまで表紙でのみ必要とされます。原稿本文はB5やA5ちょうどの大きさで作成しましょう。また印刷をしない、ダウンロード用のPDFを作る場合も、塗り足しは必要ありません。

6.4 表紙デザイン

　（表紙デザインについては、すでに前章でも説明されています。そちらもご覧ください。）

　イラストレーターにイラストを外注するのでなければ、表紙は自分でデザインすることにな

ります。そして、デザインの悪い表紙を作ってしまうと、同人誌の売上に大きな悪影響があります。

　悪いデザイン例を見てみましょう。図6.3は筆者の実際の同人誌で使われた表紙です。タイトルを大きくしてる点は評価できるものの、目をひくものが何もなく、印刷代を安くするために白黒にした[4]ことを考慮しても、ひどいデザインです。事実、この同人誌はかなり売れ残ってしまいました。悪いデザインの表紙が売上に悪影響を与えた実例です。泣ける……。

図6.3: 悪いデザイン例。実際に爆死を招きかけた。

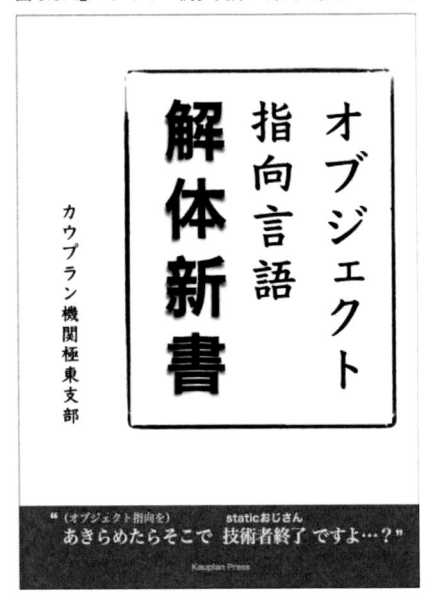

　表紙デザインの重要性が分かったところで、今度は表紙のデザイン方法を見てみましょう。
実は、表紙の要素は次の3つしかありません。
・文字
・図形
・写真やイラスト
これらをうまく組み合わせるだけで、そこそこ見栄えのする表紙がデザインできます。どのように組み合わせるのがいいかは、既存の書籍を参考にすればいいでしょう。
　実際に上の3つを組み合わせて、表紙のサンプルをいくつか作ってみました。
・図6.4は、文字と図形を組み合わせた表紙のサンプルです。写真画像やイラストを使ってないので、簡単に作れます。
・図6.5は、タイトル文字列と1枚の写真を組み合わせた表紙のサンプルです。よさそうな写真が1枚あれば、これも簡単に作れます。

---

4. 印刷所によっては、表紙をカラーではなくモノクロにすると安くなるプランがあります。

- 図6.6は、1枚の写真を全面に敷き詰めた表紙のサンプルです。これはセンスのある写真選びがとても重要ですが、それさえ何とかできれば、雑誌風のおしゃれな表紙になります。ただし、印刷するなら解像度の高い写真を使ってください。
- 図6.7は、複数枚の写真を組み合わせた表紙のサンプルです。写真の解像度が低くても、枚数を多くすれば1枚あたりの解像度の低さが問題にならなくなるという利点があります。
- 図6.8は、写真ではなくイラストやクリップアートを使った表紙のサンプルです。4枚目は「ブラックジャックによろしく」というマンガであり、作者により二次使用が許可されている[5]ため、商用であっても自由に使えます。

なお、今回使用した写真やイラストは、以下のサイトからフリー素材としてダウンロードできます。素材作者の皆様、ありがとうございます。

- Unsplash (https://unsplash.com/)
- フォトスク (http://photosku.com/)
- ree.Stocker (http://free.stocker.jp/)
- openclipart (https://openclipart.org/)
- pixabay (https://pixabay.com/ja/)
- パブリックドメインQ (http://publicdomainq.net/)
- あやえも研究所 (http://ayaemo.skr.jp/material_magic_circuit.html)
- 佐藤漫画製作所 (http://mangaonweb.com/company/download.html)

5.http://mangaonweb.com/news/2014/11/17/64

図6.4: 文字と図形を組み合わせた表紙サンプル

技術評論社風

PacktPub風

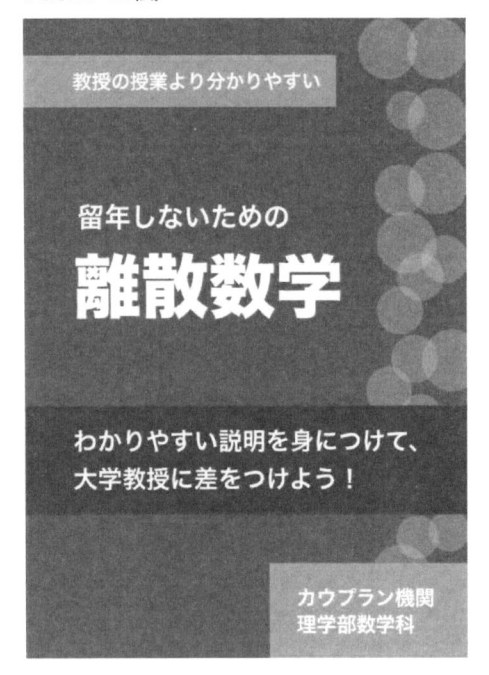

インプレス風

ビジネス書風

オーム社風

オーム社風

PacktPub旧版風

ノーベル文学賞風

図6.6: 1枚の画像を全面に使用した表紙サンプル

画像1枚（白ベース）

画像1枚（黒ベース）

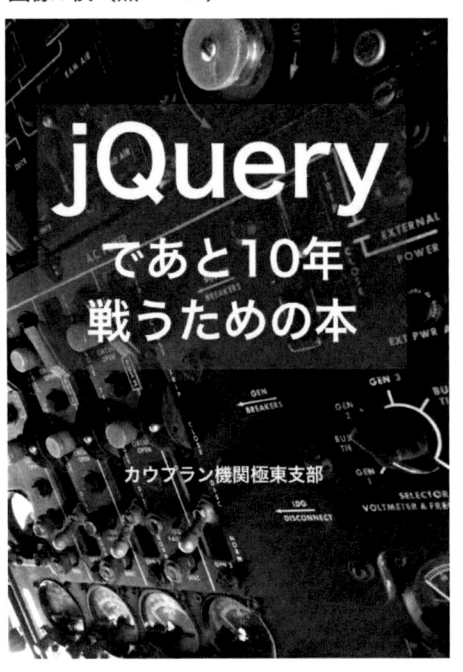

画像1枚（カラフル）

画像1枚（おまけ）

画像2枚（横長画像を縦に並べる）

画像2枚（縦長画像を横に並べる）

画像4枚（解像度が低いときに有効）

画像複数枚（解像度が低いときに有効）

図6.8: イラストを使った表紙サンプル

クリップアート

紋章

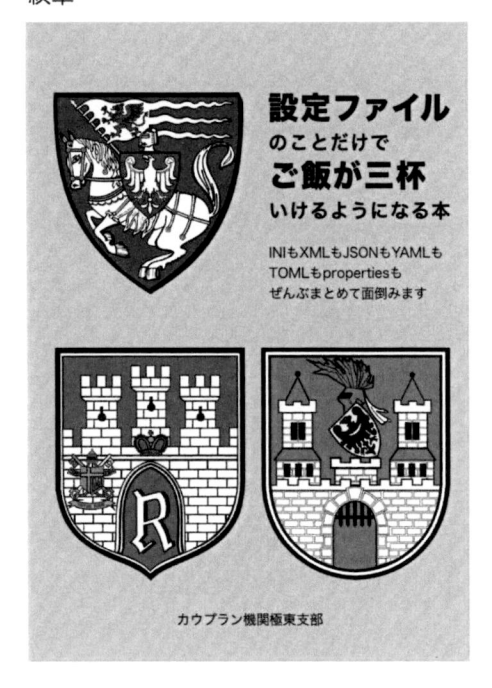

魔法陣

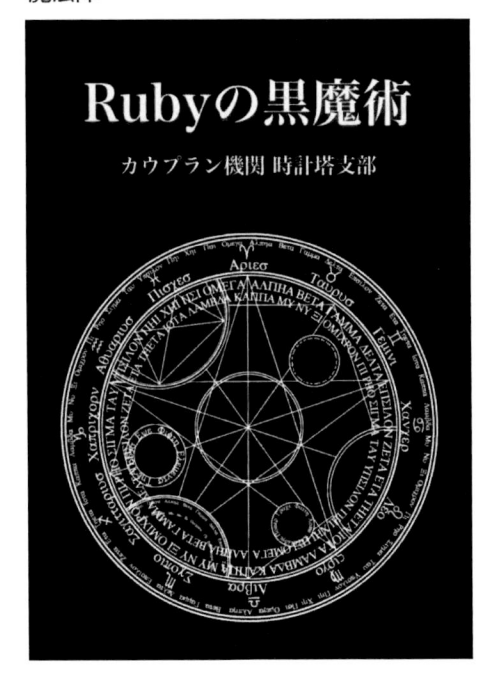

マンガ＋吹き出し

6.5　写真やイラストの素材

　表紙に写真やイラストを使う場合は、著作権やライセンスに注意しましょう。そのうえで素材を集める方法を紹介します。

- まずは、自分のスマートフォンで撮った写真を使うことを考えましょう。著作権やライセンスのことを考えると、これがいちばん無難です。最近のスマートフォンのカメラは十分な性能があるので、おしゃれなカフェにでも行って小物や食事の写真を撮れば、同人誌の表紙に使う素材としては十分です。
- はてなブックマークで「素材 写真」や「素材 アイコン」で検索すると、まとめ記事がたくさんヒットします。Googleで検索するよりも情報がまとまっています。さすがまとめ記事。
- 古い絵画の写真は著作権を気にせず自由に使えることが多いです[6]。ゴッホやモネやミュシャや北斎や写楽の高解像度の写真を探してみましょう。また、たとえばメトロポリタン美術館が所蔵作品をパブリックドメインで公開しており[7]、商用でも自由に使えます。

　ここで残念なお知らせがあります：**Keynote.appに付属する画像は、二次利用できない可能性が高いです**。Keynote.appの利用規約[8]の27ページ目に「F.コンテンツおよびデジタルマップ」という項目があり、そこに「（Keynoteに含まれる写真や画像を）商業的かどうかに関わらず、スタンドアローンベースで、使用、引用または頒布することはできず」とあります。なので、Keynote.appに含まれている画像を同人誌に使うのは避けたほうがいいでしょう。

6.6　注意事項

- タイトルはなるべく大きく太くして、目立たせましょう。目安としては「即売会会場の通路を歩いている人がぱっと見たときにタイトルが目に入る大きさ」です。そのために、フォントは明朝体よりゴシック体、太さも標準より太字をお勧めします。
- タイトルは、キーワードを目立つようにしましょう。たとえばタイトルが「jQueryであと10年戦うための本」というタイトルなら、キーワードである「jQuery」を大きくし、フォントを変え、色もカラフルにするなどしましょう。
- 写真を使うなら、高解像度（300dpi以上）の写真を使いましょう。そうしないと、印刷したときに残念な仕上がりになります。
- 写真に目がいくけどタイトルに目がいかないようなデザインは避けましょう。そのために、画像を少しだけボカすことをお薦めします。写真画像をPreview.appで開き、メニューから「ツール」→「カラーを調整...」を選び、ダイアログの下のほうにある「シャープネス」をいちばん左に持ってくると、画像が少しだけボケます。ほんの少しの違いですが、これで写真よりタイトルに目がいくようになります。

---

6. とはいえライセンスは確認してください。
7. https://www.metmuseum.org/art/collection
8. https://images.apple.com/legal/sla/docs/Keynote.pdf

・イラストレーターに描いてもらったイラストを使う場合は、イラストを全面的に押し出しましょう。タイトルは二の次でいいです。ボカすなんてのはもってのほかです。

6.7 背表紙

薄くない同人誌の場合は、背表紙も必要になります。背表紙は、高さは表紙と同じですが、幅はページ数と紙の厚さで変わるので、印刷所に相談しましょう。または入稿したあとに、印刷所から連絡が来て背表紙の大きさを教えてくれます。

背表紙では、タイトルを縦書きにします。Keynote.app は縦書きをサポートしてないので、かわりに「1文字ずつ改行したテキスト」を使います[9]。ちょっと面倒ですが、これが必要になるのは背表紙でだけなので、我慢しましょう。

ただしこの方法だと、「ゃ」「ゅ」「ょ」「っ」のような小さい文字の位置がずれます。たとえば「オブジェクト指向」という文字列を縦書きにすると、「ジ」と「ェ」が離れて見えます（図6.9の左）。

そこで、「ジ」と「ェ」の行間を狭くします。手順は次の通りです。

1. 「ジ」をクリックして、カーソルが「ジ」の右または左にある状態にします。
2. 右上の「フォーマット」アイコン→「テキスト」タブを選び、「間隔」を「0.8行」にします。

これで、図6.9の右のように「ジ」と「ェ」を詰めることができました。

図6.9: 縦書きで「ジ」と「ェ」の間が空いているのを詰める

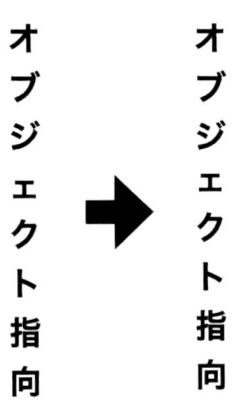

またタイトルに長音（「ー」）やカッコが入っている場合は、その文字だけ別のテキストボックスにして90度回転させるような工夫が必要です。面倒ですね。思いきって、背表紙も横書きにしてもいいかもしれません。

---

9. テキストボックスの幅を 1 文字分にする方法もありますが、これだと行の間隔を狭めることで小さい文字の位置を調整する方法がとれません。

6.8 おすすめ書籍

　表紙デザインに興味を持ったら、デザインに関する入門書を読んでみましょう。以下の本をおすすめしておきます。

- ・「デザイン入門教室 ［特別講義］」坂本伸二、SB クリエイティブ、2015 年
- ・「伝わるデザインの基本 増補改訂版」高橋佑麿、片山なつ、技術評論社、2016 年
- ・「デザインの教科書 - 手を動かして学ぶデザイントレーニング」佐藤好彦、MdN コーポレーション、2008 年
- ・「同人誌のデザイン - 手に入れたくなる装丁のアイデア」井上綾乃、BNN 新社、2017 年

6.9 まとめ

　Keynote.app を使って、表紙をお手軽に作成する方法を説明しました。また表紙デザインの参考となるサンプルも紹介しました。同人誌の表紙といえば二次元イラストのイメージが強いですが、イラストがなくても、そこそこ見栄えのする表紙を自分で作れます。参考にしてください。

‖‖‖
Pages.app で表紙を作成する

　Keynote.app（プレゼンテーションソフト）ではなく、Pages.app（ワープロソフト）でも表紙を作成できます。

　Keynote.app と違い、Pages.app ではドキュメントの用紙サイズに B5 や A5 を直接指定できます。ただし塗り足しは指定できないので、「塗り足し分広げた B5」を新しい用紙サイズとして登録します。

1．メニューから「ファイル」→「ページ設定...」を選びます。

2．ダイアログが出るので、「対象プリンタ」で「任意のプリンタ」、「用紙サイズ」で「カスタムサイズを管理...」を選びます。

3．別のダイアログが出るので、左下の「+」アイコンをクリックし、新しい用紙サイズを登録します。「プリントされない領域」は「ユーザ定義」を選び、上下左右はすべて「0mm」にします。

　これで、塗り足し分広げた大きさの用紙サイズを登録できたので、これを Pages.app でドキュメントの用紙サイズとして指定すれば、Pages.app で表紙が作成できます。この方法なら幅と高さを mm で指定できるので、pt で指定する Keynote.app とは違ってミリ以下のズレが発生しません。

　ただし、Pages.app では図形やテキスト文字列が思うようには配置できません。その場合は、図形やテキスト文字列をクリックし、「フォーマット」アイコン→「配置」タブを選び、「テキスト折り返し」を「なし」にしてください。これで Keynote.app と同じように、自由に配置で

きるはずです。

‖‖

第7章　執筆環境

DTP（Desk Top Publishing）と呼ばれるものが一般化した現代、執筆環境としてはコンピュータを使ったものを前提として、この章ではその環境、ツールを色々紹介します。（Text：erukiti／佐々木俊介）

7.1　DTPツールを使う

　ソフト上で文字やイラストを並べて作業をすすめるソフトを、広い意味でDTPソフトと呼称することができます。プロも使っているDTPソフトといえば、Adobe InDesignが業界標準です。あまり技術同人誌では出番が無いかも知れませんが、Adobe InDesign を使えば凝った本を作成できるでしょう。

　また、技術書を書く場合、ワープロソフトがそのままDTPソフトになります。したがって、Microsoft Wordを使うとお手軽に同人誌を書けます。Wordは、たいていのPCにインストールされているし、日常的に使うこともあるでしょうから、とりあえず使い方に困ることは少ないかと思います。そういう意味で、初めて技術書を書く場合の執筆ツールとしてはBestな選択です。ツールの選択や使い方で迷う前に本文を書き上げてしまいましょう。なお、効率的に書くならスタイル機能を使いこなすことをお薦めします。付録には技術書を書く場合のWordの使い方エッセンスを収録していますし、専門書[1]も「技術書典シリーズ」で刊行されています。あわせて参照することをおすすめします。

　また、ワープロソフトとして有名な一太郎も、ここ数年は同人誌執筆層を取り込みにかかっています。最新の一太郎では、主要な印刷所のフォーマットに合わせたpdfを直接出力できる機能が追加されたようです。

　さて、ワープロやDTPツールを使う場合、いきなりそのソフトで書き始めるより、テキストエディタで本文を書いてから、そのソフトに流し込み、図を貼り付けたり、参照関係調整をするほうが楽に書けるのではないかと筆者は感じています。まずは細かい使い勝手に左右されるのではなく、文章の内容や構成を作り込む方に集中すると良いと思います。ざっくり5割から8割くらいの分量を書くまではテキストエディタで十分でしょう。

---

1. 「エンジニア・研究者のための Word チュートリアルガイド」 https://nextpublishing.jp/book/9363.html

7.2 テキストファイルをコンパイルする系の版組ツールを使う

なんらかのテキストエディタを使って、ソースコードをコンパイルするというのはソフトウェア技術者にとってはなじみ深いと思います。技術書典で頒布されている本の多くはそういった手法が使われています。

- Re:VIEW
- Markdown
- TeX/LaTeX

だいたいここらへんが人気あるところでしょうか。いずれも、本文を書いて、体裁に関する命令を間にはさみ、コンパイルするとpdfなどの入稿可能なファイルが出力されます。

7.2.1 Re:VIEW

Re:VIEW[2]は現時点ではkmuto[3]さんを中心に40人以上の開発者が参加するオープンソースな組み版ソフトです。実際にいくつもの出版社が採用しているプロユースのソフトですが、技術同人誌でもよく使われるなど、プロもアマチュアも使うとても便利なソフトです。

技術同人誌でよく使われるのは、技術同人誌の大手であるTechBoosterがそのノウハウを惜しみなく詰め込んだリポジトリを公開しているため、環境さえ構築できれば、そのまま書き始められるという利点があるためです。

- https://github.com/TechBooster/ReVIEW-Template
- https://github.com/TechBooster/C89-FirstStepReVIEW-v2

後者は実際にコミケC89で販売されていた「技術書をかこう！　はじめてのRe:VIEW　改訂版」という本のソースコードに該当します。

じつは本書の同人誌バージョンもGithubで全て公開されています。https://github.com/onestop-techbook/c93-onestop-techbookというリポジトリが、本書のソースコードなのです。環境を整えれば、本書のPDFやepubを生成できます。本書は、ReVIEW-Templateをベースに書かれています。

Re:VIEWでは、㈱アスキー（当時）で使われていた画期的な電子出版システム「EWB（Editor's Work Bench）」の書式をベースにしつつ簡易化した記述方法で本を書きます。Markdownや他のWikiとは違う少し癖があるように感じられる記法ですが、組み版に特化していて必要十分な機能を持っています。

おおまかに分けて、行単位の命令と文章の中に入れるインライン命令で構成されています。

リスト7.1: リストのテスト

```
1: = Re:View はこんな感じでかきますよー　の章
```

2.http://reviewml.org/
3.https://github.com/kmuto

```
 2:
 3: == ほげー
 4:
 5: ふがー@<fn>{fuga}
 6: //footnote[fuga][ふがー]
 7:
 8: ぴよー
 9:
10: #@# コメント
```

たとえばリスト7.1は実際のRe:VIEWのソースコードです。

=で始まる行は見出しです。特に=のようなイコール記号が1つのものは章です。

- ・=章
- ・==節
- ・===項
- ・====段

5段階以上の項目を作ることも可能ですが、読みやすさを考えるとここまでで抑えたほうが無難でしょう。

//で始まる行はブロック命令です。

@<code>{fuga}のような命令はインライン命令です。

詳しくは公式Wiki[4]を読むのが一番なのですが、よく使う記法について簡単に解説します。

表7.1: Re:VIEW の基本構文

名称	ルール	概要・備考
段落	1行以上の空行をはさむと別の段落になる	HTMLでいうP
見出し	=ではじまる行	=の個数で、章・節・項・段という感じで増えます。HTMLで言うH1, H2, H3, H4, H5
コラム	====[column]から====[/column]まで	=の個数はあまり気にせず4決め打ちとかでもOK
箇条書き	空白と*で始まる行	先頭に空白を忘れないことと、ネストは、**のように重ねること
コメント	#@# ではじまる行	コメント
プリプロセッサ命令	#@mapfile(ファイル名)から#@end	外部ファイルを取り込む。サンプルソースなどに大活躍

プロプロセッサ命令は、review-preprocというコマンドを叩くことで処理できます。

リスト7.2: 基本構文のサンプル

```
1: 段落1
```

4.https://github.com/kmuto/review/blob/master/doc/format.ja.md

```
 2:
 3: 段落2
 4:
 5: 段落3
 6:
 7: = 章見出し(H1)
 8:
 9: == 説見出し(H2)
10:
11: 見出しの前後は空行にしておいた方が無難です。
12:
13:  * 箇条書き
14:  * かじょうがき
15:
16: #@# コメント
17: #@# FIXME：これからすごい大作を執筆する
18:
19: //listnum[source-code][ソースコード]{
20: #@mapfile(sample/chap-sugoi/friends.js
21: #@end
22: //}
23:
24: ====[column] エモくコラムを語る
25:
26: コラム本文
27:
28: ====[/column]
29:
30: 大体これも命令行の前後は開けておく方が無難。Re:VIEW様の機嫌を損ねてはいけな
い。
```

表7.2: Re:VIEW ブロック命令

命令	引数	概要・備考
//listnum	[ID][キャプション][言語(省略可能)]	プログラミング関連なら一番よく使うリスト表記
//list	[ID][キャプション][言語(省略可能)]	行番号なしリスト
//emlist	[キャプション(省略可能)][言語(省略可能)]	リスト番号が付かない(キャプションの省略も可能)リストで、行番号なし
//emlistnum	[キャプション(省略可能)][言語(省略可能)]	リスト番号が付かない(キャプションの省略も可能)リストで、行番号あり
//cmd	なし	コマンドライン操作専用のリスト。listnumでも問題なし。ちょっとわかりやすいくらい
//image	[ID][キャプション][オプション(省略可能)]	オプションでよく使うのはscale=0.5など(横幅に対するスケーリング比率)
//table	[ID][キャプション]	表のセル区切りはハードタブ、空白のセルは.で表現
//quote	なし	引用
//footnote	[ID][中身]	脚注
//bibpaper	[ID][キャプション]	参考文献
//lead	なし	リード文

リスト7.5: ブロック構文のサンプル

```
 1: //listnum[sample][サンプル][js]{
 2: const hoge = 'ほげ'
 3:
 4: // javascript でっせー
 5:
 6: console.log(hoge)
 7: //}
 8:
 9: というようなサンプルソース@<code><@><list>{sample}を書いてみました。
10:
11: //cmd{
12: $ sudo rm -rf /
13: //}
14:
15: //image[sugoi][すごい画像]
16:
17: //table[camp][キャンプ]{
18: 名称    説明
19: -----------------------------
20: 志摩りん    ソロキャンパー。でも最近なでしこに浸食されてみんなでキャンプを楽しむのも悪くないと思ってる
```

```
21: 各務原なでしこ　美味しそうにメシを食う。ひたすら食う。とにかく食う。やたら元気
22: 斉藤恵那　熊とトラとチワワ100匹を放ってりんちゃんを殺そうとした女。でも空腹で
返り討ちに遭う
23: 大垣千明　男前めがね
24: 犬山あおい　関西弁(の影響の強い岐阜県民らしい)
25: //}
26:
27: ※ハードタブ区切りであることに注意。
28:
29: //quote{
30: なんか名言っぽいヤツとか
31: //}
32:
33: //footnote[fuga][ふがー]
34:
35: //bibpaper[bible][ばいーぼ]
36:
37: //lead{
38: 文章の冒頭にあるテキスト。その章のまとめなどを記述するとわかりやすい。
39: //}
```

表7.4: Re:VIEW インライン命令

命令	概要・備考
@<tt>{...}	等幅
@<code>{...}	ソースコードを本文に貼り付ける時に使用。等幅。
@<list>{ID}	リストを参照する (対応: list, listnum, emlist, emlistnum など)
@<img>{ID}	図を参照する (対応: image, indepimage など)
@<table>{ID}	表を参照する
@<fn>{ID}	脚注を参照する
@<bib>{ID}	参考文献を参照する
@<chap>{章ID}	chap, title, chapref など、章番号・タイトル・その組み合わせに変換される
@<column>{コラムID}	コラムを参照する
@<href>{URL}	ハイパーリンクを貼る (PDF や epub で有効)

@<tt>{...}と@<code>{...}の使い分けは、変数名など名前空間のあるものや識別子、演算子などにソースコードを表現する時@<code>{...}を使います。ただLaTeXを初めとしてPDFのコンパイル結果の大半はttとcodeで同じ。HTMLの時だけスタイルシートで変更可能。通常はどちらかで統一しましょう。

リスト7.6: インライン命令のサンプル

```
 1: @<tt>{JavaScript}には@<code>{await}という命令があります。これは
@<code>{async}関数の中で使える命令で、非同期処理の完了を待ってくれるというもの
です。
```

|||||||||||||||||||||||||||||||||||||||||||||||||||||||||||||||||||||||||||||||||||||
明示的に空行を入れる方法

Re:viewでは、2行以上の空行は無視されます。改行はbrで入れられるのですが、あとがき部分で著者ごとのコメントを明示的に区切りたい場合に困りました。暗黙の型宣言さんから、「改行　全角スペース　改行」とすると任意の改行ができる、というノウハウの提供をいただきました。

全角スペースのみの段落ができますので、実質的に空行が入ります。なるほどなるほど。（Text：親方）
|||||||||||||||||||||||||||||||||||||||||||||||||||||||||||||||||||||||||||||||||||||

7.2.2　Markdown

Markdownは技術者向けの簡易言語です。お手軽かつ、統一フォーマットとしての側面があり、GitHubで使えるGFM（GitHub Fravored Markdown[5]）が事実上の標準となっています。

ブログやドキュメントをMarkdownで書いたり、プレゼンのスライドをMarkdownで作成するなどがよくある使われ方ですが、Markdownでも技術書を執筆できます。

md2review[6]を使えば、Markdownで書いた本をRe:VIEWを経由して高品質なPDFなどを作成できます。

また、md2inao[7]を使えば、Markdownで書いた文章をInDesignに取り込めるように変換できます。

Gitbook[8]という、Markdownで執筆できるツールもあります。Re:VIEWほどの高品質ではありませんが、これでも十分同人誌を作成できる品質かつ、Re:VIEWよりは遙かに楽です。

7.2.3　TeX/LaTex

おっと、TeXも忘れちゃいけません。Re:VIEWはTeXのフロントエンドでありPDF生成など裏側ではTeXが走っていますが、一方で本家TeXの作法はだいぶ複雑です。情報系、数学

5.https://github.github.com/gfm/
6.https://github.com/takahashim/md2review
7.https://github.com/naoya/md2inao
8.https://github.com/GitbookIO/gitbook

系、工学系の人は一度は触ったことがあるかと思いますが……使い慣れないと難しいようです。自由度も高く、数式は確かにきれいに書けますが、これを期にTeXを始めようというのはあまりおすすめできません。

なお、数式を多用する場合、しかも微分積分、あるいは累乗や添え字が飛び交うような文章、その他の数学記号が攻めてくるような文章を書く場合は選択肢に入るでしょう。

なお、フロントエンドとして、LyX[9]を使うというのは良い選択です。TeXのおまじないがかなり軽減されていて、ワープロソフト／DTPソフトとしてかなり使い勝手が良くなります。

7.3 テキストベースの執筆環境でつかうもの

さて、ワープロやDTPソフトウェアを使わない場合、どうやってテキストを執筆するべきでしょうか。この本ではGithubとRe:Viewを主軸として執筆しています。エンジニアに馴染みやすく多人数での執筆に向いています[10]。技術書典で出展されている同人誌ではよく見られる構成です。まずは執筆環境の概要を説明します。

7.3.1 バージョン管理システム

一人で書く場合ならともかく、本書のように合同誌の場合はどうするべきでしょうか？ Google Documentのように、リアルタイムに共同編集ができるサービスを使うのも手ですが、Git及びGitHubを使うととても楽になります。

Gitはエンジニアがもっともよく使っているバージョン管理ツールです。Linuxの作者Linus Benedict Torvalds氏が、Linuxの開発に耐える大規模バージョン管理ツールが無いことにブチ切れて開発したものです。Gitより以前はSubversionというソフトがよく使われていましたが、圧倒的にGitの方が使い勝手がよく、あっという間に普及しました。

Gitのことがさっぱりわからないという人には、『わかばちゃんと学ぶGit使い方入門[11]』をおすすめします。

バージョン管理ツールというのは、おおざっぱにいうとソースコードをタイムマシン的にバックアップして管理するものです。これを履歴といいますが、Gitでは履歴の差分を省スペースで保持する仕組みなので、容量を気にせずソースコードの履歴を残せます。

||||||||||||||||||||||||||||||||||||||||||||||||||||||||||||||||||||||||||||||||||||||||||||||||||||||||||||||
ファイル管理をシステム化する利点

Windowsを使っていて、スケジュール.backup.バージョン1.最新版.old(3).txtのようなファイルを見かけたことはありませんか？ファイルをコピーしてファイル名で履歴管理しようとする陥る罠です。どれが最新なのかわからないという問題があります。では解決方法として

9.https://www.lyx.org/WebJa.Home

10. もちろん個人の執筆にも向いています。

11.http://www.c-r.com/book/detail/1108

スケジュール.2017-11-11.txtという命名ルールで縛ろうとしてみます。この場合更新頻度が一日一回におさまればいいですが、同じ日に更新しようとした場合さらにルールが必要になります。たとえばスケジュール.2017-11-11.01.txtでしょう。ですが、同時に別々の人が更新しようとした場合にはどうなるでしょうか？それに、いちいち人間が手で日付を変更するのは面倒ですよね？

そこでバージョン管理ツールです。たとえばgitならば、gitにスケジュール.txtを登録するだけです。コミットという作業をするだけで勝手にソースコード貯蔵庫（リポジトリ）に保管されます。いつの時点のスケジュール.txtも探し出せます。ログ参照・グラフ参照・検索などさまざまな方法で楽かつ高速で探し出せます。

ファイル名で管理するという原始的なことをする時代ではなくなったのです。

そして GitHub[12]はgitを活用した世界最大のソースコードSNSで、エンジニアにとっては名刺代わりといってもいいものです。エンジニアにとっての文化的標準でもあります。たとえば、Markdownと呼ばれる文章の簡易記法は、GitHubによって拡張されたMarkdown（GitHub Fravored Markdown）が事実上の標準となっていますし、Gitがエンジニアの標準になったのも、GitHubの存在がとても大きいのです。

GitHubは多人数でソースコードを同時開発するのにとても向いている便利なサービスです。別にソースコードといってもプログラミングに限定する必要はありません。本の原稿もソースコードです。そのソースコードをGitHubに預けるのです。自分のPCが吹っ飛んでもGitHubにソースコードを置いている限り悲嘆する必要はありません[13]。

SNS としての Github

SNS といえば Twitter や Facebook が有名ですが、GitHub もコミュニケーション機能が豊富です。

issue（イシュー）はそのプロジェクトにおける問題を話合う掲示板のようなものです。issueはよほどのことが無い限り誰でも書けます。ソフトウェアに対するバグ報告・質問が寄せられたり、チーム内での設計議論なんかも行われています。

Pull-Request（PR / プルリク）はGitHubの一番の特徴ともいえるものです。ある有名なOSS[14]のプロジェクトがあったとして、あなたがバグを見つけたとします。このときissueで報告するのも手ですが、あなた自身がバグを直してそれが反映されれば手っ取り早くありませんか？それをするのがプルリクです。いきなりプルリク単体を投げると困惑されるかもしれないので、issueで問題提起しつつ、「ハハハ、こんなバグがあったから直したぜ」と言って一緒にプルリクも投げれば、きっとあなたはヒーローになれるでしょう。

---

12. https://github.com/

13. ローカルでの変更点を GitHub に送ってないときは、もちろん悲しいことになります

14. オープンソースソフトウェアの略で、誰でも自由にソースコードを読んだり改変できるソフトウェアです。OSS の登場によって、ソフトウェア開発の世界は一気に書き換わりました。

他にもプロジェクト用の Wiki や進捗管理ツールなども内包していて、エンジニアにとって GitHub は手放せないのです。

||||||||||||||||||||||||||||||||||||||||||||||||||||||||||||||||||||||||||||||||||||||||||||||||||||||||||||||

7.3.2　Docker

Docker は、ミニマムな Linux 実行環境をコンテナという独立した空間に閉じ込めて実行するものです。Docker について詳しく語り出すとインフラの本一冊書けるので詳しくは説明しませんが、Dockerfile というファイルさえ用意しておけば、Windows でも Mac でも Linux でも、同じ Linux コンテナが動きます。そして幸いなことに Re:VIEW 関連全てがインストールされた Dockerfile が公開されている[15]ので、それを使うだけ Re:VIEW 環境を構築できます。

Docker は Windows 環境だとまだ色々問題がありますが、Mac や Linux 環境なら動かしやすいでしょう。そして、Docker の利点は、クラウドのサービスで動かしやすいというのもあります。次に説明する Wercker CI はまさにその性質を活用しています。

7.3.3　Wercker CI

Re:VIEW で書かれた原稿は PDF や epub などの形式として出力（コンパイル）しないと本にはなりません。インストールさえちゃんとしていれば Re:VIEW のコンパイルは簡単ですが、チームで執筆する場合、それぞれの人の環境に左右されずにコンパイルできる方が楽です。とくにそれは自動化しておきたいものです。GitHub に登録された原稿が自動でコンパイルされて PDF などに変換されていれば最高ですよね。しかもデータの出力だけじゃありません。自動で校正するツールもあります。そういったツールで「この原稿ちょっとマズいんでは？」という指摘を全自動で出すことも簡単です。

自動でコンパイルをするという願いを叶えてくれるものを CI（Continuous Integration[16]）といい、GitHub と連動してくれる CI のサービスが何種類かあります。自前でサーバーを立てる必要はありません。ユーザー登録して、簡単な設定をするだけです。最近はリポジトリに設定ファイルを 1 つ追加して、GitHub 連動の設定をするだけというお手軽な CI サービスが主流です。

さて、今回説明するのは Wercker[17]というサービスです。このサービス元々スタートアップとしてはじまったもので、後に Oracle[18]社に買収されました。経営している会社はともかくとして、Wercker は使いやすさ、設定の簡単さが売りです。他の CI サービスではオレオレルールを理解しないと使えないものもありますが、Wercker では Docker さえ理解していればほとんどオレオレルールを意識する必要はありません。

15.https://github.com/vvakame/docker-review
16.日本語では継続的インテグレーションといい、自動でコンパイルやユニットテストを走らせるもので、エンジニアの生産性を支えるものです。このジャンルでは Jenkins が有名ですが GUI で設定しなければいけない Jenkins は最近では敬遠される傾向があります。
17.http://www.wercker.com/
18.Oracle と聞くとついつい身構える人もいるかもしれませんが、wercker はとてもよいサービスです。

他にも CircleCI など有名な CI サービスは幾つもありますが、Docker 対応しているサービスが一番望ましいです。さきほども軽く説明したとおり Re:VIEW の環境整備は Docker があれば簡単なためです。

https://app.wercker.com/onestop-techbook/c93-onestop-techbook/runs は実際に筆者がセットアップした wercker の結果表示ページです。

7.3.4　テキストエディタ

テキストエディタ、何を使っていますか？ Windows のメモ帳で頑張っている強者なひともいらっしゃるかもしれません。エンジニアに人気のテキストエディタというと、Vim や Emacs という昔ながらのエディタもありますが、最近はよりモダンな Atom[19] や Visual Studio Code[20] があります。

中でも Visual Studio Code（VSCode）は名前の通り Visual Studio なのでテキストエディタというよりは IDE なのですが、とても軽量でテキストエディタとしてもとても使い勝手がよく、最近シェアを急激に伸ばしているようです。実際、筆者は本書や別の本も、Re:VIEW プラグインをインストールした VSCode で書いています。筆者が試した限りだと Atom より動作が軽量かつ、JavaScript/TypeScript での IDE としての機能が筆者にとっての必要十分なので、愛用しているエディタです。

Markdown で執筆する場合は、Markdown 専門のツールを使うという手もあります。Windows でも Mac でも最近はいろいろな Markdown 執筆ツールがあるので、それらを利用してみてもいいでしょう。最近はウェブサービスで Markdown 形式をサポートしているケースも多く、ブログを書いたりするのにも便利です。

7.4　環境整備

Re:VIEW を手元で動かすには最低限 Ruby が必要になります。そして PDF を出力する場合は LaTeX も必要になります。Mac や Linux だとそれなりにノウハウも提供されており、設定も楽ですが、Windows で環境を整える場合はかなり面倒です。Windows10 の Windows Subsystem for Linux を使えると大分楽かもしれません。ただ、どの環境にせよ、LaTeX はとにかく色々と面倒です。Docker を使わずに自前で環境構築をするなら、かなりの調査と研究が必要になるでしょう。主に必要なのは以下の2点です。

・Ruby をインストールする（Re:VIEW が Ruby で作られているため）

・PDF 変換をするために LaTeX をインストールする

19.https://atom.io/

20.https://code.visualstudio.com/

7.4.1　Dockerをインストールする

Docker for Windows[21]や Docker for Mac[22]を使うのが手っ取り早いでしょう。

7.4.2　Dockerで動かす

```
$ docker run --rm -v `pwd`:/work vvakame/review /bin/sh -c "cd
/work/articles ; review-pdfmaker config.yml"
```

/work/articlesという指定はこの本でのディレクトリ構成です。
たったこれだけです。なんと簡単なことでしょうか。

7.4.3　Macで環境を構築する

基本的にはHomebrew[23]と brewcask[24]を活用するといいでしょう。

```
$ brew cask install mactex
```

あとはRubyは好きな方法でインストールしておくといいでしょう。システムにすでに入って
いるものを使う、Homebrewでインストールする、rbenv[25]を使う、anyenv+rbenv[26]を使うな
どの手段があります。

7.4.4　Windows で環境を構築する

TeXのインストールには、TeXLive[27]を使うのが最近の鉄板のようです。
Rubyのインストールには、RubyInstaller[28]を使うといいようです。
TeX（W32TeX）とRubyを使って「Windows 7上に」Re:VIEW環境を構築する方法は付録
に掲載しています。

‖‖
技術書はWordでも書ける

本書はRe:VIEW＋GitHubで並行執筆という環境を構築しており、環境構築手順から記事に
なっているため、それがベストな解とおすすめしていると思われるかもしれません。確かに、
差分管理や原稿出力などにおいて素晴らしい面も多々あり、是非オススメしたい環境ではある

21.https://www.docker.com/docker-windows
22.https://www.docker.com/docker-mac
23.https://brew.sh/index_ja.html
24.https://caskroom.github.io/
25.https://github.com/rbenv/rbenv
26.https://github.com/riywo/anyenv
27.https://user.ecc.u-tokyo.ac.jp/users/user-15826/wiki/?TeX/Install
28.https://github.com/oneclick/rubyinstaller2/releases

のですが、一方で一から環境設定をすることにハードルを感じることがあるかもしれません。

　結論から言ってしまえば、Wordでも普通に本は書けるので、環境構築で挫折しそうになるくらいなら、さくっとWordで書いてしまいましょう。Wordも若干の癖があるソフトですが、業務用PC、あるいは家庭用PCでも文章編集ソフトとして高いシェアを占めているということもあり、一度も使ったことがないという人はかなり少ないでしょう。ということは、とっかかりの操作方法に悩む必要がないソフトだといえます。また、比較的編集中の見た目と印刷結果が近いので、直感的な執筆には向きます。TeXやInDesignとかは作法がかなり厳しかったり、操作を覚えてまともに書けるようになるまでがかなりたいへんです。

　書き始めるためのハードルはできるだけ下げて、とにかく最初の本を書き上げることを優先すべきです。その上でWordがクソだ！とおもったら、他の環境を試せばよいのです。いきなり使ったことないツールを使い始めて、そのツールの使い方習得に忙殺され、本が完成しないというのは本末転倒です。執筆ツールはあくまで執筆ツールです。（Text：親方）

第8章　図を埋め込む（macOS編）

||||||||||||||||||||||||||||||||||||||||||||||||||||||||||||||||||||||||||||||||||||||||||||||||||||||||||||

macOSでKeynote.appを使って図を作成し、原稿に埋め込む方法を紹介します。また印刷用に高解像度の画像を作成する方法も説明します。「Keynote.app」とは、macOSやiOSにおいて無料で使えるプレゼンテーションソフトです。基本的な作図機能が備わっているので、以降ではKeynote.appを使った作図方法を紹介します。

なおこの章はmacOSのみを対象としています。ご了承ください。（Text：カウプラン）

||||||||||||||||||||||||||||||||||||||||||||||||||||||||||||||||||||||||||||||||||||||||||||||||||||||||||||

8.1　Keynote.appをインストールする

Keynote.appをまだインストールしてない場合は、インストールしましょう。

1. 画面左上隅にあるリンゴのアイコンをクリックし、「App Store…」を選びます。
2. App Storeアプリが起動したら、右上の検索欄で「Keynote」と入力しReturnを押します。
3. 検索結果のいちばん最初に「Keynote」が出てくるので、「入手」をクリックします。

これでKeynote.appがインストールされました。Finder.appで「アプリケーション」フォルダを見ると、「Keynote.app」があるはずです（図8.1）。

図8.1:「アプリケーション」フォルダに「Keynote.app」がインストールされる

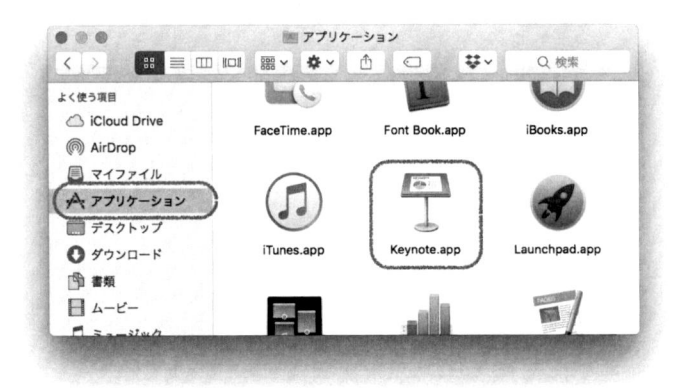

8.2 Keynote.appで作図する

Keynote.appを使って、図を描いてみましょう。

1. Keynote.appを起動し、テーマ「ホワイト」を選択してスライドを新規作成します。

2. ウィンドウ右上の「フォーマット」タブ→「マスターを変更」ボタンを押し、「空白」を選びます。これで白紙の状態になりました。

3. 試しに、何か適当な図を描いてみましょう。ウィンドウ上部にある「図形」アイコンをクリックし、適当な図形を選んで、位置やサイズを変更します。ここでは図8.2のような図を描いてみました。

4. ⌘ + S を押して、スライドを保存します。保存先はプロジェクトと同じフォルダ、ファイル名は「images.key」がいいでしょう[1]。

図8.2: Keynote.app での作図例

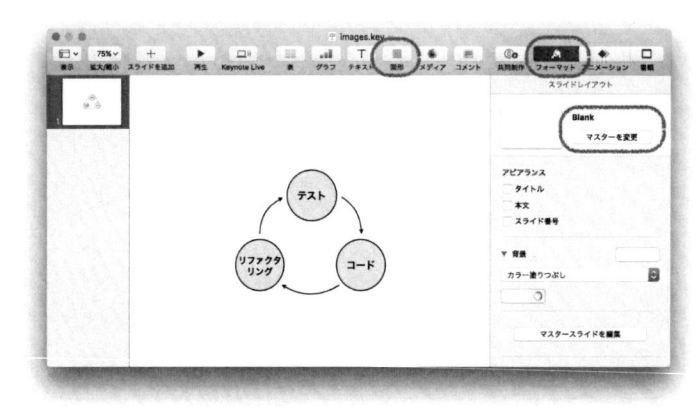

8.3 図をPNG画像として保存する

Keynote.appでは、メニューから「ファイル→書き出す…」を選ぶと、スライドを画像に変換できます。しかし、この機能はスライドの見た目をそのまま画像に変換するための機能であり、PDFに埋め込む図を作成する目的には向いていません。

PDFに埋め込む図を作るには、次の手順がいいでしょう。

1. Keynote.appの画面で、⌘ + A を押して図形をすべて選択し、⌘＋Cでクリップボードにコピーします。

2. Preview.appを起動し、⌘ + N を押すと、先ほどコピーした内容を使って画像が作成されます（図8.3）。

3. そのまま ⌘ + S を押して、画像を保存します。保存先は「images」[2]、フォーマット

は「PNG」、ファイル名はたとえば「example1.png」にします。

図8.3: Preview.app で⌘＋N を押すと、クリップボードの内容が画像になる

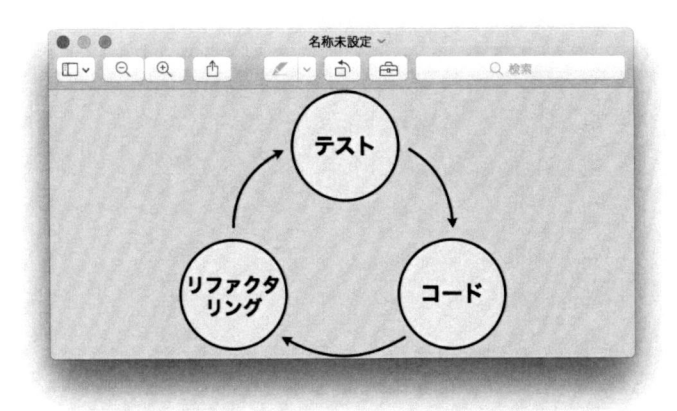

これで画像が作成されました。この画像を Re:VIEW の原稿に埋め込むには、リスト 8.1 のようにします。ここで「[example1]」は拡張子を除いた画像ファイル名、「[約束された...]」の部分は図の説明文です。詳しくは「Re:VIEW フォーマットガイド」[3]を参照してください。

リスト 8.1: Re:VIEW の原稿に画像を入れるためのテキスト

```
//image[example1][約束された勝利のサイクル]
```

実際に埋め込んでみると、図 8.4 のようになります。思ったよりも大きく表示されてしまいますね。

3.https://github.com/kmuto/review/blob/master/doc/format.ja.md

図8.4: 約束された勝利のサイクル

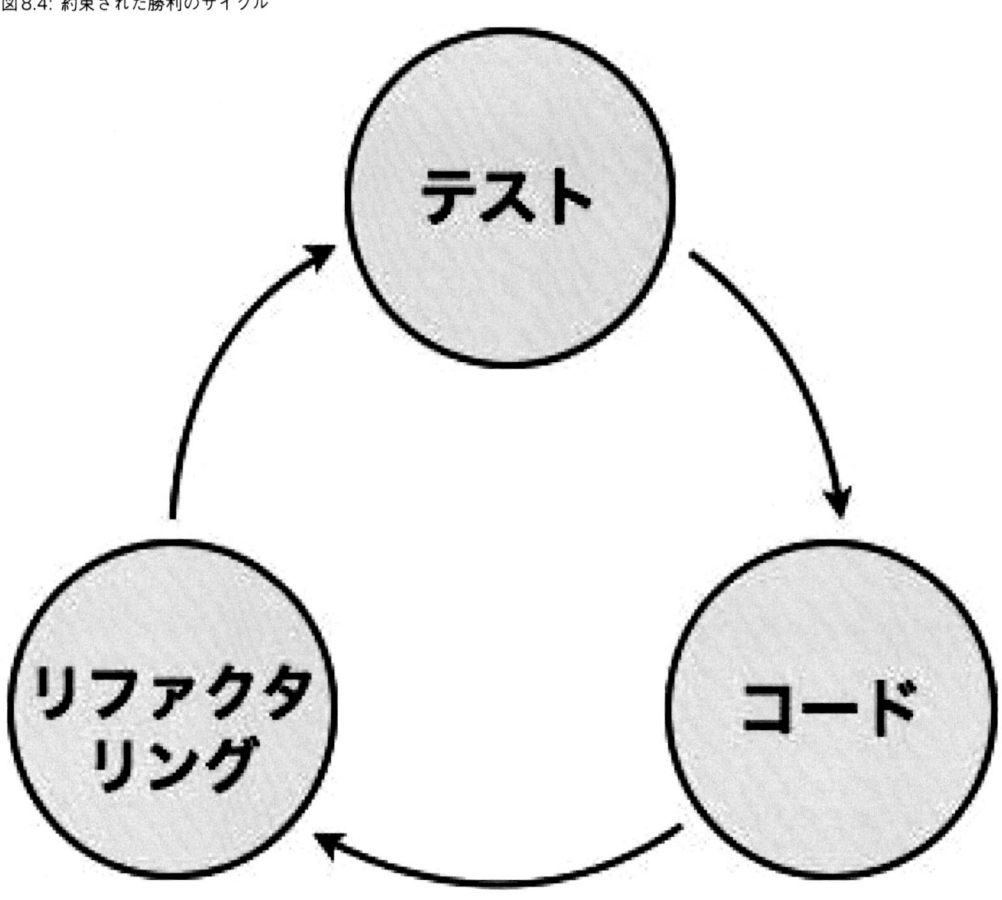

8.4　画像の幅を設定する

　Re:VIEW の原稿に画像を埋め込むと、思ったより大きく表示されてしまいました。これを解決するには、2つ方法があります。

　1つ目は、Re:VIEW で画像の倍率を設定する方法です。たとえばリスト8.2のように「[scale=0.5]」を追加すると、0.5倍（つまり半分）の大きさで画像が埋め込まれます。

リスト8.2: Re:VIEW の原稿に画像を入れるためのテキスト

```
//image[example1][約束された勝利のサイクル][scale=0.5]
```

実際に埋め込んでみると、図8.5のようになります。画像の大きさが半分になっていることが分かります。

図8.5: 約束された勝利のサイクル（scale=0.5）

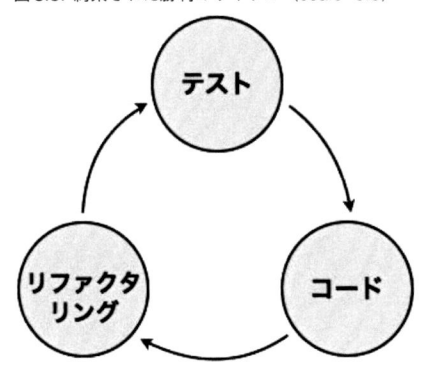

　2つ目は、透明な四角形を背景に埋め込むことで、画像そのものの大きさを変更する方法です。具体的には次のようにします。

1. ウィンドウ上部の「図形」アイコンから四角形を選びます。
2. 四角形を、図形を覆うくらいの位置と大きさに変更したあと、⌘＋Shift＋Bを押して最背面に移動させます。
3. ウィンドウ右上の「フォーマット」アイコン→「スタイル」タブを選びます。「塗りつぶし：塗りつぶしなし、枠線：枠線なし、シャドウ：シャドウなし」に変更します。
4. ウィンドウ右上の「フォーマット」アイコン→「配置」タブを選びます。サイズを、たとえば「幅：900pt、高さ：300pt」に変更します（図8.6）。幅と高さは、紙面の幅と図形の高さに合わせて調整してください。

図8.6: 図形の最背面に透明な四角形を置くことで、画像の幅と高さを指定する

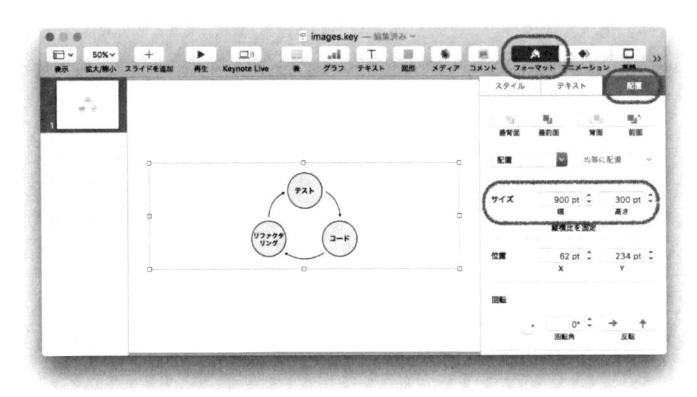

　これで、画像の幅と高さを指定できました。ここまでできたら、画像に変換し直します。具体的には、Keynote.appで⌘＋Aと⌘＋Cを押し、Preview.appに切り替えてから⌘＋Nと⌘＋Sを押します。

　実際に原稿に埋め込むと、図8.7のようになりました（「[scale=0.5]」は指定していません）。

画像の倍率を指定しなくても、ほどよい大きさで表示されていることが分かります。

図8.7: 約束された勝利のサイクル（900 × 300）

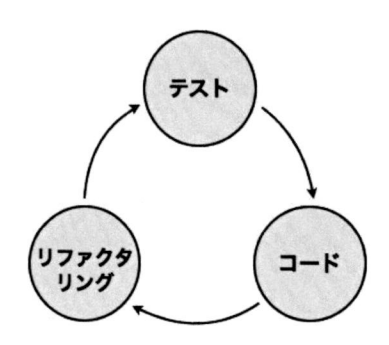

　どちらの方法でもうまくいきますが、個人的には2つ目の方法を勧めます。実際に試したところ、1つ目の方法では画像ごとに適切な倍率を指定するのが面倒でした。2つ目の方法だと作図している段階で大きさが分かるので、楽でした。

8.5　印刷用の画像に変換する

　実は、このままの画像では解像度が低すぎて、印刷には向きません。

　画像の解像度が低いことを確認してみましょう。Re:VIEWの原稿を「rake pdf」コマンドでコンパイルし、PDFを作成してPreview.appで表示します。そして⌘キーを押しながら「+」キーを3、4回押してみてください。押すたびにPDFが拡大表示されることが分かります。PDFに埋め込まれた画像をこの方法で拡大表示すると、図8.8のように文字はきれいだけど画像は荒いことが分かります。

図8.8: PDF に埋め込んだ画像は、文字と比べて解像度が荒いことが分かる

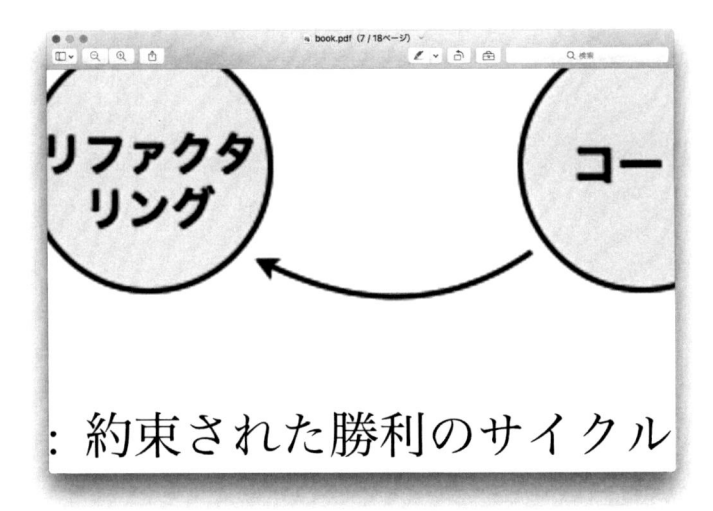

　ここで「画像の解像度が低い」という表現を使いましたが、正確には「画像のDPIが低い」と いいます。DPI (Dot Per Inch)とは、1インチあたりのドット数を表します。これが低いと印刷 したときに荒い画像になり、高いときれいな画像になります。

　今までの方法で作った画像は、DPIが「72dpi」という低い値なので印刷には向きません。こ れを「300dpi」や「350dpi」ぐらいの高い値にすると、印刷してもきれいな画像になります。そ のため、画像のDPIを「72dpi」からより高い値に変更する必要があります[45]。

　画像のDPIを変更するには、3つの方法があります。

　1つ目は、Preview.appで変更する方法です。画像をPreview.appで表示し、メニューから 「ツール→サイズを調整…」を選びます。ダイアログが表示され、解像度が「72ピクセル／イン チ」になっているので、「360ピクセル／インチ」に変更し、「OK」ボタンを押します。

　2つ目は、macOS付属の「sips」コマンドを使う方法です。Termnail.appを開き、Re:VIEW の原稿があるディレクトリに移動し、次のようなコマンドを実行します。

```
### sips コマンドが存在することを確認
$ which sips
/usr/bin/sips

### 画像ファイルが存在することを確認
$ ls images/example1.png
images/example1.png
```

---

4. 印刷用であれば、最低でも 300dpi が必要とされています。場合によっては、450dpi や 600dpi を使うこともあるようです。今回は、72dpi のちょうど 5 倍である 360dpi を 使うことにします。

5. 画像の DPI を変更しても、画像の大きさは変わりません。たとえば大きさが 640 × 480 である画像の DPI を 72dpi から 360dpi に変更しても、画像の大きさは 640 × 480 のままです。

```
### 現在のDPIが72dpiであることを確認
$ sips -g all images/example1.png | grep dpi
  dpiWidth: 72.000
  dpiHeight: 72.000


### 360dpiに変更
$ sips -s dpiHeight 360 -s dpiWidth 360 images/example1.png
### または
$ mkdir images_360dpi
$ sips -s dpiHeight 360 -s dpiWidth 360 \
    --out images_360dpi/example1.png images/example1.png


### DPIが変更されたことを確認
$ sips -g all images/example1.png | grep dpi
  dpiWidth: 360.000
  dpiHeight: 360.000
```

3つ目の方法は、ImageMagickの「convert」コマンドを使う方法です。brewやMacPortsでImageMagickをインストールし、次のようなコマンドを実行します。

```
### DPIを360dpiに変更
$ convert -density 360 -units PixelsPerInch images/example1.{png,png}

### DPIが 360dpi ÷ 2.54inch/cm ＝ 141.73 に変更されたことを確認
$ identify -verbose images/example1.png | egrep '(Resolution|Unit)'
  Resolution: 141.73x141.73
  Units: PixelsPerCentimeter
```

これらの方法によって解像度を360dpiに変更した画像を埋め込んだのが、図8.9です。非常に小さくなってしまいました。

図8.9: 約束された勝利のサイクル (360dpi)

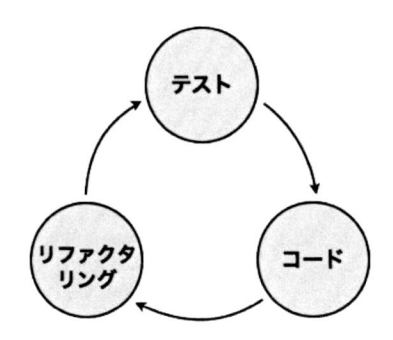

この問題については次の章で説明します。

8.6　画像を引き伸ばす

　画像のDPIを大きくすると、PDFに埋め込んだら小さく表示されてしまいました。この問題を解決するには、画像の大きさを縦横5倍に引き伸ばすことです。具体的には次のような手順になります。

1．Keynote.appでスライドを開き、ウィンドウ右上の「書類」アイコン→「書類」タブを選び、下のほうにある「スライドのサイズ」で「カスタムのスライドサイズ…」を選びます。
2．デフォルトでは「幅：1024pt、高さ：768pt」になっているので、それぞれ5倍して「幅：5120pt、高さ：3840pt」にして、「OK」ボタンを押します（図8.10）。

図8.10: スライドの大きさを5倍に広げる

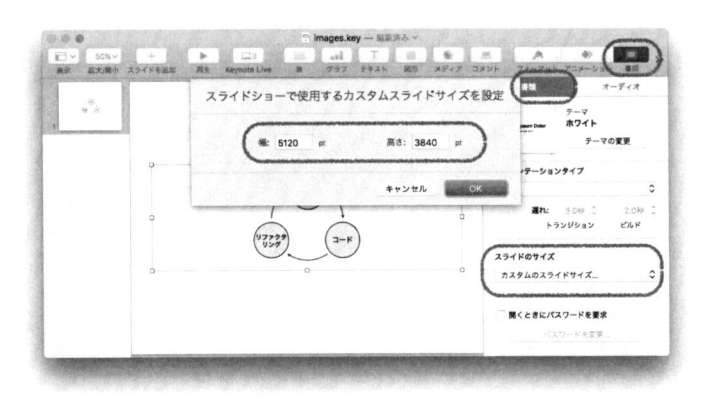

　これでスライドの幅と高さが5倍になりました。それに伴って図形の大きさも5倍になったはずです。あとは、再度 ⌘ + A と ⌘ + C を押し、Preview.appに切り替えて ⌘ + N と ⌘ + S を押して画像を保存すると、幅と高さが5倍に引き伸ばされた画像ができます。またメニューから「ツール→サイズを調整…」を選んで、解像度を「360ピクセル／インチ」に変更

してください[6]。

　実際に原稿に埋め込むと、図8.11のようになりました。画像が小さくなっていないことが分かります。

図8.11: 約束された勝利のサイクル（幅と高さが5倍）

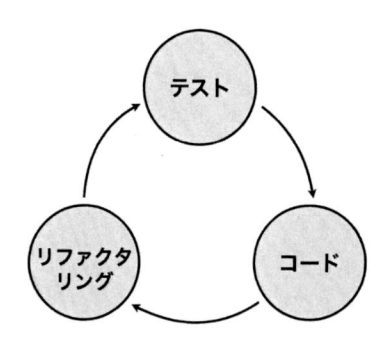

　またPDFファイルを拡大表示（⌘キーを押しながら「＋」キーを押す）したのが、図8.12です。以前のような画像の荒さが消えて、印刷に耐えうる解像度になっていることが分かります。

図8.12: PDFに埋め込んだ画像の荒さが消え、印刷に耐える解像度になっている

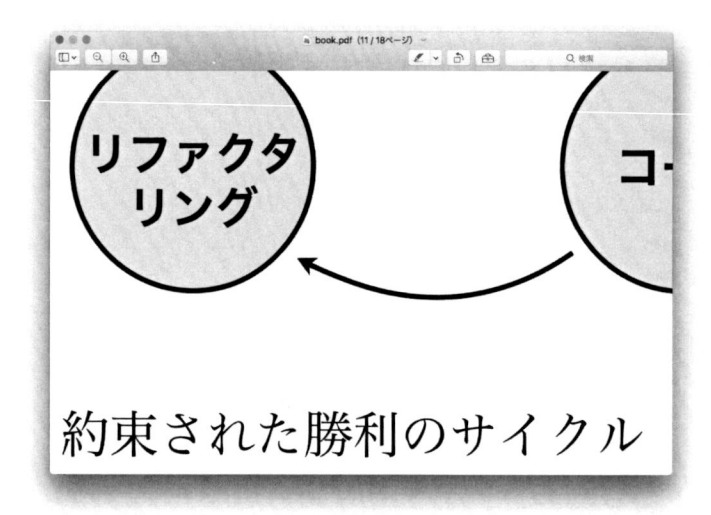

8.7　コンパイル速度の低下を防ぐ

　画像を高解像度にすると、原稿をPDFへコンパイルするのがかなり遅くなります。正確にい

---

6. 実は画像の大きさが十分大きければ、72dpiでもきれいに印刷されます。しかし余計なトラブルを回避するためにも、高いDPIに変更しておくのがいいでしょう。

うと、LaTeX ファイルのコンパイル自体は変わりませんが、DVI ファイル[7]から PDF ファイルへの変換に時間がかかるようになります。特に原稿の締め切りが近いときは、大きなストレスになります。

　この問題を解決するには、低解像度と高解像度の両方の画像を用意するのがいいでしょう。

・原稿執筆中は低解像度（72dpi）の画像を使ってコンパイルし、作業時間を短縮します。
・原稿が完成したら高解像度（360dpi）の画像を使ってコンパイルし、印刷用の PDF を生成します。
・低解像度用と高解像度用のフォルダを用意し、シンボリックリンクで切り替えます。

これだけ見ると簡単そうですが、準備は意外とかかります。以下に手順を示します。

【Step1】低解像度用と高解像度用のフォルダを作成します。images フォルダを消して、かわりにシンボリックリンクを作ります。

```
### 原稿のあるフォルダに移動し、images フォルダを退避
$ cd ~/work/mybook
$ ls -dF images
images/
$ mkdir old
$ mv images old

### 低解像度用 (low-resolution) と高解像度用 (high-resolution) のフォルダを作成
$ mkdir images_lowres
$ mkdir images_highres

### 低解像度用フォルダへのシンボリックリンクを作成する
### （原稿執筆中は低解像度用を使うため）
$ ln -s images_lowres images
```

【Step2】高解像度用の画像から低解像度の画像を生成するタスクを、Rakefile に追加します。リスト 8.3 の Ruby コード[8]を、Rakefile のいちばん最後に追加してください。

リスト 8.3: 高解像度用の画像から低解像度の画像を生成する Rake タスク

```
desc "convert images"
task :images do
  ## macOS なら sips コマンドを使い、それ以外では ImageMagick を使う
  has_sips = File.exist?("/usr/bin/sips")
```

7.DVI (Device Independent) ファイルとは、デバイスに依存しない形式で表示情報を格納したファイルです。LaTeX ファイルをコンパイルすると作成されます。このファイルをもとに PDF ファイルが生成されます。

8.https://github.com/onestop-techbook/c93-onestop-techbook/blob/master/articles/codes/rake-images.rb から取得できます。

```ruby
## 高解像度の画像をもとに低解像度の画像を作成する
for src in Dir.glob("images_highres/**/*.{png,jpg,jpeg}")
  ## 低解像度の画像を作成済みなら残りの処理をスキップ
  dest = src.sub("images_highres/", "images_lowres/")
  next if File.exist?(dest) && File.mtime(src) == File.mtime(dest)
  ## 必要ならフォルダを作成
  dir = File.dirname(dest)
  mkdir_p dir if ! File.directory?(dir)
  ## 高解像度の画像のDPIを変更（72dpi→360dpi）
  if has_sips
    sh "sips -s dpiHeight 360 -s dpiWidth 360 #{src}"
  else
    sh "convert -density 360 -units PixelsPerInch #{src} #{src}"
  end
  ## 低解像度の画像を作成（72dpi、横幅1/5）
  if has_sips
    `sips -g pixelWidth #{src}` =~ /pixelWidth: (\d+)/
    option = "-s dpiHeight 72 -s dpiWidth 72 --resampleWidth
#{$1.to_i / 5}"
    sh "sips #{option} --out #{dest} #{src}"
  else
    sh "convert -density 72 -units PixelsPerInch -resize 20% #{src}
#{dest}"
  end
  ## 低解像度の画像のタイムスタンプを、高解像度の画像と同じにする
  ##  （＝画像のタイムスタンプが違ったら、画像が更新されたと見なす）
  File.utime(File.atime(dest), File.mtime(src), dest)
end
## 高解像度の画像が消されたら、低解像度の画像も消す
for dest in Dir.glob("images_lowres/**/*").sort().reverse()
  src = dest.sub("images_lowres/", "images_highres/")
  rm_r dest if ! File.exist?(src)
end
```

【Step3】高解像度用の画像を作成します。ポイントは次の通りです。

・縦横を5倍に引き伸ばしたスライドを作り、作図します。やり方は「8.6 画像を引き伸ばす」
　を参照してください。

・作図した図形の最背面に、幅4498ピクセル（＝ 900 * 5 - 2）の透明な四角形を埋め込みます。
　やり方は「8.4 画像の幅を設定する」を参照してください。

・PNG画像に変換し、高解像度用のフォルダ（「images_highres」）に保存します。やり方は「8.3

図をPNG画像として保存する」を参照してください。このとき、画像の幅は2ピクセル追加されて4500ピクセルになっているはずです。

【Step4】Terminal.appで「rake images」を実行して、高解像度の画像から低解像度の画像を自動生成します。そのあと「rake pdf」を実行すると、低解像度の画像を使ってPDFファイルが生成されます。

```
### 高解像度の画像から低解像度の画像を自動生成
$ rake images
### 低解像度の画像を使ってPDFファイルを生成
$ rake pdf
```

【Step5】原稿が書き終わったら、Terminal.appで「ln -sfn images_highres images」を実行して、高解像度の画像を使うようシンボリックリンクを切り替えます。そのあと「rake pdf」を実行すると、高解像度の画像を使ってコンパイルされます。もう一度低解像度に切り替えるには、「ln -sfn images_lowres images」を実行します。

```
### 高解像度の画像を使うよう切り替える
$ ln -sfn images_highres images
### 低解像度の画像を使って印刷用のPDFファイルを生成
$ rake clean
$ rake pdf
### もう一度低解像度に切り替える
$ ln -sfn images_lowres images
```

またリスト8.4のRubyコード[9]をRakefileの末尾に追加すると、「rake images:toggle」だけで低解像度と高解像度を切り替えできるようになります。UNIXコマンドに不慣れな人はこちらを使うほうがいいでしょう。

リスト8.4: 低解像度と高解像度を切り替えるRakeタスク

```
namespace "images" do

  desc "toggle image directories ('images_{lowres,highres}')"
  task :toggle do
    link = File.readlink("images")
    rm "images"
    if link == "images_lowres"
      ln_s "images_highres", "images"
    else
```

9.https://github.com/onestop-techbook/c93-onestop-techbook/blob/master/articles/code/rake-toggle.rb から取得できます。

```
      ln_s "images_lowres", "images"
    end
  end

end
```

　それでは、高解像度と低解像度の画像を切り替えると、コンパイル時間はどのくらい変わる
でしょうか。画像を40枚以上含むような、とある同人誌で試してみました。

```
### 低解像度の場合
$ ln -s images_lowres images
$ time rake pdf
...(snip)...
real    0m12.029s
user    0m10.600s
sys     0m0.692s

### 高解像度の場合
$ ln -s images_highres images
$ time rake pdf
...(snip)...
real    1m23.288s
user    1m17.991s
sys     0m3.838s
```

　低解像度だと約12秒、高解像だと約83秒かかりました。比率で7倍、秒数で71秒の差です。こ
れだけ差があるなら、手間をかける価値は十分あるでしょう。
　なおここで説明した方法は、「高解像度と低解像度のどちらの画像をPDFに埋め込んでも幅
と高さが同じになる」ことが前提条件です。そのためには、画像の解像度(DPI)が5倍なら縦と
横の大きさも5倍にする必要があります。リスト8.3のRakeタスクはそのように考慮されてい
ます。

8.8　その他

- 高解像度の画像を使った印刷用のPDFは、ファイルサイズが大きくなり、PDFビューワで
  読むときにスクロールがひっかかるようになります。そのため、ダウンロード用のPDFで
  は中解像度（144dpiや216dpi）の画像を使うといいでしょう。
- ダウンロード用のPDFやePubでは、画像を圧縮しましょう。ファイルサイズが大きく減ら
  せます。画像を圧縮するには、macOS用なら「ImageOptim.app」がお勧めです。

- macOSで「 ⌘ + Shift + 4 → スペースキー → 対象のウィンドウをクリック」という操作をすると、ウィンドウのスクリーンショットをシャドウつきで撮れます。このとき、対象のウィンドウをOptionキーを押しながらクリックすると、シャドウなしになります[10]。シャドウなしのほうが画像サイズを減らせるので、スクリーンショット画像が多い場合はシャドウなしも検討してみましょう。

- スクリーンショットを撮るなら、Retinaディスプレイの機種で撮ると解像度が高くなるのでお勧めです。たとえば、Retinaでない機種で撮ったスクリーンショットが72dpiで640×480の大きさだとすると、同じスクリーンショットをRetinaディスプレイの機種で撮ると72dpiで1280×960の大きさになります。DPIは同じですが縦と横がそれぞれ2倍の大きさになることがわかります。あとはこれを「8.5 印刷用の画像に変換する」で紹介した方法で144dpiに変更すれば、画像の表示サイズは同じままでより解像度が高くなるので、印刷するときれいに見えます。サンプルとして、Retina機種で撮ったスクリーンショットを図8.13に、Retinaでない機種で撮ったスクリーンショットを図8.14に載せておきますので、拡大表示して違いを見てみてください。

図8.13: Retinaディスプレイの機種で撮ったスクリーンショット

---

10. ウィンドウスクリーンショットのシャドウを、なくすのではなく小さくする方法を探しましたが、見つかりませんでした。ご存知の方がいたらぜひ教えてください。

図8.14: Retina でない機種で撮ったスクリーンショット

図8.14: Retina でない機種で撮ったスクリーンショット

8.9　まとめ

Keynote.app で描いた図を画像に変換して PDF に埋め込む方法を紹介しました。また印刷用に高解像度の画像を用意する方法と、低解像度と高解像度の画像を切り替える方法も紹介しました。他にもっとよいやり方があれば、皆さんぜひ公開してください。

||||||||||||||||||||||||||||||||||||||||||||||||||||||||||||||||||||||||||||||||||||||||||||||||||||||||||||||||||||||||||||||||||||||||

Keynote は最高の作図ツールである

これは僕の持論なのですが、エンジニアが作図するときに一番バランスのいいツールが Keynote だと思います。機能が多すぎずちょうどいい程度にそろっているからです。Windows の場合は PowerPoint という手もあります。

筆者は表紙、サークルカット、ポップ、値段表、さまざまなところで Keynote を活用しています。(Text：erukiti／佐々木俊介)

||||||||||||||||||||||||||||||||||||||||||||||||||||||||||||||||||||||||||||||||||||||||||||||||||||||||||||||||||||||||||||||||||||||||

第9章　図を埋め込む（Windows編）

本章では前章に引き続き、図を作成する方法、原稿に埋め込む方法、および印刷用に高解像度の画像を作成する方法を紹介します。前章の構成に沿っていますが、違うのはWindows上でPowerPointを使っているところです。OSやソフトが変わるとできることも変わってきますので、内容が簡略化され、Windowsに特化した情報が加筆されています。（Text：暗黙の型宣言）

9.1　PowerPointについて

PowerPointはプレゼンテーション用のスライド作成およびプレゼンテーションを行うソフトウェアです[1]。Officeシリーズを購入すると大抵はバンドルされていますが、Office Personalには含まれていません[2]。単体で購入することもできますが、かなり割高です[3]。技術同人誌を書きたいと考えている方でWindowsを利用している方は、高確率で所有していると思われますので、インストールの細かい方法は省略します。

9.2　PowerPointで作図する

PowerPointで作図してみましょう。PowerPointを起動すると、タイトルスライドのみの新規スライドが表示されます。スライドを右クリックし、レイアウトを白紙に変更しましょう[4]。

---

1. 一部？多くの？企業ではドキュメント作成にも用いられており、Excelに匹敵する万能ソフトでもあります。
2. https://products.office.com/ja-jp/buy/compare-microsoft-office-products?tab=1
3. https://www.microsoft.com/ja-jp/store/collections/officesingleapps?SilentAuth=1&wa=wsignin1.0
4. 意外にこれをやらない人が多いのです。

図9.1: PowerPoint 起動直後の画面

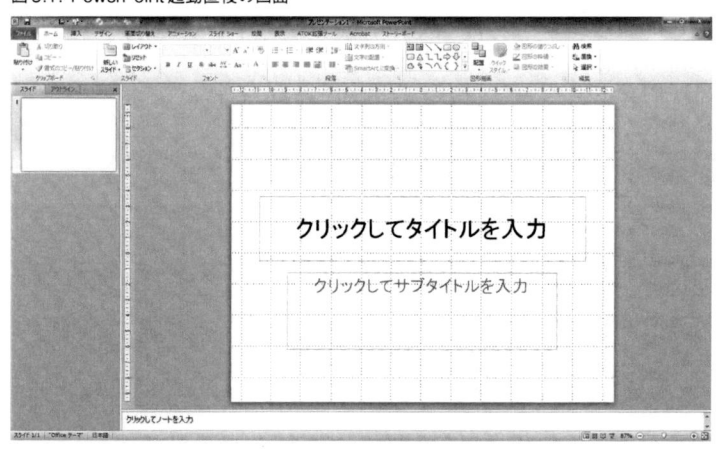

図9.2: スライドレイアウトの変更

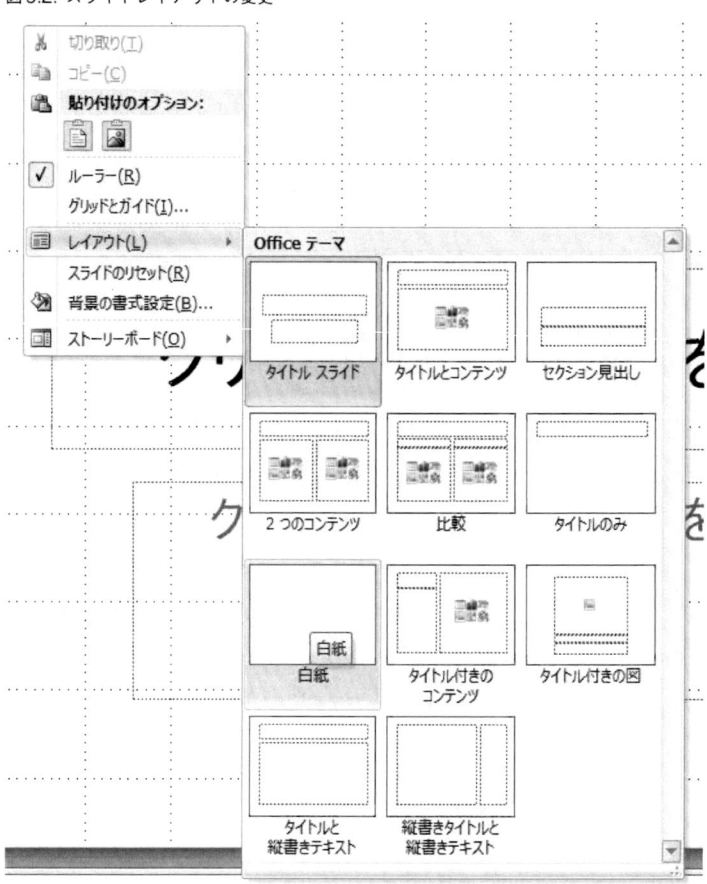

リボンの挿入タブから図形を選択し、図形を描きましょう。第8章に倣って約束された勝利

のサイクルを描いてみました[5]。

図9.3: PowerPoint で利用できる図形

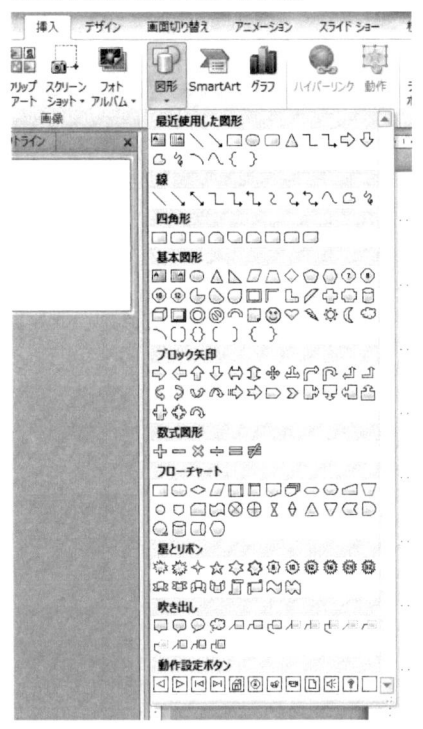

図9.4: 約束された勝利のサイクル（PowerPoint版）

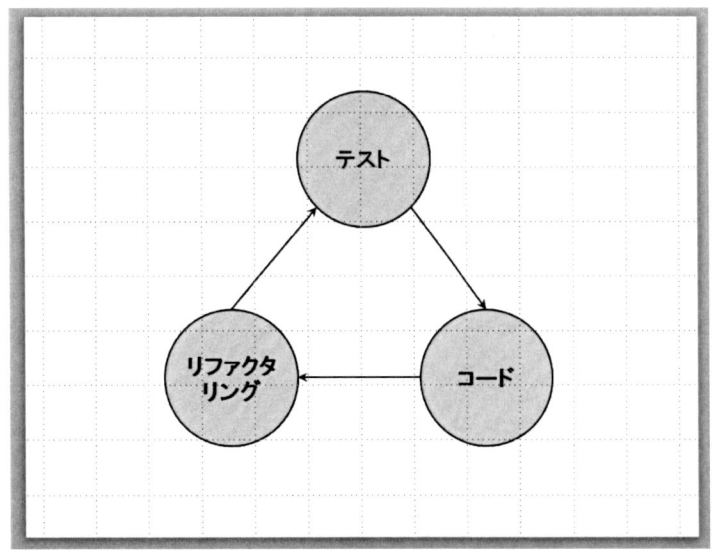

5.PowerPoint では円弧矢印を狙った通りに描くのがややこしいので、直線矢印にしました。これではサイクルというよりトライアングルですね。

ファイルタブの名前を付けて保存を選択して、スライドを保存します。Ctrl+Sでも保存でき
ます。名前は第8章に倣ってimages.pptxとしておきましょう。

図9.5: 名前を付けて保存

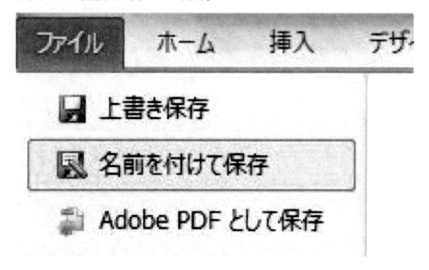

図9.6: 名前とファイルの種類の指定

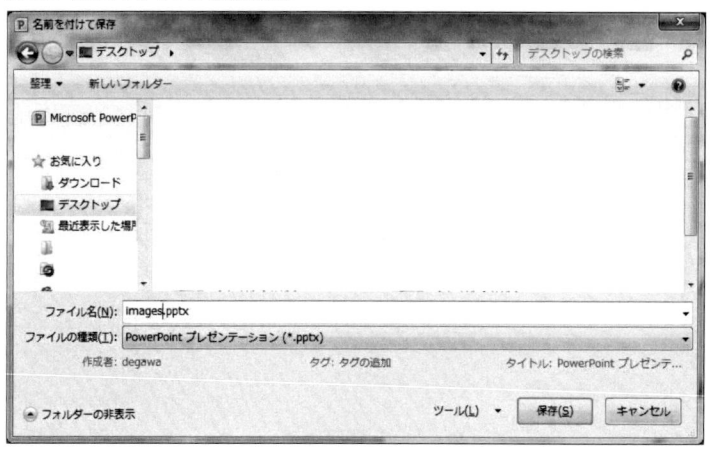

9.3　図をPNG画像として保存する

　PowerPointで作成した図形を画像に変換する方法は三通りあります。一つ目は、スライド
を画像として保存する方法です。名前を付けて保存する際にファイルの種類をjpg、png、tiff、
bmpのいずれかにすることで、スライド全て、あるいは1枚だけが画像に変換されて保存され
ます。

図9.7: スライドを画像として保存

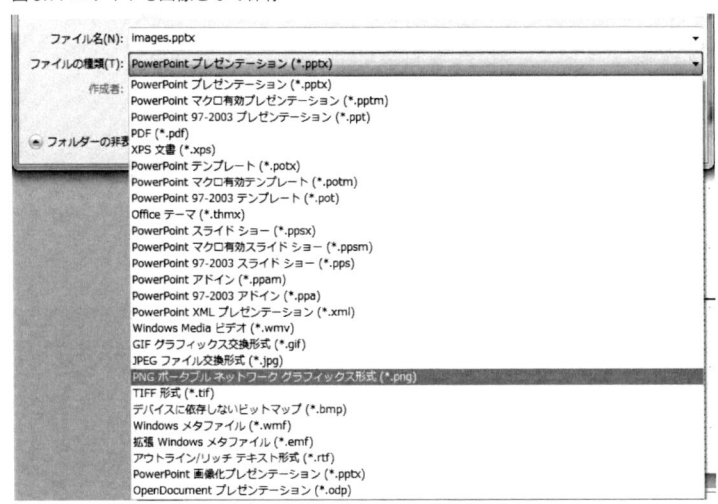

　二つ目は、図形を図（画像）として保存する方法です。保存したい図形全てを選択した状態で図形を右クリックし、図として保存するを選択すると、図として保存ダイアログから保存できます。

図9.8: 図形を図として保存

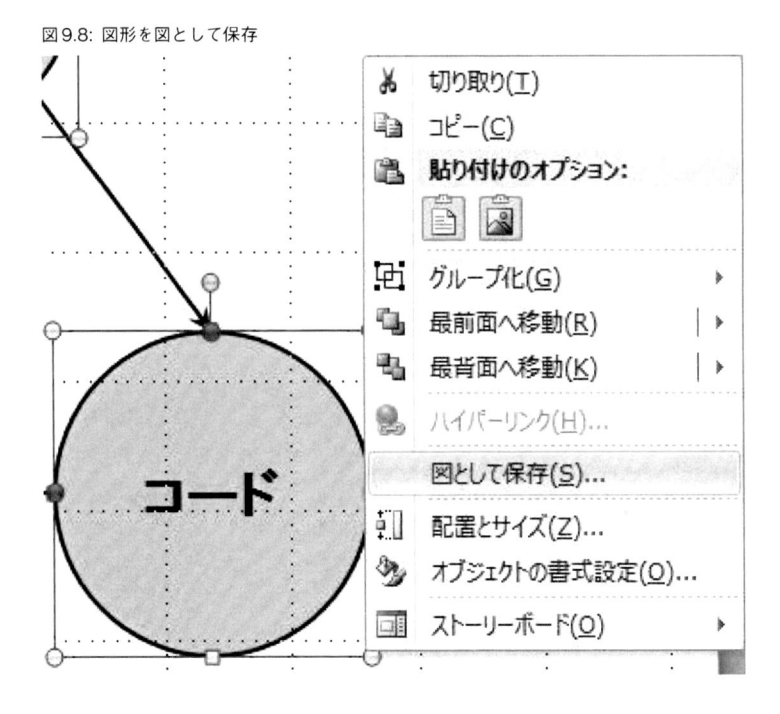

図9.9: 図として保存ダイアログ

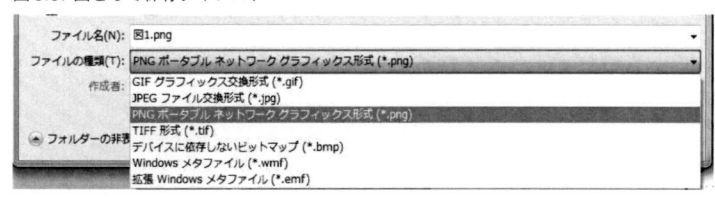

　三つ目は、画像編集ソフト（ペイントなど）を使う方法です。保存したい図形全てを選択した状態で図形を全てクリップボードにコピーしてペイントに貼り付けたあと、名前を付けて保存します。

図9.10: ペイントへの図の貼り付け

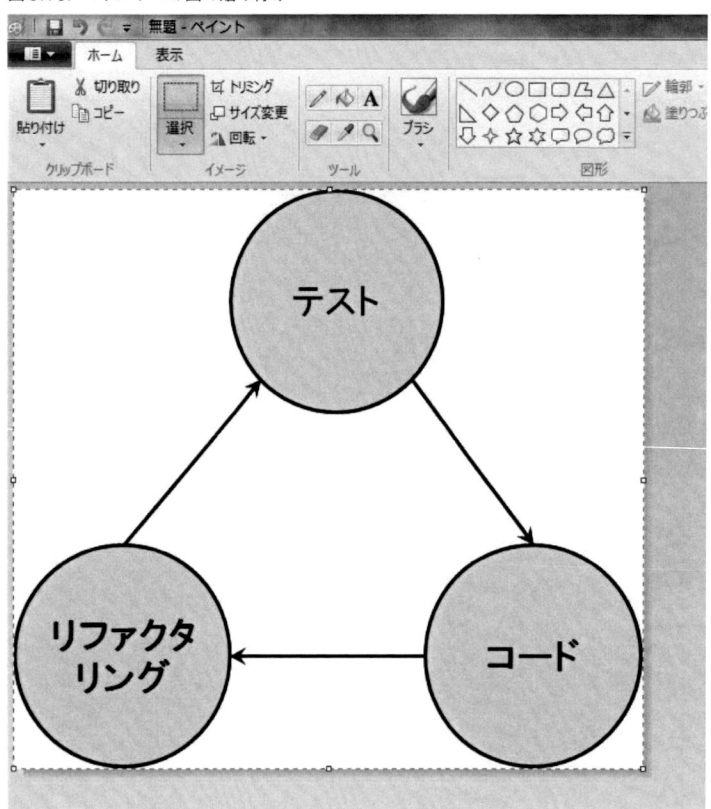

図9.11: 図の保存

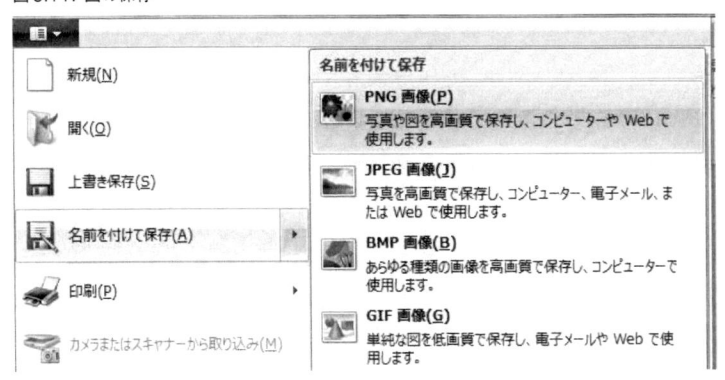

　図形はimagesという名前のフォルダに保存し、第8章で説明されているRe:VIEW命令を使っ
て原稿に埋め込みます。

9.4　図形の幅を設定する

　Re:VIEWの原稿に図を埋め込んだ際、思ったより大きくなった場合は、三通りの方法で大き
さを調整できます。一つ目は、Re:VIEWの命令で画像を埋め込む際に画像の倍率を指定する方
法です。これは前章を参照してください。

　二つ目も前章で紹介されている方法です。次の手順で透明な四角形を図形の背景に置いて、
図形の大きさを制御します。

1. 挿入タブの図形から四角形を選択し、画像を覆うくらいの四角形を描きます（図9.12）。
2. 四角形を右クリックして最背面へ移動します（図9.13）。
3. 四角形を右クリックして図形の書式設定を選び、塗りつぶしなし、線なしに設定します。
   （図9.14、図9.15、図9.16）
4. 図形の書式設定からサイズを選び、図形の幅を設定します。紙面の幅に応じて幅を調整
   してください。このとき、単位まで書けばptでも指定できます（図9.17）。

図9.12: サイズ調整用四角形の描画

図9.13: サイズ調整用四角形を最背面へ移動

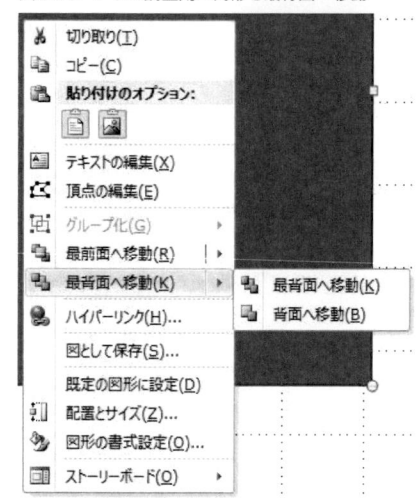

図9.14: サイズ調整用四角形の書式設定

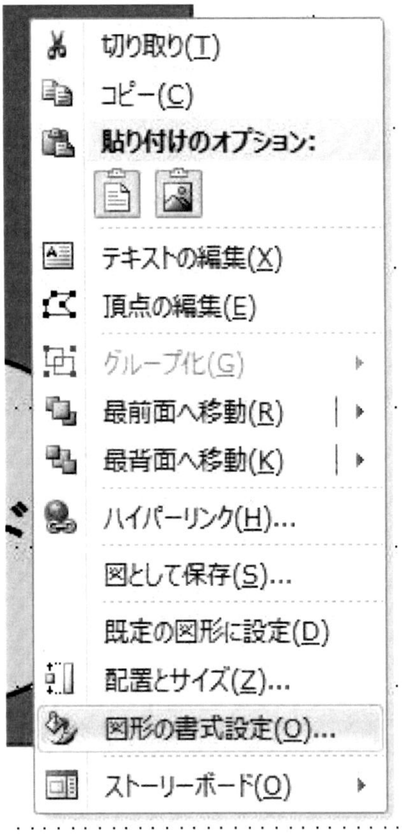

図9.15: サイズ調整用四角形の塗りつぶしの設定

図9.16: サイズ調整用四角形の枠線の設定

図 9.17: サイズ調整用四角形のサイズの設定

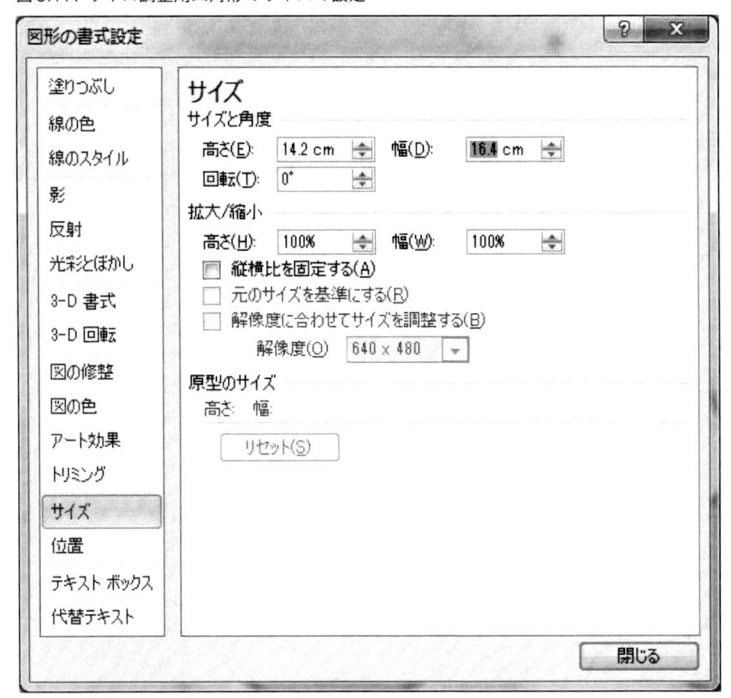

三つ目は、スライドのサイズを紙面のサイズにして、狙った大きさの図を作る方法です。

1. 新規にプレゼンテーションを作成します。

2. デザインタブのページ設定をクリックし、ページ設定ダイアログからページのサイズと
   向きを指定します。このとき、メニューにあるA4やB5などを選ぶと、一回り小さいサイ
   ズのスライドになります。必ず、ユーザー設定で幅と高さを指定してください（図9.18、
   図9.19）。

3. スライドを白紙にして、図を作ります。試しにスライドの大きさをA4サイズにして先ほ
   ど作った図形を貼り付けてみると、かなり大きかった事が分かります（図9.20）。いい感
   じになるように縮小して、図として保存しましょう（図9.21）。

図 9.18: スライドのページ設定

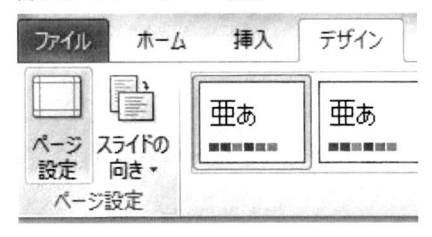

図9.19: 任意サイズのスライドの設定（A4サイズ）

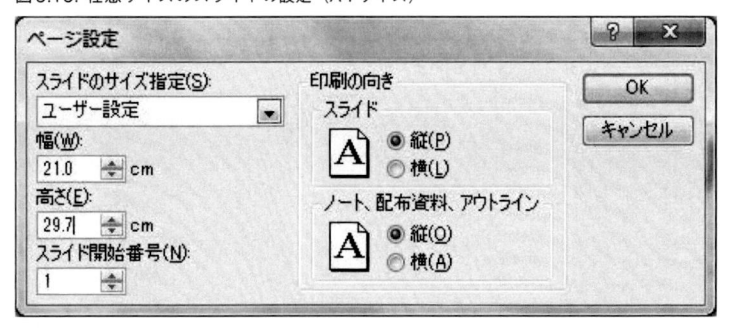

図9.20: A4サイズに貼り付けられた図形

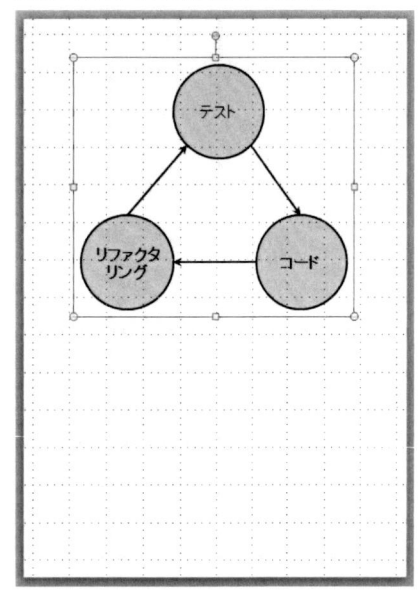

図9.21: 適切な大きさへの図形サイズの変更

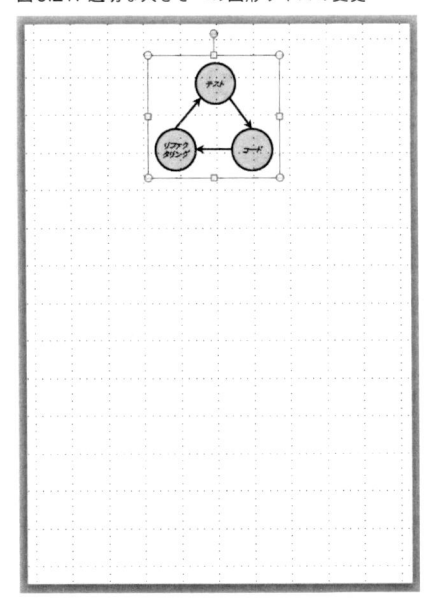

　全ての方法で画像の大きさを適切に設定できます。一つ目の方法は画像ごとの適切な大きさ
を見つけるのが試行錯誤となり、手間がかかります。二つ目と三つ目は作図の段階で大きさが
分かるという点では同じです。いちいち四角形を置くより三つ目の方が楽なように感じますが、
図形を高解像度にするときの手間が変わってきます。

9.5　出力される画像の解像度を上げる

　前節の方法で変換された画像の解像度は、全て96 DPIです。これはPowerPointの標準設
定のようです[6]。第8章では、三通りの方法で解像度を変更していましたが、そのうち三つ目
（ImageMagickのconvertコマンドを使う方法）はWindowsでも可能です。

　ここではPowerPointの設定を変更して高解像度の画像を直接出力できるようにしてみましょ
う。ただし、この方法は、本章で紹介した方法のうち、2番目の方法（名前を付けて保存する
際に形式を画像にする方法）にしか反映されません。また、この方法はレジストリと呼ばれる、
Windowsの設定を一括して管理しているファイルを編集しますので、万が一に備えてバック
アップを取っておくことをお勧めします。

　レジストリを編集するにはレジストリエディタを起動します。スタートメニューのプログラ
ムとファイルの検索ボックスにregeditと入力します。そうするとレジストリエディタが表示さ
れるので、クリックして起動します。ユーザーアカウント制御が割り込んできますが、はいを
押して起動してください。

6.150 DPIで画像を出力すると書かれている記事を見たことがありますので、PowerPointのバージョンで標準の値が異なっている可能性があります。

図9.22: レジストリエディタの検索

　図9.23のように、左ペインにフォルダのようなものが表示されています。これはキーと呼ばれ、設定の項目を一括して管理しています。キーの名をダブルクリックするか、フォルダアイコンの左の三角形をクリックして、キーを展開していきます。PowerPoint 2010の解像度に関する設定は、HKEY_CURRENT_USER\Software\Microsoft\Office\14.0\PowerPoint\Optionsにあります[7]ので、一つずつたどっていってください。当該のキー名をクリックすると、右のペインに設定が表示されます。

図9.23: レジストリのルート

7.14.0 というキーが PowerPoint のバージョンを表しています。Microsoft 社の解説によると、PowerPoint 2003 と 11.0、2007 と 12.0、2010 と 14.0、2013 と 15.0、2016 と 16.0 が対応しているようです。13 は不吉だからあえて飛ばしたのでしょうか？

図9.24: キーの展開

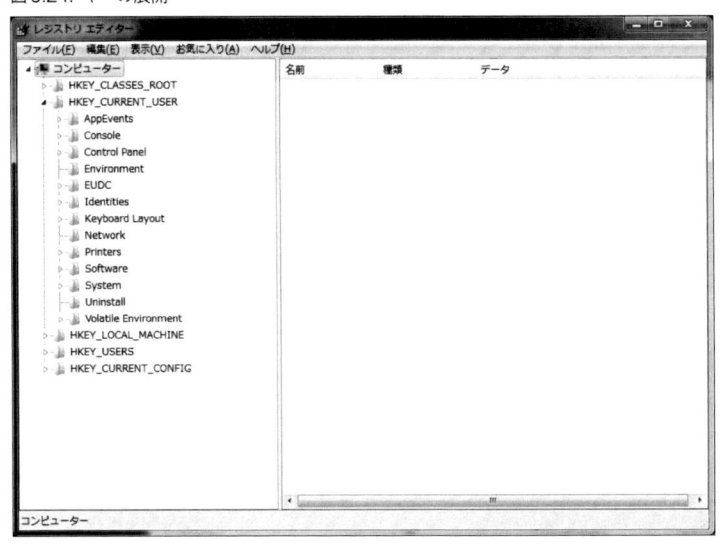

図9.25: レジストリで管理されている PowerPoint の設定

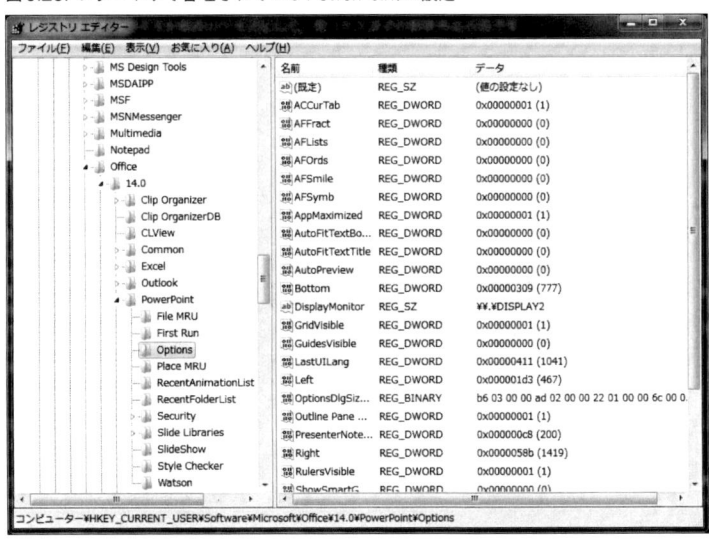

　ここに、画像への変換時の解像度に関する設定を追加します。設定に関しては、Microsoft社が詳しい説明[8]を公開していますので、一読しておいてください。右ペインのどこかで右クリックし、新規→DWORD値（32ビット）値を選択します。右クリックする位置は、設定の名前以外ならどこでもかまいません。設定項目が作られるので、名前を ExportBitmapResolution とします。

8.https://support.microsoft.com/ja-jp/help/827745/how-to-change-the-export-resolution-of-a-powerpoint-slide

図9.26: レジストリの設定の新規作成

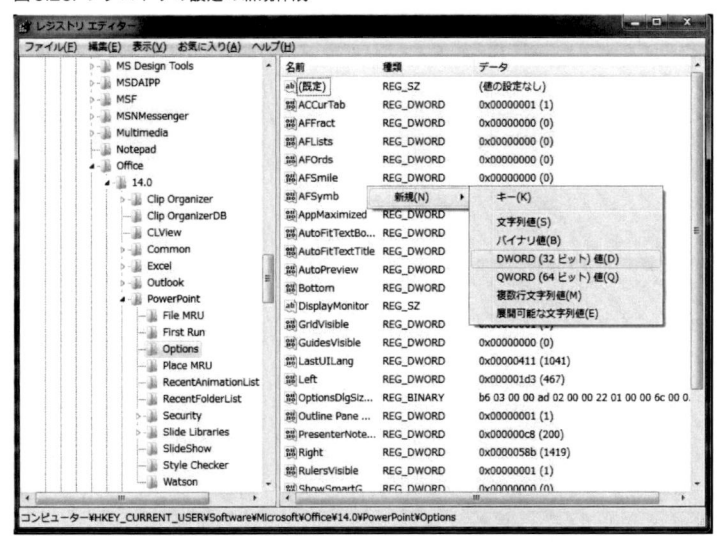

図9.27: 作成された設定項目（DWORD値）

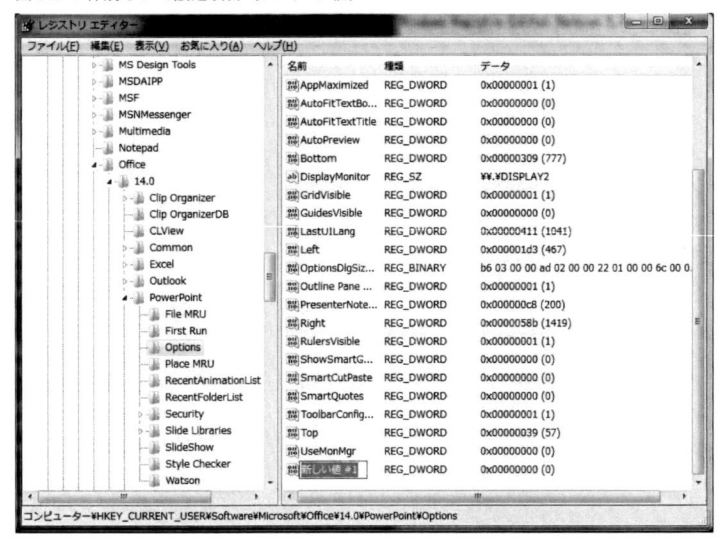

図9.28: 作成された設定項目（DWORD値）と名前の決定（ExportBitmapResolution）

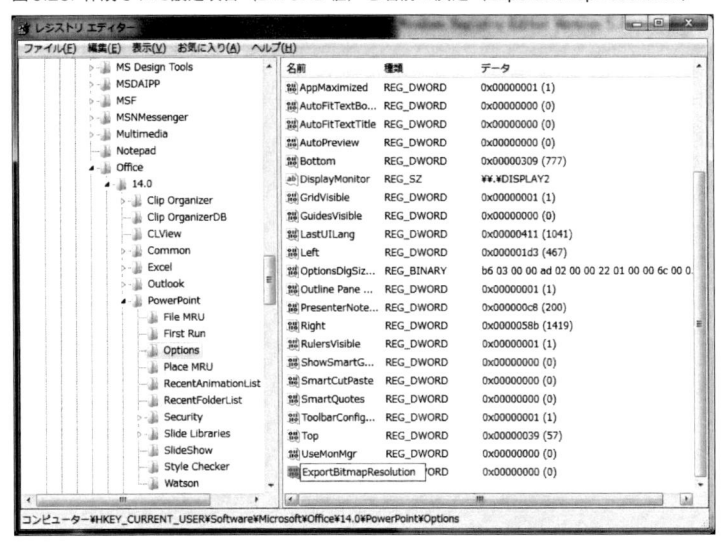

　この設定の名前をダブルクリックすると値の編集ができるので、表記を10進数、値のデータを300にします。必ず表記を先に設定してください。標準の表記は16進数なので、値のデータに300を入力してから10進数に変更すると16進数の300が10進数（768）に変換されてしまいます。OKを押して設定を反映し、レジストリエディタを終了します。

図9.29: DPI（10進数）をDWORD値として設定

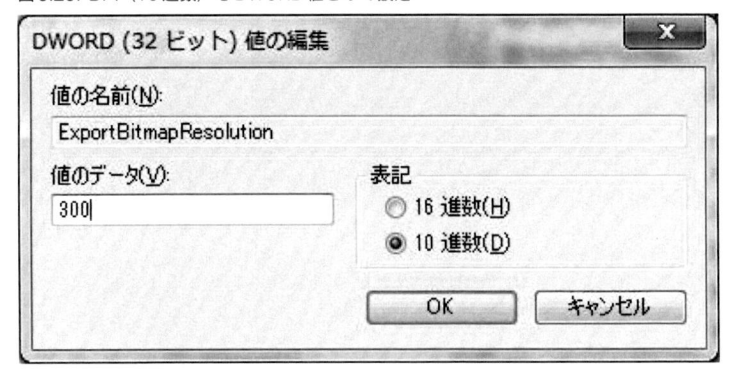

　これで、PowerPointスライドを画像として保存するときの解像度が300 DPIに変更されました。

　いちいちレジストリエディタを開くのは面倒ですが、レジストリには設定をファイルに書き出す機能とファイルに書かれた設定を取り込む機能があります。レジストリの設定が記録された登録ファイル（拡張子が.reg）をダブルクリックするだけで、設定が取り込まれます。本章著者の一人が用意できた環境用（Windows7 64bit、PowerPoint 2010）の登録ファイルを用意して

いますⁿ⁹。使い方は、登録ファイル（ExportBitmapResolution_300dpi_win7_x64_office2010.reg）
をダウンロードし、Office製品を終了した状態でファイルをダブルクリックするだけです。あ
くまで情報提供として用意しているだけなので、くれぐれも自己責任でお願いします。

　試しに出力を比べてみましょう。なにも設定しない場合（96 DPI）のとき、出力された画像
ファイルのサイズは960×720ピクセルでした（図9.30）。解像度を300 DPIに指定すると、画
像ファイルが3000×2250ピクセルになりました（図9.31）。一度解像度の設定をすると、その
後はなにも気にせず高解像度の画像として保存できるのでとても楽なのですが、先に述べたと
おりスライドを画像として保存する場合にしか有効になりません。図形を右クリックして図と
して保存したり、図形をコピーしてペイントなどに貼り付ける場合には、相変わらず96 DPIに
なってしまいます。そのため、高解像度の「スライドの画像」ではなく高解像度の「図形の画
像」が欲しい場合には、画像に変換されたスライドをペイントなどの画像処理ソフトでトリミ
ングする必要があります。

図9.30: 96 DPIで出力されたPNGファイルのプロパティ

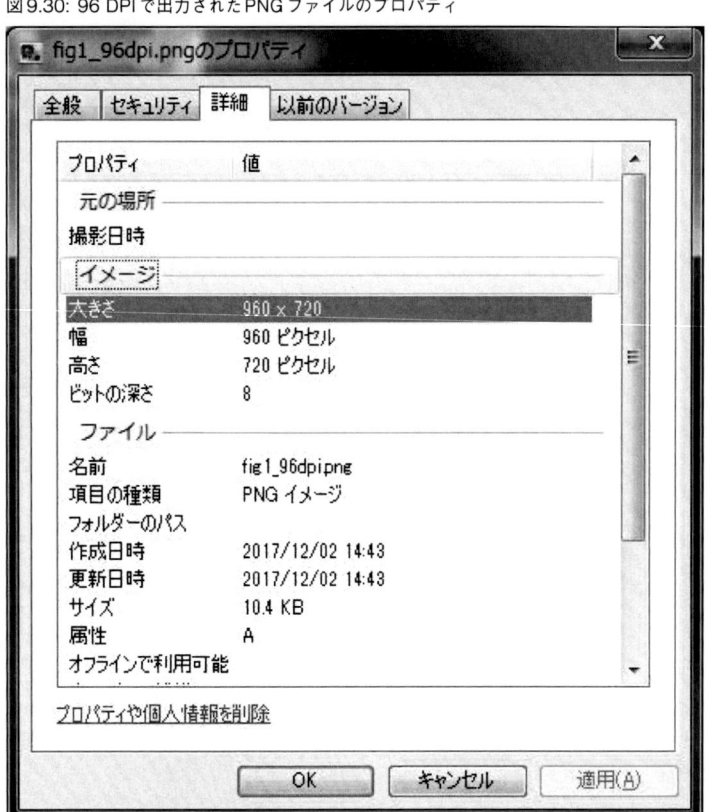

　なお、この方法で解像度を際限なく高くすることはできません。Windows版のPowerPoint
にはサイズの制約があり、上限は307 DPI、3072×2304ピクセルです。

9.https://github.com/onestop-techbook/c93-onestop-techbook/blob/master/articles/material/chapter_9/ExportBitmapResolution_300dpi_win7_x64_office2010.reg

図 9.31: 300 DPI で出力された PNG ファイルのプロパティ

9.6　低解像度画像と高解像度画像の切り替え

　前章でも指摘されているように、画像の解像度が高くなるとファイルサイズが増え、原稿の PDF ファイルを作るのに時間がかかるようになります。この問題に対して、前章では原稿執筆中に低解像度の画像を参照するようにし、原稿が完成して印刷用の PDF を作る時にだけ高解像度の画像を参照する方法が提案されています。それを実現する方法として、低解像度用のフォルダ（images_low）と高解像度用のフォルダ（images_high）を用意し、Re:VIEW が画像を参照するフォルダ（images）をシンボリックリンクで表現して切り替えられています。あまり知られていませんが、Windows でもシンボリックリンクを作ることができるのでこの方法が使えます。

　Windows でシンボリックリンクを作るには mklink コマンドを使います。mklink でフォルダのシンボリックリンクを作るには、

```
> mklink /D シンボリックリンクフォルダ名　リンクされるフォルダ
```

とします[10]。フォルダへのリンクを解除するには、フォルダを削除する時と同じように rmdir コマンドを使います。

```
> rmdir シンボリックリンクフォルダ名
```

低解像度の画像を使う場合には、例えば次のコマンドを実行します。

```
> mklink /D images images_low
```

高解像度の画像に切り替えるには、一度低解像度画像のフォルダに対するリンクを削除してから、同様にシンボリックリンクを張ります。

```
> rmdir images
> mklink /D images images_high
```

rmdir はフォルダを削除するコマンドなので、リンク先のフォルダまで削除されるのではと少し怖くなりますが、それは起こりません。rmdir は空でないディレクトリの削除はできないので安心してやっちゃってください。なお、Windows7 でシンボリックリンクを作るにはシンボリックリンクを作るには管理者としてコマンドプロンプトを実行する必要があります。コマンドプロンプトを管理者として実行するには、スタートメニューから全てのプログラム→アクセサリと辿り、コマンドプロンプトを右クリックして管理者として実行を選択します。

図9.32: 管理者としてコマンドプロンプトを実行

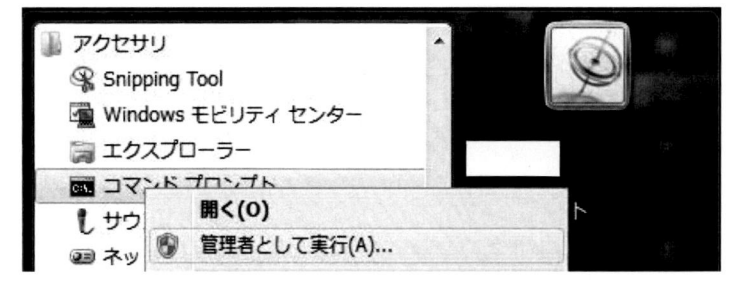

PowerShell をコマンドプロンプトから呼ぶことで昇格することもできます。

```
> powershell -command "Start-Process -Verb runas cmd"
```

とてもとても残念なことに、同一コマンドプロンプト内で昇格することはできず、必ず新しい

10.mklink は標準でファイルに対するシンボリックリンクを張るので、フォルダにリンクを張る場合にはオプション/d（/d でも可）によってフォルダである事を明示する必要があります。

コマンドプロントが起動されます。そのため、執筆にVisual Studio Codeを使っている場合[11]、Visual Studio Codeの統合ターミナル内だけでシンボリックリンクを張ったり削除したりすることはできません。また、Visual Studio Codeでは（すくなくともWindows版バージョン1.18.1では）フォルダへのシンボリックリンクを一つのファイルとして認識するようです。そのため、シンボリックリンク先フォルダにあるファイルの変更は追跡してくれません。リンク先のフォルダを（例えば低解像度から高解像度へ）切り替えても、画像が変更されたことを認識しないということです。Visual Studio Codeのみを使ってソース管理していると、シンボリックリンクでフォルダを切り替えても図の変更が記録されない可能性があります。

9.7 まとめ

　本章では前章のmacOSに引き続き、Windowsで画像を作る方法を紹介しました。PowerPointを使って描いた図を画像として保存し、PDFに埋め込みました。何通りかの方法を示しましたので、いくつか試してやりやすい方法を選んでみてください。あるいは、自身のやり方を見つけてください。ここで最も伝えたいことは、高価な画像処理ソフトを買わなくても何とかなる、Photoshopを持っていないことが技術同人誌作成における障壁にはならない、ということです。他のWindowsやPowerPointのバージョンで本章の内容を試された方、他によいやり方を知っている、世界レベルの方法を公開してやるという方がいれば、ぜひ公開してください。

11.Visual Studio Code を用いて Re:VIEW の執筆環境を構築する方法を、付録で解説しています。

第10章　ノンブルのつけ方

||||||||||||||||||||||||||||||||||||||||||||||||||||||||||||||||||||||||||||||||||||||||

ノンブルとは、ページの１枚目から順番につけられた番号のことです。ページ番号と似ていますが、読者のためではなく、印刷所がページの順番を確認するためにつけられます。ページ順のトラブルを避けるためにたいていの印刷所ではノンブルが必須であり、たとえページ番号があってもノンブルがないと印刷を受けつけてくれません。

この章では、ノンブルとページ番号の違いを詳しく説明したあとに、PDFにノンブルを入れる方法を紹介します。（Text：カウプラン）

||||||||||||||||||||||||||||||||||||||||||||||||||||||||||||||||||||||||||||||||||||||||

10.1　ノンブルとは

　印刷所が原稿を印刷するときは、ページ順番を間違えてないかを確認します。そのためには、あらかじめ原稿のすべてのページに、番号を順番につけておく必要があります。この番号を「ノンブル」といいます。

　ノンブルはページ番号とよく似ていますが、次のような違いがあります（図10.1）。

図10.1: ページ番号とノンブルの違い（ページ隅のグレーの数字がノンブル）。

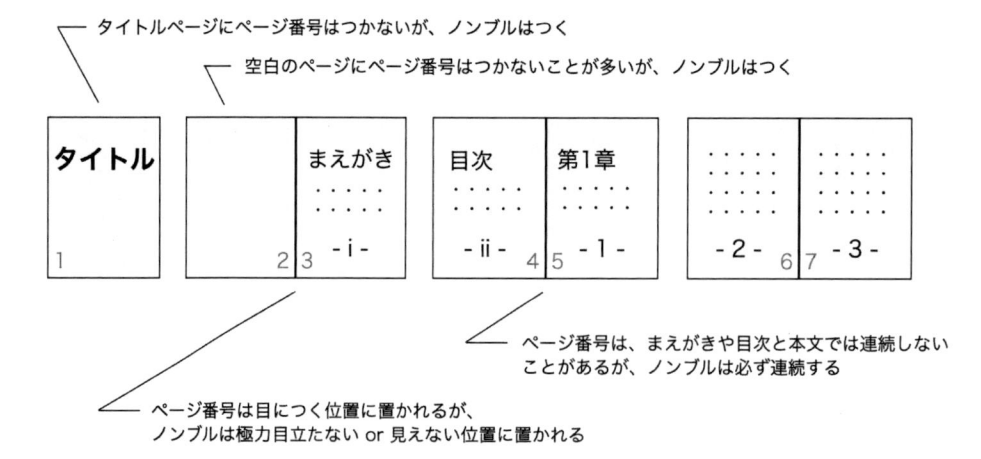

10.1.1 用途の違い

- ページ番号は、読者のためにつけられます。そのため、目につく位置に置く必要があります。
- ノンブルは、印刷所の人が印刷物のページ順序を確認するためにつけられます。そのため、印刷所の人にのみ見えればよく、読者には極力見せない位置に置かれます。

10.1.2 必須・非必須の違い

- ページ番号は、大扉（タイトルページ）や空白のページにはつかないことがあります。そのため、印刷物のページ順序を確認する用途では不十分です。
- ノンブルは、大扉（タイトルページ）や空白のページであっても必須です。省略はできません。

10.1.3 連続する・しないの違い

- ページ番号は、まえがきや目次と本文では番号が連続しているとは限りません。たとえばまえがきや目次では「i」「ii」のようなローマ数字を使い、本文では番号をリセットしてアラビア数字を使う、というのはよくあります。そのため、印刷物のページ順序を確認する用途には向きません。
- ノンブルは、必ず連続した数字を使います。そうしないと印刷物のページ順序の確認には使えないからです。

なおノンブルもページ番号も、表紙1と表4にはつけません。表紙1と表4は、本文とは用紙も印刷工程も違い、ページ順番の確認対象ではないためノンブルは必要ありません。

10.2　ノンブルが必須である印刷所

　ノンブルを必要とするのは、読者でも作者でもなく、印刷所です。そしてノンブルを必須とする印刷所もあれば、なくても構わないという印刷所もあり[1]、まちまちです。

参考：各印刷所のノンブル必須状況とURL

日光企画
　ノンブル：必須
　URL：http://www.nikko-pc.com/q&a/yokuaru-shitsumon.html#3-1

ねこのしっぽ
　ノンブル：非必須
　URL：https://www.shippo.co.jp/neko/faq_3.shtml#faq_039

---

1. ノンブルがなくてもいいのは、あくまで原稿がデジタルデータの場合だけです。技術書ではまずないと思いますが、もし原稿がデジタルデータではなくアナログの場合は、どの印刷所でもノンブルが必須のはずです。いくつか印刷所の例を挙げてみます。

プリペラ

ノンブル：必須

URL：https://www.pripela.com/user_data/document#genkou2

栄光

ノンブル：非必須

URL：http://www.eikou.com/qa/answer/66

サンライズ

ノンブル：必須

URL：http://www.sunrisep.co.jp/09_genkou/002genko_kiso.html

金沢印刷

ノンブル：必須

URL：http://www.kanazawa-p.co.jp/howtodata/howtodata_kihon-rule.html

オレンジ工房

ノンブル：必須

URL：http://www.orangekoubou.com/order/question.php

太陽出版

ノンブル：必須

URL：https://www.taiyoushuppan.co.jp/doujin/howto/nombre.php

トム出版

ノンブル：必須

URL：http://www.tomshuppan.co.jp/manual/data.html

ポプルス

ノンブル：非必須

URL：http://www.inv.co.jp/~popls/genkou/q_and_a.html#nombre

　もしノンブルが必須かどうか分からない場合は、「＜印刷所名＞　ノンブル」でインターネット検索してみてください。たいてい手がかりが見つかるはずです。

　またノンブルが必須でない印刷所でも、ノンブルをつけることが推奨されているはずです。「ページ順番が間違って印刷される」というトラブルを避けるためには、ノンブルを入れるのがいちばんの予防策です。

10.3 ノンブルをつける場所

　ノンブルは印刷所の人に見えればよく、読者にはなるべく見せないほうがいいです。そのため、できるだけ目立たない場所に、目立たない色や大きさで入れましょう。たとえば：

　　フォントサイズ：6pt〜8pt

　　フォントカラー：#CCCCCC

　　入れる場所：綴じしろ最下部（図10.2）

図10.2: ノンブルを入れるべき場所。読者にはなるべく見えないようにする。

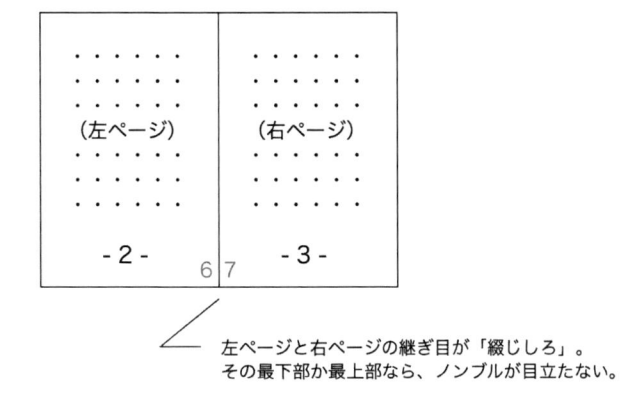

左ページと右ページの継ぎ目が「綴じしろ」。
その最下部か最上部なら、ノンブルが目立たない。

　とはいえ、フォントのサイズが小さすぎたり色が薄すぎて見えづらいと、印刷所から「やり直してください」と言われて再提出するはめになります。

10.4 ノンブルのつけ方

　PDF原稿にノンブルを入れるには、iLovePDF (https://www.ilovepdf.com/ja) というWebサイトを使うのが便利です。このサイトでは、PDFを加工するさまざまな機能を提供しています。そのうちのひとつにページ番号を入れる機能があるので、これを利用してPDF原稿に（ページ番号ではなく）ノンブルを入れます。

　具体的な手順は次の通りです。なお初めて使うなら、4〜8ページ程度のPDFを用意し、それで動作を確かめることを強く勧めます（詳しい理由は後述）。

　https://www.ilovepdf.com/jaにアクセスし、「ページ番号」をクリックします（図10.3）。

　「PDFファイルを選択」ボタンを押してPDFファイルを指定するか、Finder.appからPDFファイルを「PDFファイルを選択」ボタンへドラッグします。

　しばらくするとオプション選択フォームになるので、次のように入力します（図10.4）。

　・ページ様式：見開き

　・最初のページは表紙ページですか?：いいえ

　・ページ番号の位置：下部

　・ページ番号挿入対象：1〜最後

- 最初のページ番号：1
- ページ番号の位置：左側（ページ隅に赤丸）を選択
- フォント：6pt、#CCCCCC
- フォーマット：ページ番号のみを挿入

入力したら、黒い「ページ番号の設定」ボタンを押します。

しばらくすると、「ページ番号が入ったPDFをダウンロード」という赤いボタンのページになります。そのまましばらく待つと、ノンブルが入ったPDFが自動的にダウンロードされます。

図10.3: iLovePDF (https://www.ilovepdf.com/ja)

図10.4: オプション選択フォーム

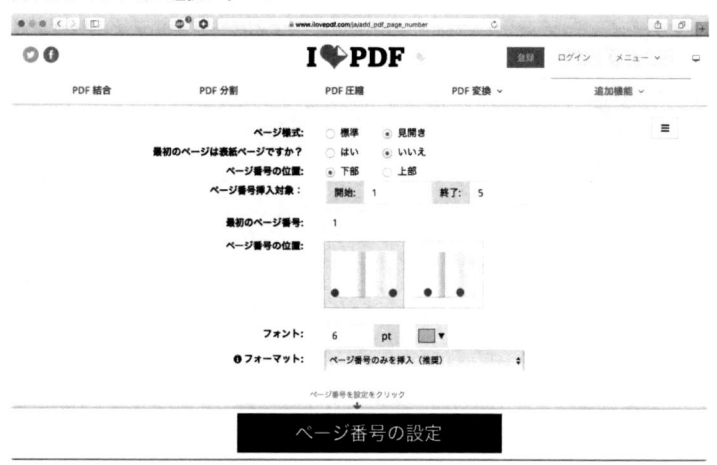

ダウンロードしたPDFファイルを開いてみましょう。ページの隅に小さくノンブルがついているはずです。本当なら、ノンブルを入れる位置を細かく調整したい（もっと隅に寄せたい）のですが、残念ながらそのようなオプションはありません[2]。

2.iLovePDF は API を用意しており、それを使うと位置の指定ができますが、できるのはより中側への移動だけで、より外側への移動はできませんでした。今後の機能拡張が望まれます。

なお英語版の画面だと、フォントの大きさや色に加えて、フォントの種類を選べます（図10.5）。デフォルトでは「Helvetica」が使われており、よほどの理由がない限り切り替える必要はありませんが、もしよほどの理由があるなら英語の画面を使ってみましょう。左上にある「メニュー」→「言語」→「English」を選ぶと、英語版の画面に切り替わります。

図10.5: 英語版ではフォントの種類が選べる

10.5　フォントの埋め込み

　iLovePDFのサイトでノンブルをつけた場合、デフォルトでは「Helvetica」のフォントが使われます。このフォントがPDF内に埋め込まれてない場合は、フォントを埋め込まないと印刷所が受けつけてくれないことがあります。

　フォントが埋め込まれているかどうかは、「Adobe Acrobat Reader DC.app」を使って確認できます。

【macOSでの手順】

1．Adobe Acrobat Reader DC.appをインストールしていない場合は、「Acrobat Reader DC」[3]をインストールしてください。

2．Finder.appで、Controlキーを押しながら対象のPDFファイルをクリックし、「このアプリケーションで開く」→「Adobe Acrobat Reader DC.app」を選びます。

3．Adobe Acrobat Reader DC.appが起動するので、Command+Dを押すか、メニューから「ファイル」→「プロパティ…」を選びます。

4．「文書のプロパティ」ダイアログが出るので、「フォント」タブを選びます（図10.6）。フォント名の後ろに「埋め込みサブセット」とついているフォントは、PDFファイルに埋め込まれています。

3.https://get.adobe.com/jp/reader/

図10.6: Adobe Acrobat Reader DC.app でフォントの埋め込み状況を調べる

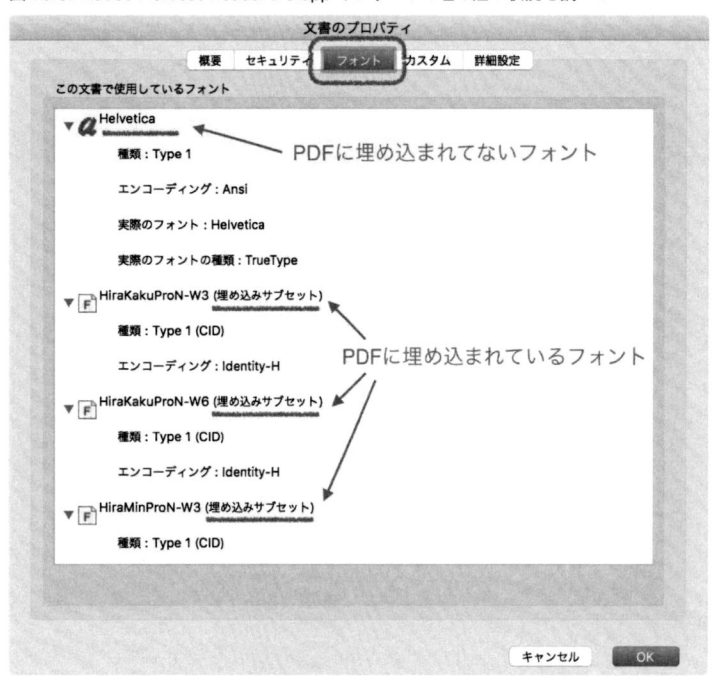

図10.6の場合、「Helvetica」フォントがPDFに埋め込まれていないことが分かります。この場合は、次のようにしてPDFにフォントを埋め込みましょう。

【macOSでの手順】

1．対象のPDFファイルをPreview.appで開きます。

2．Preview.appで、メニューから「ファイル」→「PDFとして書き出す…」を選びます。

3．ファイル名を指定して、新しいPDFファイルとして保存します。

これでPDFファイルにフォントが埋め込まれました。この新しいPDFファイルをAdobe Acrobat Reader DC.appで開き、Command+Dを押してプロパティを表示してみましょう。すべてのフォントに「埋め込みサブセット」とついていれば、フォントの埋め込みが成功しています。

10.6　注意点

ノンブルに関して、次の点に注意してください。

・表1〜2にはノンブルをつける必要はありません。これらは用紙も印刷工程も別だからです。

・ノンブルの番号は、通常は1または3から始めます（3から始めるのは表紙1と表紙2があるから）。印刷所の説明では、ノンブルは連続した番号でさえあればよく、1始まりでも3始

まりでも構わないそうです[4]。

またiLovePDF (https://www.ilovepdf.com/ja) を使う上で、次の点に注意してください。

・月間で利用できるページ数やファイルサイズに上限があります。100ページあるPDFファイルで何度も試していると、あっという間に上限に達します。なので、試すときは4～8ページのPDFを使い、印刷所に入稿する直前に本番のPDF原稿を使いましょう。

・一度にアップロードできるPDFのサイズは、ユーザ登録なしだと10MBまで、ユーザ登録すると15MBまで、有料会員になると200MBです[5]。画像が多い原稿の場合は、ぜひ画像を圧縮しましょう。またどうしても10MBや15MBを超える場合は、PDFを分割してアップロードするか、有料会員登録しましょう。

・サイトがいつも正常稼働しているとは限りませんし、いつまでも継続されるという保証もないです[6]。利用したいけどメンテナンス中で利用できなかった（特に締め切り直前に限って！）、ということは十分あり得るので、締め切りには余裕をもって原稿を仕上げましょう。

・もしiLovePDFが便利だと思ったら、寄付をお願いします。有料会員登録は毎月4.99ドルなのでちょっと…という人も多いと思うので、かわりに幾ばくかの寄付をしてあげてください。寄付の受付は https://www.ilovepdf.com/ja/donate です[7]。

10.7 まとめ

本章では、ノンブルの説明と、PDF原稿へのノンブルの入れ方を説明しました。ノンブルについての知識がないと、印刷所に入稿したあとに「ノンブルを入れてくれないと印刷できませんよ？」と言われて、てんやわんやになります。そんなときは、あせらず本章を熟読してください。

---

4. 技術書だからといって、ノンブルを0から始めるのは止めておきましょう。

5. 2017年11月現在。詳細は https://www.ilovepdf.com/ja/accounts 。

6. これはWebで提供されるサービスの宿命であり、iLovePDFに限った話ではありません。

7. ただし日本からだと、PayPalは寄付金への支払いを受け付けてくれないし（「PayPalでは、現在JPの買い手からの寄付支払いはサポートされません」と言われる）、クレジットカードでの支払いもできませんでした（2017年11月現在）。

第11章　印刷所に頼む上でのあれこれ

‖‖
原稿本文は出来上がりました。次は印刷所に発注ですが、発注に当たってハマりやすいことが
あります。本章ではそんな誰もが通ってきた"勘所"について触れます。初めて本を作ったと
きに迷った、困ったネタが多く掲載されていますので、きっと役に立つことでしょう。(Text：
setoazusa／大中浩行、親方)
‖‖

11.1　ページ数は4の倍数

　平綴じ、中綴じにかかわらず基本的にはページ数の基本単位は4ページとなり、総ページ数は
4の倍数になります。これは印刷所が両面印刷する際の最小単位が4ページだからなのですが、
この理由で印刷所の価格表は4ページ刻みになっていることが多く、注意が必要です。例えば
平綴じ本で30Pといった4の倍数にならないページ数の場合は、切り上げて32ページの料金に
なります。

　また、表紙は4ページとして数えます。表1（表紙）、表4（裏表紙）、表2（表紙の裏）、表3
（裏表紙の裏）ですから、本文に4Pプラスされます。通常、表2、表3は白紙になり、ここに何
か印刷する場合は、オプション／追加料金で対応できる印刷所があります。

　最終的に本文のページ数が確定したときにページ数が余っていた場合は、なんとか埋める手
段を考えましょう。注意・免責事項を改ページする、近況を嵩増ししてあとがきを増やす、何
か追加コラムを入れる、などなど。逆に、ページ数を詰めることで調整できる場合もあるかも
しれません。

11.2　手元にプリンターは用意しましょう

　入稿前に、必ず一度は全てのページを印刷して仕上がりをチェックしましょう。予期せぬミ
スを発見することができます。ノンブルが入っているか、意図しない改ページ（白紙ページの
発生など）、文字・画像の切れ、原稿サイズのミス、解像度のミス、その他様々なミスが起こり
えます。しかもいずれもDTPソフト上、あるいはPDFを画面で見ただけではわかりづらいも
のです。紙に印刷することで、これらのミスを一気にチェックすることができます。

　WYSIWYGという言葉があります。What You See Is What You Getで、見ているものと印

刷結果が同じという意味ですが、PCで表示されているものと印刷で出て来るものはかならずしも一致しません。ですから、印刷して=Getできるものとして確認する必要があるのです。

　また、最後に「モノクロ」で印刷して、全ての画像をチェックすると良いでしょう。写真が黒く潰れていたり、色の違うはずの線や文字やグラフのプロットが同じくらいの灰色になってしまって見づらかったりします。これは、カラー写真のままでは想像しづらいのですが、モノクロ印刷するとよくわかります。本文印刷がモノクロの場合は一度出力してチェックすることをおすすめします。

まずは通しで一回やってみよう

　はじめての参加の際に筆者がおすすめするのは、ものすごく余裕のある日程で、ページ数少なくてもしょぼくてもいいから一度工程をひととおり体験することです。実際に同人誌を発行している歴戦の強者たちはみんな何かしら色々な罠を踏み抜いているものです。

　あと画面上で確認するのと印刷するのでは感じが違うこともあります。お試しで印刷できるなら、なるべく印刷した方がいいです。校正に関しても画面より紙の方が捗るという話はよく聞きます。

　もちろん費用のかかるものなので気軽に試すことはできないかもしれませんが、その場合は締め切りをいっそ一ヶ月以上前に設定してみましょう。（Text:erukiti／佐々木俊介）

11.2.1　物書きさんにはカラーレーザーがおすすめ

　出力テスト用にプリンターは持っていたほうが良いでしょう。最近はコンビニプリントもありますが、手持ちのプリンターをぜひ用意しましょう。

　特に、カラーレーザーがおすすめです。ブラザーやNECのカラーレーザーなら、2万円前後から手に入ります。両面や無線LANなど機能追加に応じて若干値上がりします。そして、ぜひ両面対応にしましょう。赤ペンを入れるときは縮小印刷して、赤ペン片手に一気にやるのが一番はやく作業が進みます。

　カラーレーザーが良い点を、以下に箇条書きします。インクジェットプリンタに対する偏見も含みます。

1．速い（安いラインでも20PPMとか普通に行く
2．安い。本体1万で2000枚くらい印刷可能。
3．両面が比較的デフォルト
4．両面でも、インクが液体じゃないから、裏写りしない
5．年に数回とか使用頻度が低いと、インクが乾く。ということがない。
6．リサイクルトナーを使えば、もっと安い。

そして、不思議な事に、ディスプレーで見ていても誤字は見つからないけど、印刷してみるとボロボロ出てくる誤字脱字……。

もっとも、入稿しないと、あるいは入稿しても誤字の根絶は無理なんですけどね。そして、推敲している時間、文章を増やす方に注力するほうがみんな幸せになるかも。

本の完成前にも印刷してみよう

筆者の持論なのですが、本の完成前に一旦紙に印刷すると何かと執筆が捗ります。印刷するためのプリンターが家に無い場合、PDFのデータをUSBに入れてコンビニで印刷するのが最もお手軽です。

完成前にも関わらず印刷を行うメリットは2つあります。1つ目は誤字・脱字を見つけた際に、その場で書き込むことが出来ること。そして2つ目は、執筆のモチベーションを保つことが出来ることです。

筆者も触れていますが、誤字・脱字の見つけやすさが格段に上がり、直接訂正内容を紙に書き込むことが出来ます。ずっとモニタの前で文章を考えている状態から離れ、少し気分転換も兼ねて印刷したものを持ち出し、外で推敲を行うのが個人的にお薦めです。

また、完成前の状態で印刷を行うことにより、予定している全体のボリュームに対して未完成部分の比率がどれくらいあるのか、視覚的に把握することが出来ます。確認した後は、「よくここまで書いた、残りはこれだけだ！」と考えるのです。間違っても「まだこんなに残ってる」とは考えてはいけません。（Text：病葉／木田原 侑）

11.3 PDF入稿

一般的に同人誌印刷に関わる印刷業界では、入稿フォーマットはAdobe PhotoshopやAdobe IllustratorなどのDTPソフトのファイルフォーマットが主流です。このため、技術同人誌で多いPDFフォーマットでの入稿は、同人誌業界全体では傍流に属します。

技術書典でバックアップ印刷所となっている印刷所をはじめとして、PDF形式での入稿ができる印刷所も存在します。しかし、PDFフォーマットでの入稿ルールについては、上にあげたPhotoshopのような同人誌業界のスタンダートなファイルフォーマットに比べると、印刷所ごとのばらつきが大きいようです。事前に印刷所のWebサイトでルールの確認や、場合によっては問い合わせすることなどが必要です。

実際のPDF入稿時のトラブルあるある

実際にPDF入稿時には、この後の節で紹介されているような「ノンブル」や「左綴じ・右綴

じ」等に関するトラブルの他にも、何かと「意図しない状態」になるトラブルがあるものです。例えば、「用紙サイズに関するトラブル」です。具体的には、「断ち切りサイズを間違えて、タイトルの一部が欠けた」とか、「意図した紙サイズのPDFになっておらず製本できない」等です。

　この用紙サイズに関するトラブルは、「実際に製本してみないと分からない」のが悩ましいところです。なので、対策としては「入稿日をなるべく早くに設定する」、「設定した入稿日に対して、1日でも前倒しして入稿する」になります。

　データを入稿してから「受付完了」になるまでには、印刷所でのチェックが入ります。そして電話で「このデータで印刷するとタイトルの一部が欠けてしまう」とか「用紙サイズが不正」といった連絡をしてくれます。日程に余裕があれば、修正して再入稿できます。しかし、「直している時間が無い」「修正の仕方が分からない」となった場合には、素直に印刷所さんに「どうしたら良いでしょうか？」と相談しましょう。内容にも依りますが「では、当方で（拡大縮小などして）適切に修正して製本しますね」と、対応していただけることも多いです。

　実際、私が初めての本を印刷所に発注した際には「タイトルの端が欠けます」＆「裁ち落としサイズが不足しています」と言われました。そもそもがギリギリの入稿にタイミングだったため、再入稿のリミットは6時間後、しかも電話を受けたのは外出中でした。それを伝え「修正後の再入稿の目途が立たない」旨を伝えたところ「よろしければ、当方（印刷所）で修正してしまうことも可能ですよ」と言っていただけました。もちろん「お願いします！」と全肯定です[1]。おかげさまで原稿を落とさずに済みました。

　印刷所さんは印刷・製本のプロです。日程遅延やページ数の増減なども含めて、とにかく「想定と異なった」「困った」が発生した時点で即相談しましょう。可能な限りの対応策を提案してくれます。なお、先日にTwitter上で「初めて本出す字書きさん向け、ざっくりおすすめ印刷所さんと、本文用紙についての超ラフなわかりやすさ優先のまとめ」を掲載してくれているツイート[2]を見かけました。「分かり易い」ので、そのツイートの参照もお勧めします。（Text：ほしまど）

||||||||||||||||||||||||||||||||||||||||||||||||||||||||||||||||||||||||||||||||||||||||||||||||||||||||||

11.4　フォントの埋め込み

　入稿にあたっては、使用しているすべてのフォントがPDF内に埋め込まれている必要があります。これは、出力側で対応していないフォントがあった場合に代替フォントが使用され、意図しない出力（文字が切れる、文字化けする等）が起こることを防ぐためです。

　基本的には、PDF化のときにフォントを埋め込む設定を行うことと、出力後に確認することで対応します。

---

1. その代わりに「完全な状態の原稿であれば割引」が適用できなくなりましたが、通常料金にて対応いただけました。
2. https://twitter.com/yakotayume/status/950322834055643136

11.4.1 フォントのライセンスについて

　PDF等のフォーマットにより電子書籍を配布することを想定する場合、使用するフォントには注意が必要です。

　一般に使われている商用フォントの使用許諾のライセンスには、印刷物の形式で使用する場合と、電子媒体の形式で配布する場合でライセンスの形態がわかれているものがあります。つまり、パッケージ形式で販売されているフォントの中には電子書籍内で使用することがライセンス条項として許諾されていないものがあります。

　このため、電子書籍での配布を行う場合は、電子媒体での形式がライセンス形態として許諾されている、商用ないしフリーのフォントを選択する必要があります。

11.5　ノンブル

　第10章でも述べましたが、印刷物を製本する際にページの順序を指定するために打つページ番号のことを「ノンブル」と呼びます。

　同人誌印刷では、このノンブルを白紙ページも含めて全てのページに打つ必要があります。また商業印刷と異なり、製本した時の仕上がりの範囲内にノンブルを記す必要があります。ノンブルの打ち方は第10章で詳しく説明されています。

11.6　左綴じ・右綴じ

　本文の書き方によって、本の綴じる方向が変わります。横書きで記述する場合、とじ目は左側に来ます。このことを「左綴じ」と呼びます。これに対し縦書きで記述する場合、とじ目は右側に来ます。このことを「右綴じ」と呼びます。

　印刷所に発注する際は、どちら側で綴じるのかを発注する側で指定することになります。

　同人誌界隈では、発注する際の両者の認識の行き違いや発注ミスにより、綴じ目が逆で製本されて納本されてしまうという事故は少なからず発生しています。

　技術同人誌の場合は横書きが多数のため必然的に多数は左綴じということになり、とじ目に対して意識が向かなくなりがちですが、印刷所のWebページでの入稿申込時に、フォームに入力した綴じ目の指定をもう一度確認する余裕がほしいものです。

　余談ですが、筆者は同人誌を入稿する際に印刷所にCD-Rの媒体を直接もちこんで入稿するのですが、窓口でこのとじ目を指定する時は今でも緊張します。

||||||||||||||||||||||||||||||||||||||||||||||||||||||||||||||||||||||||||||||||||||||||
初めての本では左綴じ・右綴じをミスりました

　今から10年ほど前、初めての本を印刷所に発注したとき、右綴じ・左綴じの意味がわからず、デフォルトの右綴じのまま発注したら、綴じ方向が逆の超読みづらい本ができました。締め切りギリギリ入稿だったのもあるのかと思いますが、印刷所のチェックにも引っかからず……。

基本的に横書きの技術書は左綴じ、マンガは右綴じ、縦書きの小説や新書も右綴じになります（特段の意図を持って行う場合を除く）。

||||||||||||||||||||||||||||||||||||||||||||||||||||||||||||||||||||||||||||||||||||||||||||||||||||||||||||||||||||||||||||||||||||||

11.7　トンボ

　技術同人誌においては、枠一杯まで文字／イラストが入ること（裁ち落とし、といいます）はまれで、しかも PDF 入稿する場合が多くなります。したがって、印刷範囲はあらかじめ決まっているため、印刷範囲を決める指標であるトンボは不要になるケースがほとんどです。その代わり、必要な場合は塗り足しを含めた「正しいサイズの」PDF のを出力して入稿する必要があります。

11.8　CMYK と RGB

　ディスプレーの表示は Red、Green、Blue の三色の混合からなる色空間を使っています。一方で、印刷機のインク色は、CMYK というのは、シアン（Cyan）、マゼンタ（Magenta）、イエロー（Yellow）と、キープレート（Key plate）から、頭文字 1 字を取ったものです。K は（多少語弊はありますが）要するに黒。光の三原色と、インクの 4 色では表現できる色の範囲が若干異なります。

　パソコンなどのディスプレーはライトの発色を使用して色を表現する RGB 形式ですが、印刷物ではインクによる光の吸収を使用する CMYK 形式です。このため、カラー原稿を RGB フォーマットのまま入稿すると、異なった色味で仕上がる場合があります。

　本文はグレースケールにすることが多いのであまり問題にならないのですが、表紙を作成するときは CMYK カラーで作ると、想定と異なる色にならなくて済みます。

　仕上がりの色味を事前に確認したい場合、最も厳密に確認できる手段は実機校正（本番で使う印刷機での試し刷り）ですが、特にオフセット印刷の場合、実機校正は高コストなので現実的ではありません。現実的な方法としては、

・安価な簡易校正オプションを利用する。

・手元のカラーレーザープリンタやセブンイレブンのネットプリントで試し刷りしてみる。

・DIC カラーガイドなどの色見本帳を使って色を照合する。

などの方法があります。また、印刷所によってはオペレーターによる変換を行っていただけるところ、また RGB 形式での入力が可能な印刷機を導入している印刷所もありますが、あくまで CMYK 形式での変換を行って入稿するのが原則となります。

11.9　紙の種類と厚さ

　印刷発注の際には表紙と本文の用紙を選択します。用紙の種類によって、仕上がりの本の厚さや質感が変わります。

11.9.1　紙の種類

　紙には様々な種類がありますが、よく使われるのは以下の3種です。

・上質紙……いわゆる普通の紙です。表面に光沢はありません。

・コート紙……表面に光沢のある紙です。

・マットコート紙……コート紙よりは光沢が少ない紙です。

11.9.2　紙の厚さ

　印刷業界では紙の厚さを「kg」（原紙サイズ1000枚分の重量）で表現します。数字が大きいほど厚くなります。

・70kg……コピー用紙の厚さ

・90kg……チラシやカタログ本文に適した厚さ

・110kg……ポスターなどに適した厚さ

・135kg……厚手のポスターなど

・180kg……官製はがきの厚さ

　同人誌の表紙には135kg〜180kgくらいのコート紙やマットコート紙を使用するのが一般的です。技術同人誌の本文は基本的にモノクロ印刷でページ数は比較的多いので、90kgくらいの上質紙を使うケースが多いようです。紙の実物を確認して選びたいという場合は、印刷所に問い合わせて用紙サンプルを送付してもらうとよいでしょう（大抵は無料でもらえます）。

11.10　表紙のPP加工

　「PP加工」とは紙の表面全体にPP（ポリプロピレン）フィルムを貼る加工です。表紙の耐久性が上がるだけでなく、手触りもよくなり、どことなくプレミア感が出ます。

　また、同人系印刷所の多くでは、PP加工以外にも様々な特殊加工（箔押し、エンボス加工、角丸加工 etc.）のオプションを用意しています。複数の加工を組み合わせてオリジナリティのある表紙を作るというのも同人誌制作の楽しみの一つです。（予算に余裕があれば）ぜひ挑戦してみてはいかがでしょうか？

11.11　遊び紙

　表紙と本文の間に入る白紙が遊び紙です。役割としては、見栄えの向上です。色上質紙や、テクスチャのある薄手の紙が使われる事が多いです。印刷所の無料オプションになっているこ

とも多いです。

　透ける素材を使って本文表紙が透ける演出をしたり、有料オプションになりますが遊び紙に印刷して、本文表紙との合わせでレイヤーのような演出をするなど、遊び紙を効果的に使う事もできます。

11.12　搬入

　印刷所からイベント会場に直接運んでくれる「直接搬入」が一番ラクです。コミケなどの大規模イベントでは、印刷所のトラックが直接乗り付けて、自分のスペースに印刷した本の入ったダンボールを置いていってくれます。

　直接搬入に対応していない印刷所の場合、次に候補になるのが、宅配便搬入です。印刷所からイベント会場に宅配便で送ります。当日朝、引き渡し場所（自分のスペースの近く。イベント要領に書いてあります）に受け取りに行きます[3]。自宅から宅配便搬入で事前に送った場合と同じ扱いになります。

　最後は、一旦自宅に送ってもらい、手持ち搬入です。唯一のメリットは、当日までに印刷物の確認ができること。ですが、搬入があまりにも大変になるので、あまりおすすめできません。50PのB5の本は、100冊程度で15kgといった重量になります。これを手持ちで会場まで運ぶのはかなりの重労働です。

11.13　ポスターを印刷する

　ポスターはぜひ印刷しましょう。当日のディスプレーとしても使えますし、遠くからも目立ちます。イベントでは大きさは、A2くらいが手頃です。

　ポスターの元データですが、表紙をそのまま使う事ができます。あるいは、表紙データに本の内容を少し追記しても良いかもしれません。

　印刷方法ですが、

　1．キンコーズなどのプリントオンデマンドの店舗で自分で印刷する

　2．入稿した印刷所のオプション/サービスを使う

　3．ネット発注して自宅へ。あとは手搬入

といった方法が候補になります。1は自由度が高いものの、A2を1枚で3000円程度かかります。他の選択肢に比べると、少し高い傾向にあります。

　2はおすすめです。本文印刷とセットでサービスされている場合もあり、この場合実質的な負担は発生しません。また、有料オプションとして可能なところもあり、1500円〜2000円程度で対応可能な場合があります。印刷所利用の最大のメリットは、本と一緒に直接搬入してくれるところでしょう。

---

3. イベントによる。技術書典の場合はサークルスペースに置いてくれます

3のネット発注がコスト的に最もメリットが高いかと思います。本を入稿した印刷所が対応していない場合に選択すると良いでしょう。A2が2枚で2500円ほどです。枚数が増えれば安くなりますが、ディスプレー用なので、2枚か3枚あれば十分です。

11.13.1　使い終わったポスターはどうするか？

使い終わったポスターをどうするかは、本人次第です。残しておいて記念にするもよいですね。絵師が売り子として手伝ってくれる、あるいは会う機会があるならお礼兼ねてプレゼントする（押し付けるとも言う）もありかもしれません。あとは、撤収後に欲しい人に上げるというのもありです。

筆者の場合、コミケでポスターを貰って以降、ずっとファンとして通っているサークルもあります。

11.14　Wordデータを入稿するための方法まとめ

本書は全体的にRe:VIEWを前提にしていますが、Microsoft Wordを日常的に使用する人もいます。そこで、Wordで入稿する場合の最も簡単な手順を以下に述べます。しかも、ほぼ無料で可能です。

1. Wordで原稿を書く。
2. PDFで書き出す（一旦はA4などそのままのサイズでOK）。本文と表紙などは別ファイルでも、この時点では問題ありません。
3. CubePDFUtility[4]をインストールする。
4. 順番に並べて、一つのPDFのファイルにする。
5. CubePDFで入稿可能なPDFに変換する。
6. 入稿する。

上記5のCubePDFでの入稿可能なPDFの生成方法について説明します。

入稿PDFは、用紙サイズを塗り足し付きのサイズ（例えばB5+6mm）にしたり、グレースケールにしたりする必要があります。（B5原寸でも入稿受け付けてくれる印刷所はありますが、切れたり寸法が変わったりするリスクがあり、あまりオススメできません）

以下の設定を行います。

- 詳細設定 ＞用紙サイズ ＞PostScript カスタムページサイズ ＞188mm × 263mm[5]に設定する。
- 印刷品質　1200dpi
- TrueType フォント：ソフトフォントとしてダウンロード
- PostScript 出力オプション：エラーが軽減するよう最適化

4.http://www.cube-soft.jp/cubepdfutility/
5.B5原寸＝182mm × 257mmなので、塗り足し3mmで、188mm × 263mmになります。

・TrueTypeフォントダウンロードオプション：アウトライン

以上を変更したうえで、一括出力します。

　一旦PDFで書き出して結合してから原稿サイズを変更することで、すべての原稿サイズを統一することができます。

　PDFの設定は入稿直前にバタバタと作業することになるので、慣れるまでは案外つまずきます。しかも入稿後、時間的余裕がないのに原稿不備の連絡が入る事が多い要因です。ですから、数ページでもかまわないので原稿ができたら（あるいはダミータイトルだけでも良いです）、一度実際にやってみて、入稿可能なファイルを作ってみましょう。一度やってあるかどうかの差は大きいです。

　あとは、一度印刷して体裁の乱れなどがないことを確認してから入稿します。

第12章　イベントの準備をしよう

<hr>

イベント開催前には大きく分けて、日程の確認、告知と必要な物をそろえておく、この3点の準備が必要です。（Text：Yuki Ichinomiya）

<hr>

12.1　日程の確認

同人誌即売会に参加を決めたらまずすべきことは日程の確認です。技術書典やコミケの場合、印刷所がサポートしてくれるのでその締め切りを確認しないといけません。このとき、できるかぎり「早割」といった早期入稿割引のタイミングを締め切りにしましょう。

締め切りが決まったら、誰かに何かの依頼が必要な場合、必要な期間を元に依頼期限を決めましょう。ここまではどんなサークルでも絶対に必要な最低限のものですが、サークル参加に慣れたサークルの考え方でもあります。はじめて参加する場合、同じようにやっていてはまず間違いなく間に合いません。

・印刷所への入稿のデータ形式・ルールなどの確認

・事前準備の調達期限

・自分の使ってるソフトで、最終データをはき出すまでのノウハウ

はじめての参加であれば、これらに困ることが目に見えています。印刷で困ったときは早めに印刷所に電話しましょう。多くの印刷所は親切丁寧に教えてくれます。特に技術書典公式ページからリンクされてる印刷所は心強い味方です。

12.2　サークル参加案内を熟読する

通行証に同封されているサークル参加案内を熟読しましょう。宅配搬入の期限などが記載されていますので、早めに確認しておきます。また、イベント公式サイトや公式Twitterアカウントなどの情報もこまめにチェックしましょう。

12.3　当日までに必須アイテムをそろえておく

表 12.1: 持ち物表

持ち物	必要度	説明
サークルチケット	☆☆☆	忘れると入場できません。でも万一忘れたら至急運営に相談。
見本誌カバー	☆☆	見本誌を用意する場合は必須。ダイソーで買えます。
見本誌	☆☆☆	できれば見本誌は二冊ある方がいい
値札	☆☆☆	印刷していってもいいし、手書きでも OK
お釣り	☆☆☆	値段によって準備量は変わるが小銭と札を用意する。
コインケース	☆☆	値段によりますがほぼ必須
コイントレイ	☆☆	値段によりますがほぼ必要
カッターナイフ	☆☆	段ボールを開けたりします。はさみかカッターかどっちかは持っておくべき
マスキングテープ	☆☆☆	色々固定するのにガムテープだとダメージがあるので必須アイテム
両面テープ	☆☆	即席シールを作って貼り付けられます。
ガムテープ	☆☆☆	撤収時に特に使う
クリアファイル	☆☆	紙をやりとりすることが多いので数枚あると便利
布かメッシュのケース	☆☆☆	お金・もらった名刺・ダウンロードカードなどをしまうケース
テーブルクロス	☆☆☆	布類がオススメ。
ポスタースタンド	☆☆☆	同人誌即売会はアピール重要なのでポスターは必須アイテム
付箋紙	☆☆	色々使い勝手が良いのでできる限り付箋紙はもっておくべき
ボールペン	☆☆☆	何かとボールペンで書く機会は多い
マーカー	☆☆	あるととても良い (完売、離席を知らせるなど)
はさみ	☆☆	あるととても良い
名札	☆☆	あると分かってもらいやすい。これを機会に作ろう
ポップ	☆☆☆	用意しないサークルもあるけど絶対ある方がいい
キャリーカート	☆	撤収時に荷物を宅配便とかで家に送るなら不要
プラスチックケース	☆	キャリーカートを使う場合、段ボールよりもプラスチックケースが便利。
ゴミ袋	☆☆☆	ゴミ持ち帰り、防水などで使います
飲み物	☆☆☆	夏でも冬でも必須。夏は熱中症予防。また予想以上に喉を酷使します。
食べ物	☆☆☆	カロリーメイト、ウィダーインゼリー、おにぎりなどあるよいです。

　大体これらのアイテムが必要です。多くのものは 100 円ショップでそろえることができます。

12.3.1　テーブルクロス

　机に直接本を置くと、取りづらい、取ろうとして本を破損するなどの事例があるので、布製のテーブルクロスがあると便利です。見た目もいいです。100 円ショップで適当に買ってもいいですし、最低限薄いブランケットなどを使うという手もあります。

おすすめは、「あの布[1]」です。これは同人イベントで使われることを想定したテーブルクロスで、「あの布屋（http://anonuno.shop-pro.jp/）」で販売されています。ゴム紐でテーブルに固定できるので全くズレたりせず使えます。また、手前がポケットになっているので、ペンやハサミ、売上（特にお札）を入れたりと、大変便利に使えます。3千円程度からですから、資材としては少し高いようにも思えますが、その価値はあります。

図12.1:「あの布屋」の「あの布」。防炎生地のテーブルクロスもある（「あの布屋」提供）

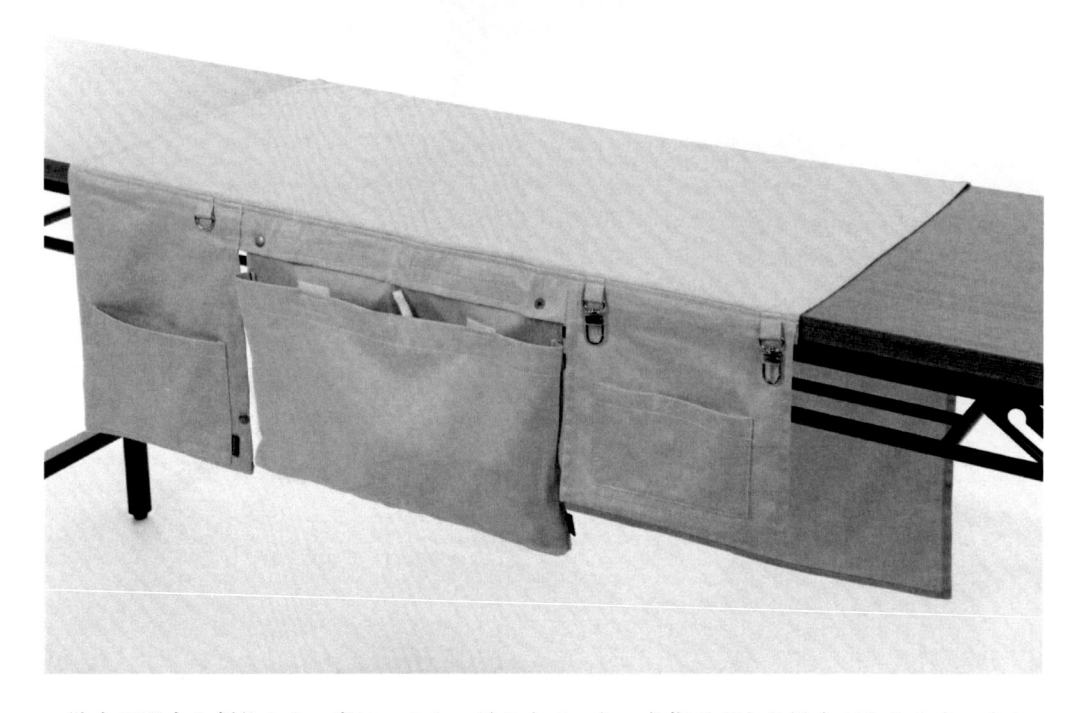

　防火に関する制約から、床につかない長さまで、という指示がある場合があります。また、踏まれると、踏んだ人が滑って転ぶ、布が引きずり降ろされめちゃめちゃになる、といった危険性があるので、大きすぎる布はNGです。クロスで机の前面側を覆えば、机の下の荷物を隠すことができ、防犯面でもプラスです。なお、イベントによっては、テーブルクロス等に防炎加工をしていることを要件としている場合があるため、実施要項での指示に従ってください。

12.3.2　ポスタースタンド

　即売会では、とにかく道行く人に興味を持ってもらわないとスタートしません。そこでポスターです。絵心なんて必要ありません。あなたの本がどういうターゲットに読んでもらいたい本なのか、どういう熱意を込めた本なのか、値段、新刊・既刊などの情報をポスターに書きましょう。Keynoteで適当に作ったPDFをコンビニで印刷しても十分です。画力があればちゃんとしたポスターを印刷所に頼むと強いでしょう。

---

1. あの布屋 http://anonuno.shop-pro.jp/

折りたたみ式のA3ポスタースタンドあたりが手頃です。荷物が多くてもいいならもっと大きなサイズのポスターが使えるスタンドを買ってもいいかもしれません。

12.3.3　付箋紙

何かと使います。値札代わりにもなりますし、その場で思いついたメッセージをさらっと書いて貼り付けられるのです。あらかじめ準備すると言っても、当日気づくことの方が多いモノです。特に初参加の場合は、「あ、あれを書いておけば良かった」っていうのは必ずあるものです。付箋紙があればそれを思いのままに書いて貼り付けられるのです。

12.3.4　ボールペン・マーカー

当日書かないといけない書類もあるのでボールペンは必須です。また、ボールペンだとどうしても遠くからの視認性が悪いので、ある程度目立つマーカーもあるといいでしょう。

太細両用のがあると便利です。油性のほうがどこにでもさっと書けるのでおすすめです。

12.3.5　はさみ、カッターナイフ

好み次第ではありますが、両方持っておくと便利です。少なくともどちらか片方は必須でしょう。

12.3.6　マスキングテープ

粘着力が弱く、簡単に切り離せるテープです。養生テープともいいます。サークル参加する時はこれが意外な位活躍します。ダメージ無く物を固定できるので重宝するのです。百均でも簡単にそろえられるので持ってないなら買っておきましょう。

12.3.7　クリアファイル、硬質カードケース

紙を持ち帰ることはわりとあるので、ある程度の堅さのクリアファイルを数枚持っておくと便利です。相手に紙を渡す場合にも使えますし。

お品書きやPOPを硬質カードケースに入れれば、丸まらず、立て掛けて設置することも可能になります。

12.3.8　布・メッシュケース

大量のお札やコインをやりとりするのである程度のサイズのケースは必要です。百均で透明・半透明・不透明、色々なケースがあるので、そういうものを買っておきましょう。

12.3.9　名札

みんな名前や顔覚えるの苦手なので、名札はあった方が便利です。打ち上げにも役立ちます。ハンドル・ID・Twitterアイコン・サークル名などが書いてあると望ましいです。

同人名刺を作ってあるなら、それを首掛けストラップに入れるだけでも十分です。また、売り子がいる場合、「売り子」と書いておくと、内容などについて必要以上に突っ込まれず、返答に困る事がなくなります。

12.3.10 お釣り

1000円の本だけを販売するのであれば、1000円札をある程度用意する必要があります。500円の本を販売するのであれば、1000円札と500円玉が必要になります。用意しなければいけない分量はサークルによってまちまちだとは思いますが、2万円分くらいは両替して持ち込んでおくとよいでしょう。

12.3.11 コインケース・コイントレイ

100から900円の本があるサークルならコインケースとコイントレイは必須です。コインケースは100円玉用、500円玉用などを個別に買ってきてもいいですし、まとまったやつでもいいでしょう。500円の本でも100円玉で払う人は少数いるので、端数がないサークルでも空の100円ケースは1個持っておくと良いです。

コイントレイはお金を受け渡す時に使うトレイです。お札だけのやりとりならあまり必要はありませんが、端数のあるコインの場合は無いとかなり不便です。

12.3.12 キャリーカート

段ボールを搬入・搬出するなら必要なアイテムですが、基本的には宅配便に頼った方が楽でいいです。特に雨の日に段ボールは運びたくない物です。

12.3.13 ゴミ袋

雨の日に段ボールを運ぶ場合ゴミ袋など防水対策は必須です。また技術書典はゴミは各自持ち帰りというルールなので、ゴミ袋が無いと悲しい思いをすることになります。

12.3.14 プラスチックケース

段ボールは水に弱いので、プラスチックケースを持ち運ぶのはありです。展示物が凝っていたり、既刊の種類が多いなど、搬入・搬出するアイテムが多いサークルなら、キャリーカートで運べるサイズのプラスチックケースを検討すべきです。

12.3.15 飲み物

飲み物は必ず持っていきましょう。現地調達も可能ですが、売ってるところから遠いとか、自分のスペースを離れるタイミング、売り切れ等の問題から1本も持ってないという状態は避けるべきです。夏でも冬でも必須です。想像以上に喉を酷使するので、すぐに飲めるところに置いておくと良いでしょう。また冬はどうしても寒くなるので、保温水筒に熱湯を入れておき、

粉のカフェオレやスープなども準備しておくと、(ちょっと手間はかかりますが)、幸せになれるでしょう。

12.3.16　食べ物

　飲み物ほど重要度は高くないですが、特にワンオペなサークルでは手軽に栄養補給できる手段は用意しておかないとぶっ倒れるかもしれません。おにぎり、カロリーメイト、ウィダーインゼリー、あるいはコンビニで100円くらいで売ってるチョコチップスティックパンを買っておくと、さっと栄養補給して戦えます。

　ワンオペじゃなくても、食べ物は用意しておく方が無難ではあります。

12.4　ディスプレイを考える

　机の上に本と値札を置いただけではいまひとつ見栄えがしません。サークルスペースを飾り付けて見栄えUPを図りましょう。100円ショップで手に入るアイテムも多いです。以下にディスプレイの例を紹介します。

- ・クロス（敷き布）

  ただ布を敷くだけでもサークルスペース美観は確実に上がります。「あの布」でももちろんOK。あらかじめスペースの幅（長机半分。90cm）に合わせて裁断しておいたり、目印を付けておくと便利です。

- ・本を立てるもの

  通路を歩く参加者から本の表紙がよく見えるよう、本を立てます。　雑誌用のスタンドのほか、まな板立て、皿立て、小型イーゼルなどが使えます。しっかりと安定するものを選びましょう。

- ・小型黒板

  ホワイトボードを使うよりも何となくおしゃれに見えます。

  POPを自由な位置に張り付けられます。

- ・コルクボード

- ・フォトフレーム

  いろいろなデザインのものがあり、装飾に適しています。

- ・ポスタースタンド

  ポスターを掲示する場合使います。周りの邪魔にならないよう、倒れたりしないよう固定しましょう。机の端に固定する、椅子に固定する、等の使い方があります。机の前面に貼るのはかんたんんですが、目線よりかなり下にくるので、アピールとしては若干弱くなるのが玉にキズ。

- ・折り畳み式の棚

  100円ショップの折り畳み式の小型の棚などを使って雛壇を作ることができます。頒布物

の種類が多い場合のスペース活用に有効です。

・電飾

LEDを点灯させるなど、光るものがあると目を引きやすくなります。周囲に配慮し、節度を守って使いましょう。

・デモ

ハード系など、作ったものがある場合は、ぜひデモをしましょう。光り物、動くもの、などは、それでひと目を引くのがベスト。本の中身を雄弁に語ってくれます。

12.5　搬入の準備

作った本をどうやって会場に持っていくかを考える必要があります。ここでは、一般的な宅配搬入、印刷所からの直接搬入、手搬入について触れます。

12.5.1　宅配搬入

頒布物や当日の設営に使う物などを宅配便で会場へ搬入できます。運営からの案内にしたがって期日までに発送を手配しましょう。サークルチケットといっしょに届く案内の紙に送り先、到着指定日、サークル名や配置の書き方についての記載があるので守りましょう。それを間違える/無視すると、届かない可能性があり、配布物がなくなる、なんていうことになりかねません。その際、何を送ったかを確認できるよう、控え伝票を持っていくことをお勧めします。

特にコミケでは、ゆうパック伝票で引き渡し確認をされる場合がありますので、伝票控えは忘れないようにしましょう。技術書典など、イベントによっては、自分の場所に運営で運んでくれている場合もあります。

印刷所から直接宅配便で搬入をする場合があります。この時は、印刷の発注時点で、上記の送り先やサークル名の書き方、配置等を指定どおりに書いてもらえるよう依頼しましょう。

12.5.2　印刷所からの直接搬入

同人印刷所で新刊を印刷した場合、印刷所からイベント会場へ直接搬入することができる場合があります。直接搬入に対応しているかわからない場合は印刷所に問い合わせて聞いてみましょう。とにかく楽です。ただし、刷り上がりを確認するのが当日の朝になるので、慣れるまでは少し不安かもしれません。それも楽しみの一つではあります。

12.5.3　前日搬入（コミケの場合）

コミケの場合は前日に会場への搬入を行うことが可能です。但し、前日搬入には事前の申請が必要なため注意しましょう。大手であるため搬入数が超多いとか、準備に時間がかかる等、特段の事情がある場合に限るので、基本的にはすぐ考慮する必要はないと思います。

12.5.4 期日に注意

コミケの直接搬入であれば、「コミケ合わせ」で入稿すれば印刷所の方で手配してくれますが、宅配搬入であれば自分で調整する必要があります。期限をすぎると、ものが届かなくて、頒布物がない、といった悲しいことになる可能性があります。また、コミケの事前搬入は期日が決まっています。サークル参加案内を読んで早めに確認しましょう。

12.5.5 手搬入

最終手段は、自分で持ち込む方法です。これは当日手持ちで運ぶので、スケジュール的には最も融通がききます。ただし重量的に厳しいので、最後の手段としましょう。B4-40ページの平綴じ本で160部程度が入る、B4用100サイズ（幅37cm×奥行き26cm×高さ35cm）の段ボール箱に目一杯本を詰めると、20kgを超えます。40ページ160冊というと、ざっと一回のイベントで普通に持ち込む分量くらいになろうかと思いますが、これを手搬入するのはかなり厳しいと言わざるを得ません。できるだけ、事前搬入をするべく、スケジュールを立てましょう。

技術書典であれば、これまでの開催地である秋葉原まで車で運んで、コインパーキングといった対応も可能かと思いますが、コミケでは駐車場の利用も事前申請が必要ですからここも注意が必要です。いずれにせよ、手搬入は最終手段です。極力事前搬入を活用しましょう。なお、ゆうパックのほうが外寸計算のため、料金は安くなる傾向にあります。また、コミケはゆうパック搬入のみですから、これも注意しましょう。

12.6 スペース設営の事前準備

サークルスペースの設営はぶっつけ本番で行うと設営時間が足りなくなったり、イメージどおりの装飾にならないことがあります。当日スムーズに思いどおりの設営ができるよう、自宅でサークルスペースのプロトタイプを作成してみましょう。出来れば事前に自宅で予行練習をしてみましょう。

12.6.1 設営の確認ポイント

・不安定で倒れやすいものはないか？

・視認性は十分か？

・POPの説明は分かりやすいか？

・空間を有効に活用できているか？

・装飾が質素すぎたり、派手すぎたりしていないか？

こういった観点で見て、予行練習をしておくと、当日スムーズに、見栄えがよく、ステキなブースになると思われます。

当日の設営時は、作業に使えるスペースが狭い

　サークルスペースの設営について、自宅でプロトタイプを作成した場合と当日のイベント会場で作成した場合で、大きく違うのは「作業に使えるスペースの広さ」です。実際のサークルスペースは「机の割り当て幅＋机の奥行きの2倍程度の空間」しかありません。長机の半分が1サークルの割り当てですので、「空間」の横幅は同じ90cm程度、奥行きは机の奥行きである45cmの2倍として90cm程度になります（実際は、2倍に満たない）。横にも縦にも、片手を伸ばすと届いてしまいます。そのくらい狭さです。その「空間」に「荷物＋サークル主＋メンバー」が入ります。その中で物を出し入れをする困難さ、というのは意外と盲点となります。

　「設営のための一時置き場」がイコール「設営すべき机の上」になることも忘れてはなりません。持ち込んだ荷物を全て広げると「設営すべき机の上」が埋まってしまうので、取り出す順序に注意する必要があります。これがなかなか難しく、「一番下に敷くテーブルクロスを取り出したいが、その上に入っているポスタースタンドを先に取り出してどける必要がある。しかし、その取り出して置く先には先ずはテーブルクロスを敷く必要がある。（そして、最初に戻る）」というようなデッドロックが容易に発生します。当方は、1回目は設営が開始時刻に間に合いませんでした。2回目の参加でも1時間の設営時間のほぼ全てを使うことになりました。

　2回の参加を経て、私としては次の方針となりました。

・荷物はキャリーケースで持ち込む（ケースの上部を、荷物置き場として利用できる）。

・キャリーケースの中には、段ボールなどを用いて3ボックスくらいに分割して物を入れる（キャリーケースから取り出す回数を3回に抑える）。

・一番上のボックスにテーブルクロスやガムテープなど、真っ先に使うものを入れておき最初に取り出す。

・2つ目と3つ目のボックスを取り出したら、サークルスペースの机の上に積み上げる（箱であれば積めるので、同じ縦横幅のスペースに、より多くのものを置ける）。

　「設営のための一時置き場」だけなく、人が動けるスペースも広くはないため、キャリーケースから取り出すために屈む動作もなるべく少なくしておくと楽です。早めに全部出してテーブルの一角に積み上げ、それ以降は机の上のみで設営作業の動線を完結させるのがお勧めです。机半分を作業スペースとして持ち物を広げながら、残り半分に頒布物やポスターを設置していき、続いて「一時置き場」に使った領域を取り崩しながら、設営を完了していきます。この方針で「設営のための作業スペース」をある程度確保して、設営をなんとか時間内に収めることができました（ギリギリでしたが）。（Text：ほしまど）

12.7 サークルスペース設営の例

図12.2: 設営の例

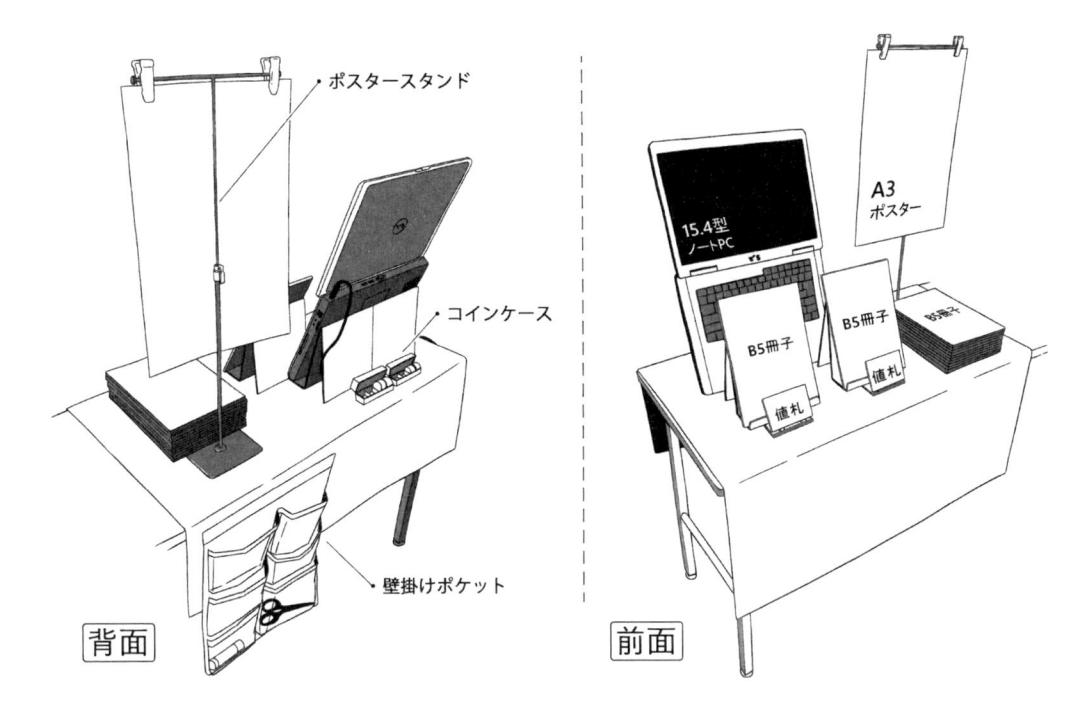

　上図はサークルスペース設営の例です。実際のイベントで使う長机半分の寸法（幅90cm×奥行45cm×高さ70cm）をおよそ再現していますので、サイズ感の参考にしてみてください。

・展示する見本誌やデモ用PCは立てて設置することで、空間を有効活用すると同時に視認性を高めることができます。

・クロスの端に壁掛けポケット（100均で買えます）を貼り付けることで「あの布」のようなものを作れます。

　このように、卓上の空間は最大限活用し、イベント中に使う小物類はすぐ使える位置に整理することを意識しましょう。

12.7.1　POPを活用する

　サークル主催者のみで参加するいわゆるワンオペの場合、参加者と会話していると他の参加者に声掛けは出来なくなります。声掛けできなくても本を手に取ってもらえるよう、必要な情報はお品書きやPOPに書き、目立つ位置に掲出しておきましょう。

12.8　告知をしよう

　イベント前には必ず事前告知を行いましょう。普段メインで使っているSNSなどはもちろん、

できるだけ複数の媒体を使い、こまめに情報を流しましょう。ここで多数の人に認知されるかどうかで、当日の売上が変わってきます。

12.8.1　Webページ、Blog

個人運営のWebページやBlog上で告知する場合、なるべくトップページの目立つ位置に情報を固定表示しましょう。特設ページを開設する場合、企画段階からティーザーサイトとして公開しておくと、目に留まる機会が増えるだけでなくSEO上の効果も期待できます。

12.8.2　SNS

TwitterなどのSNSでの情報発信はこまめに行いましょう。ただ、たとえSNS上で数多くシェアされたとしても、それが必ずしも実際のイベント売上には繋がらないという認識は持っておきましょう。実際の購買行動に繋げるためには、ただ情報を拡散するだけでなく適切なターゲット層に対し適切な情報を流すことが大切です。

12.8.3　イベント公式サイト

イベント公式サイト上での告知は最も確実性の高い手段です。特に技術書典公式ページの場合は詳細な情報を掲載することが出来ます。ぜひ活用しましょう。

コミックマーケットでは、Circle.msが公開しているWebカタログがあります。ここを基準にサークルチェックする人もいますので、頒布物は事前に掲載しておきましょう。

12.8.4　同人書店への委託（事前申し込み）

同人書店への委託申込はイベント前に行うことが可能です。事前に手配しておくことで、イベント直後にタイムラグなしで書店販売の告知をすることができます。

アピールを考えよう

POPや告知、あるいは表紙、タイトル、それらに重要な事が一つあります。それは「誰に向けたどういうテーマの本なのかをわかりやすく伝える」です。これを怠ると、本来興味を持ってくれるはずの人の手に渡らない。想定部数よりも全然売れなくて爆死するみたいな事例が後を絶ちません。

まず誰に刺さる本なのか考えてみましょう。JavaScript初心者が読むと嬉しくなるような本ですか？深層学習の初学者が読みたいと思える本ですか？電子工作経験者向けの本ですか？それともレーザープロジェクタ自作に興味のある人向けですか？

次に、そのターゲット層に刺さる文言はちゃんと考えてありますか？「JavaScriptってつらいと思ってたけど、実はそうじゃない事をこの本に書いてます」みたいにわかりやすく伝わりやすい文言があればPOPや告知に生きてきます。あるいはもっと具体的に「JavaScriptの

prototypeってダサくね？ES2015のclass構文なら他の言語と同じようにクラス定義できるんだぜ！」っていうアピールでもいいかもしれません。メジャーなジャンル、メジャーな言語、メジャーなフレームワークとかであれば、深く説明しなくても刺さる人はそれなりにいるでしょう。でも、そうじゃない場合、どういうものなのかをわかりやすく伝えないと「うーん、よく知らない名前の本で情報がほとんど無いから、興味の持ちようもない」と言ってスルーされてしまうかもしれません。その場合は特に、どういう風に使えるのか？どういうふうに嬉しいのか？をアピールすることがとても大切になります。

　執筆中のエピソードというのも効果的なものです。どういうところに苦労した、頑張った、力を入れた。そういったエピソードがあれば、その本にはストーリー性が生まれます。

　あなたが優れたデザイナーであれば、きっと優れたデザインによるアピール力の高いPOPや表紙ができあがっているでしょう。デザインが苦手なエンジニアでも、自分達になら刺さる言葉、そういった蓄積は一つや二つあるのではないでしょうか？

　まずは興味を持ってもらうフックが重要です。そのフックはデザインや文言を練ることで作られます。（erukiti／佐々木俊介）

‖‖‖

第13章　当日朝、開場までの準備

||||||||||||||||||||||||||||||||||||||||||||||||||||||||||||||||||||||||||||||||||||||||||||||||||||||||||

さあ、イベント当日です。まずは時刻通り起きましょう。起きた瞬間からイベントは始まっています。当日朝やっておいたほうが良い、やらなければならないこと、たくさんあります。(Text：Yuki Ichinomiya)

||||||||||||||||||||||||||||||||||||||||||||||||||||||||||||||||||||||||||||||||||||||||||||||||||||||||||

13.1　起床 〜 会場到着まで

13.1.1　売り子さんの生存確認

売り子さんが予定どおり起床して会場に向かっているか、SNSをチェックしたり、メッセージを送って確認します。反応が無い場合は、売り子さんが来ない事態（ときどき起こります）を念頭に置いて行動しましょう。

13.1.2　朝食はかならず食べる

イベントの朝、朝食は必ず取りましょう。バタバタして昼食を抜くこともありえます。いつ取れるかわからない、あるいはハイテンションのせいで忘れることもありえます。そうでなくても、イベントはハードなので予想以上に疲れます。朝食を抜くと力が出ない、あるいは体調を崩すなんてこともありえます。普段は抜いているひとも、少しでもいいです。なにかお腹に入れてから会場入りしましょう。

13.1.3　売り子さんと合流

売り子さんと待ち合わせ場所で合流します。売り子さんが寝坊等で遅れてしまいサークル入場時刻に間に合わない場合は、売り子さんを見捨てて入場します。

13.1.4　会場到着

会場入り口でサークル通行証の確認が行われます。スムーズに入場できるよう、通行証を手に持った状態で入場列に列びましょう。

13.1.5　当日搬入の場合

自力で搬入物を会場まで運ぶ場合、搬入物を段ボールに入れてキャリーカートで運ぶ方法が

スタンダードです。運搬中に本が傷まないよう、梱包を工夫しましょう。雨天の対策として、大きめのゴミ袋（70リットルなど）を1枚用意しておけば、雨が降ってきた場合に段ボールにかぶせて中身が濡れることを防ぐことができるのでお勧めです。

事前搬入を有効活用しましょう

本は想像以上に重いです。展示用資材やポスター、その他いろいろ、そうでなくても荷物は多くなるので、コミケではできるだけ宅配便による事前搬入を活用しましょう。(Text：親方)

13.1.6　食料調達

当日はバタバタしているので食料を買うのを忘れがちですが、イベント中はなかなか食べ物を買いに行く暇がないので、入場前に買っておきましょう。手が汚れず、手軽に食べられるものがよいです。ちなみに、他の参加者にお菓子などを差し入れる場合は個包装に賞味期限表示のあるものがベターです。

13.2　サークル入場

13.2.1　近隣挨拶

自分のサークルスペースにたどり着いたら、まず周囲の参加者に「おはようございます」とにこやかに挨拶します（何ごとも第一印象が大切です）。両隣のサークルへは（相手が忙しくなさそうなタイミングを見計らって）個別に挨拶しましょう。名刺を渡したりしてもよいでしょう。

同人イベントにおいて、近隣サークルへの挨拶は重要です。イベント中、思わぬトラブルや不手際で近隣サークルに迷惑をかけてしまうことは十分にありますが、お互いに適切なコミュニケーションをとることで、そうしたトラブルを防止することができます。また、参加者同士のコミュニケーションは防犯や危機管理の面でも重要です。

13.2.2　サークル参加登録&見本誌提出

巡回スタッフがスペースに来たら、サークル参加登録証と見本誌を提出します。スタッフの巡回時間が過ぎても提出できなかった場合はサークル受付窓口で直接提出します（運営からの案内に従いましょう）。

設営は手早く行いましょう。通路側からの視認性や見栄えを確認しながら配置していくとよいです。

13.3 設営

13.3.1 宅配便搬入物の回収

　宅配便による事前搬入を行った場合、それを回収しにいきます。コミケでは、外のトラックヤードが引き渡し場所になっています。その他のイベントでも、イベントのサークル参加要領に明記してあるので、事前に確認しておくと迷いません。技術書典は当日搬入ですが、運営サイドで自スペースに運んでありました（今後もそうかはわかりませんが、ありがたいことです）。荷物が見つからない事態に備え、必ず宅配便伝票の控えを持参しておきましょう。

13.3.2 頒布物の部数確認

　頒布開始前に頒布物の部数を確認しておきましょう。一般的に印刷所から納品される印刷物には若干のあまり（余丁といいます）が含まれており、実際の部数が発注数よりも多いことがあるためです。また、他サークルからの依頼で本の頒布を受託する場合には、売上金を正確に把握できるよう、必ず部数を確認しておきましょう。

13.3.3 本を並べる

　本を並べます。見栄えよく、ごちゃごちゃしないようにすると良いです。時々、向かいに回って全体を眺めると良いですね。その他の展示、デモ、ポップなども忘れないように。買いに来てくれる人の目線で見てみると良いでしょう。

　デモがある場合、この準備に案外手間取る事があります。ドライバーなど工具が必要な場合、すぐに分かるところに置いておく、予備を持ってくる等のちょっとした対策で設営にかかる時間は大幅短縮できます。

13.3.4 釣り銭の金額確認

　イベント開始前に、釣り銭の金額を確認しておきます。

[イベント終了後の金額] − [開始前の釣り銭の金額] ＝ [売上金額]

となります。開始前の金額を把握していないと売り上げが分からなくなってしまう恐れがありますので、必ず確認しましょう。

13.3.5 売り子さんへの説明

　設営が一段落、売り子さんへオペレーションの説明と注意事項を伝達します。本の内容については、サークル主が不在でも説明できるよう、かんたんにまとめて内容を伝えておきます。

13.3.6 設営完了ツイート

　設営が完了したら、スペースの写真を撮影し「設営完了」とツイートします。技術書典なら「#技術書典」といったハッシュタグをつけましょう。

ここで改めてスペース番号と頒布物について宣伝しましょう。

　ただし、イベント当日のSNS発信の効果は比較的薄いといえます。なぜなら、大抵の参加者は前日までにサークルチェックを終わらせており、当日は特に気になっているサークルの情報くらいしか見る余裕がないためです。お品書き等の情報は、なるべくイベント1週間前頃から流すようにしましょう。

13.3.7　スペースで待機

　準備がすべて終わったら、イベント開始時刻までスペースで待機します。コミケの場合はイベント開始直前の時間帯は各ホール間の移動が制限されますので注意しましょう。さあ、もうまもなく開場の時刻です。開場の拍手の準備をしましょう！

第14章 開催中のTips

||||||||||||||||||||||||||||||||||||||||||||||||||||||||||||||||||||||||||||||||||||||||||||||||||||||
イベントが始まりました。イベント中に起こりうること、トラブル対処も含みます。全体の流れを追いながら解説します。(Text：Yuki Ichinomiya)
||||||||||||||||||||||||||||||||||||||||||||||||||||||||||||||||||||||||||||||||||||||||||||||||||||||

14.1 イベントの流れ

14.1.1 イベント開始

　定刻になるとイベント開始のアナウンスが流れます（このとき参加者が皆で拍手するのが同人イベントの慣例です）。混雑具合によっては、一般入場開始後、しばらくの間は入場規制が行われ参加者は少しずつ入場してきます。

14.1.2 イベント中

　ひたすら本を売ったり、買ったり、挨拶回りをしたり、参加者と交流します。楽しい時間です。

14.1.3 売上ペースの変化

　通常、イベント中の売上ペースは一定ではなく、およそ下図のように時間帯ごとで変化します。売上の多くなる時間帯は集中して頑張りましょう。

図14.1: 時間帯別の売上ペースの変化のイメージ

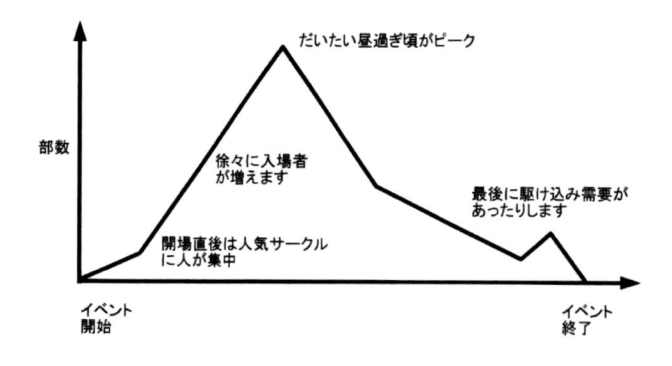

14.1.4 イベント終了

イベント終了のアナウンスが流れます（このときも参加者皆で拍手します）。

14.1.5 撤収

撤収も設営と同様、スピードが求められます。

・宅配搬出をする場合は早めに伝票を書いておくとスムーズです。

・パイプ椅子は畳んで机の上または机の下（イベントによって異なります）に置いておきます。

・帰る際、周囲に「お先に失礼します」と声を掛けておきましょう。

2箱以上の宅配搬出をする場合、重くて持てないということがあります。2回並ぶのは時間もかかりますから、終わりが見えてきた段階で、一度これ以降売れる見込みのない在庫や今後使わない資材等を発送してしまうと撤収が非常に楽になります。終了間際から終了後は、宅配搬出の列はどんどん伸びます。（特にコミケの場合）

14.2 オペレーション体制

14.2.1 サークル主 + 売り子 体制

サークル主である執筆者（あなた）1名と売り子さん（1〜2名)のパターンです。交代で店番をすれば、他のサークルを見て回ることもできる幸せな状態です。

また、イベント中、サークル主は来訪者と会話したり質問に答える場面も多くなります（特に技術同人誌というジャンルはその性質上、質問は多いです）が、その間も売り子さんに頒布を続けてもらうことができ、機会損失を防げます。

14.2.2 ワンオペ

売り子さんを確保できず1人ぽっちで参加する場合です（小規模なイベントでは売り子さんが見つからずワンオペになることが多いです）。他のサークルを見て回ることが出きず、トイレに行くこともなかなかできません。過酷です。

‖‖
ワンオペ回避方法

これはもう、あらゆるツテを頼るしかないです。当日参加する友人にお願いする、がベストですが・・・。当日参加の人は自分の買い物があるので、べったりついてもらうのも気が引けます。そこで、最初の搬入〜設営を手伝ってもらうとか、開場直後は自由（＝売り子さんが自由に買い物をする）だが2時間くらいしたら戻ってきて店番交代してもらう（その間に自分の休憩＋買い物時間を確保する）、といった対応が取れるように調整します。そうすれば、自分の買い物もできる、人権のあるイベントになります。

高等テクとしては、Connpass等で売り子の募集をかける、既知のサークル主に「トイレ行

く間だけお願いします！」とかいった方法でお願いするなどもあります。（Text：親方）

||||||||||||||||||||||||||||||||||||||||||||||||||||||||||||||||||||||||||||||||||||||||||||||||

14.2.3　離席するときは

トイレに行くなどでサークルスペースが無人となってしまう場合はクロスを頒布物の上にかぶせ、「離席中」と書いた紙を上に置いておきます。これにより、頒布停止状態であることを示せます。席を離れる際に隣のサークルの人に「ちょっと席を外します」というように一声かけておくとよいでしょう。もちろん、売上金や貴重品は必ず持って離席しましょう。

||||||||||||||||||||||||||||||||||||||||||||||||||||||||||||||||||||||||||||||||||||||||||||||||

ダウンロード配布時の注意点：

PDFやePubなどの電子書籍形態での配布を行う場合の注意点を述べます。

【フォントに注意】

ダウンロード用のURLやシリアルコードなどのユーザーが入力する文字列のフォントは、個々の文字の判別がつくものにします。

「I」「l」「1」（左からあい・える・いち）「0」「O」(ぜろ・おー)などはフォントによっては判別が難しくなります。

フリーで使用可能なフォント内で、使用に適したフォントの例としては、源ノ角ゴシック[1]があげられます。

【ダウンロードできるかの確認は怠りなく】

案内した手順でダウンロードできない、というのは起こりうることですし、これまでのイベントでもおきています。モバイル端末用のQRコードやシリアルコードの埋め込みなど、実際にダウンロードできるかの確認をしておきましょう。

【連絡先の記述】

イベントの参加要項では義務付けられてない場合もありますが、ダウンロード時の技術的なトラブルのサポートに備えて、メールアドレスやWebフォームなど連絡先を用意しておくことをおすすめします。（Text：setoazusa／大中浩行）

||||||||||||||||||||||||||||||||||||||||||||||||||||||||||||||||||||||||||||||||||||||||||||||||

1.https://github.com/adobe-fonts/source-han-sans/

14.3 頒布中に意識すべきポイント

14.3.1 お金の管理

・お金を受け取る際などは相手にはっきりと聞こえる声で確認しましょう。

・とにかく現金からは目を離さないよう注意しましょう。

4.3.2 釣銭ミスにご注意！

即売会では基本的に人力で会計を行うため、値段を間違えたり、釣銭金額を誤ることがないよう、注意が必要です。特に頒布物の種類が多い場合は、手元に価格表を用意するなど確認しやする工夫が必要です。

近年はスマホやタブレットで使える即売会用レジアプリや、物理キーで手軽に会計できる「レジプラ」という製品も登場しています。活用してみると面白いかもしれません。

14.3.3 呼び込みと説明

同人イベントにおいて積極的な声掛けはあまり必要ありません（押しが強いと相手に引かれてしまい逆効果です）。覇気のない声＆焦点の定まらない目で「どうぞご覧くださーい……」と虚空に向かって語りかける程度でも大丈夫です（あくまで筆者個人の経験）。

ただし、相手が少しでも興味を持ってくれている様子であれば、内容について簡単に説明をしてもよいでしょう。本の魅力を15秒などの短い時間で相手に伝えられるような「口上」をあらかじめ考えておくとよいかもしれません。

|||||||||||||||||||||||||||||||||||||||||||||||||||||||||||||||||||||||||||||||||||||||||

最後尾札

万が一、自サークルが大盛況となり、長蛇の列が形成されてしまった場合に使うのが「最後尾札」です。厚紙や段ボールの切れ端にスペース番号と「最後尾」とを書いたものを列の最後尾の人に渡します（以後、列の最後尾に並んだ人にリレーされてゆきます）。さらに列が伸びて制御できなくなりそうになったら、運営スタッフを頼って列誘導をしてもらいましょう。

|||||||||||||||||||||||||||||||||||||||||||||||||||||||||||||||||||||||||||||||||||||||||

14.3.4 実機展示の注意点

デモは、ポスターや声掛け以上に来場者の耳目を惹きます。自分の本の内容に関するデモが可能な場合はぜひ実施しましょう。ですが、ハードウエアを展示したり、PC画面でソフトウエアのデモを行う場合、思わぬ動作不良も想定されます。できれば次善策を考えて準備しておきましょう。

バッテリーも物によっては発火等の危険性があります。大型バッテリー持ち込み禁止等の規

定が、サークル参加要領に書いてある場合が多いので確認しておきましょう。モバイルバッテリーやPCのバッテリー程度であれば問題ない場合が多いですが、膨らんでいる、あるいは古めのものなど、動作に不安のあるものは避けましょう。

14.3.5　業者営業等への対応

同人イベントには同人書店、出版社など、各種企業の関係者も参加しており、サークルスペースに挨拶に来ることがあります。執筆のオファーなどの話があるかもしれませんが、その場の口約束で安請け合いしてしまうことはお勧めしません。とりあえず名刺交換をしておいて、詳細は後日メールでやり取りするのがよいでしょう。

14.3.6　トラブルに遭遇したら

- イベント運営や安全に関わるトラブルは即座にスタッフへ連絡しましょう。
- トラブルや迷惑行為に遭遇し、自力解決できない場合は周囲に助けを求めましょう。
- 同人イベントは参加者皆の協力で成り立つものです。自覚をもって行動しましょう。

14.4　挨拶回り

他のサークルさんとの交流は同人イベントの醍醐味といえます。余裕があれば、ぜひ挨拶回りをしてみましょう。

14.4.1　挨拶回りのタイミング

- 顔見知りであれば、開場前に挨拶してもよいでしょう。ただし、一般入場より前に買い物をするのは（不公平なので）基本的にNGです。また、設営で忙しそうな場合は遠慮しておく方がよいです。
- あいさつ回りのベストタイミングは基本的にイベントが落ち着く時間帯（終了2時間前）頃です。しかし、早々に完売してしまったサークルは早めに撤収してしまう場合もあるため、Twitterなどで何時まで居るか確認しておくのがよいです。

14.4.2　挨拶は手短に

サークルスペースの前で長話をすることは避けましょう。混雑具合にもよりますが、挨拶はなるべく数分以内に収めるのがマナーだといえます。

14.5　楽しいアフター

イベント終了後、サークル関係者皆で打ち上げを行うことがあります。居酒屋に行ったり、焼き肉を食べたり、ファミレスでだべったりとスタイルはさまざま。そんな楽しいアフターですが無理は禁物。残存体力は考慮しつつ楽しみましょう。

非公式アフター：親方

　技術書典3の当日、非公式アフター[2]を開催しました。事務局では当日対応で手一杯で、アフターまで対応できないということでしたが、みんなで打ち上げをやりたいと思ったので非公式アフターとして企画したものです。結果、40名ほどの参加者となりました。

　向かいのサークル、あるいは本は買ったけど中の人とゆっくり話ができなかったサークルと話ができる機会があるとみんな幸せになれるのではないか、というコンセプトで企画しました。

　技術書典4でも同様のイベントを予定しています。ぜひ参加してみてください！（https://techbook-and-ethanol.connpass.com/event/75693/）

2.https://techbook-and-ethanol.connpass.com/event/63853/

第15章　イベント後にやること

||||||||||||||||||||||||||||||||||||||||||||||||||||||||||||||||||||||||||||||||||||||||||||||||||||||||||||
本節では、イベント後にやっておいたほうがよいことについて述べます。といっても、実は必ずやらなければならないことというのはあまりないので、参考程度として読んでいただければよいかと思います。そして、これらが終わったら次のイベントに向けて次回作の構想を練ったり、申し込み手続きをしたり、締め切りの設定をしたりするのです。締め切りはまたやってきます。無限ループへようこそ！すでに病みつきで抜けられなくなっていますよ。（Text：親方）
||||||||||||||||||||||||||||||||||||||||||||||||||||||||||||||||||||||||||||||||||||||||||||||||||||||||||||

15.1　頒布数のまとめ

　まず、今回のイベントで何部売れたかを確認します。かかった費用（印刷費、イベント参加費、交通費、打ち上げ費、その他）と売り上げを比較し、お小遣い帳をつけておくと良いでしょう。一度やってみるだけで、同人活動におけるお金の感覚が身につきます。また、ここでまとめておくことで確定申告の必要があるのかないのか、あるいは確定申告をする際の下書きとして活用可能です。

　複式簿記でつける必要はありません。お小遣い帳で十分です。

15.2　一人反省会

　今回のイベントについて、一人反省会ができると良いです。良かったことと、反省点をまとめておくと良いです。

良かったこと（例）
- 予想以上に売れた
- 店番を回しながらでも欲しいものを買いに行く時間があった

反省点（例）
- 忘れ物があった
- 事前準備では思いつかなかったが、XXがあればよかった
- 事前告知をもっと頑張ればよかった

　などなど。そうすることで、次回はもっとスムーズになります。反省点ばかり多いとネガティブになるので、良かったこと2個に反省点1個くらいで反省すれば良いと思います。そして、次

回に活かしましょう。

15.2.1　イベントレポートを書く

執筆スケジュール・進捗や、事前準備、当日の状況、イベント中にあったこと、戦利品自慢、etc。ネタはなんでも構いません。媒体も問いません。ブログに書いてもいいですし、「#技術書典」などのハッシュタグをつけてツイートするのもいいでしょう。運営の人もよくそこらへんをリアルタイムで検索してたりするので、リツイートされることも多いです。

イベントレポートをまとめると、自分の脳みその整理にもなります。そして、公開することで誰かの役に立つ可能性があります。今回配布した本を改めて読み直して正誤表を作るなどもいいですね。版改定のときに役に立ったり、内容の抜けに気づいたりするかもしれません。内容の抜けは次回の本のネタになります。

戦利品自慢はぜひやっておきましょう。その本の著者が喜びます。写真を撮ってツイッターに流すだけでも良いです。著者はTLに自分の本が流れていないか探しています。見つけたら喜んでRTしたりします。

15.3　委託の手続きを取る

在庫が残ったら、ぜひ委託販売をしましょう。委託先としては、リアル店舗のあるComicZINやメロンブックス、とらのあなに出すという選択が一つ、BOOTHのようなオンライン販売に紙媒体として出すという選択肢も一つです。BOOK WALKERのBWインディーズやBOOTHで電子書籍（ePubやPDF販売）として販売するという選択肢もあります。今回買い逃した人に届けるという意味で大変意味のあることです。

本人が用事で参加できなかったとか、売っている事に気づけなかったなどの理由で、本来であれば入手していたであろう人の手に渡っていないということはただただ不幸です。次回イベントで入手してもらえればそれはそれで良いのですが、コンタクトチャンネルは多いに越したことはありません。（とはいえ、上記すべてのチャンネルに出す必要もないですが）。手数料は安いが自分で発送しなければならないBOOTHに対して、発送はやってくれるけど手数料高い書店委託、など比較して検討すると良いと思われます。

委託の詳細については次の章をご覧ください。

|||||||||||||||||||||||||||||||||||||||||||||||||||||||||||||||||||||||||||||||||||||||||||||||||||||||||||||||
あえて在庫を残すという選択肢

筆者はじつは技術書典3では20冊ほど頒布せずに取っておきました。後で欲しいという人に手渡しにしたり、勉強会・カンファレンスで、景品として提供したりできるからです。秋のJavaScript祭り2017 in Mixi[1]で4冊ほど提供したら、じゃんけん大会がめちゃくちゃ盛り上が

1.https://javascript-fes.doorkeeper.jp/events/66335

りました。むしろ「もっとくれー」という声が凄かったです。

その他、自分用に置いておく、家族に見せる分を忘れる人もいます。何冊かは取っておく方がいいでしょう。最低一冊残しておけば、それはあなたにとっての立派な名刺にもなります。意外にこの武器は馬鹿にできません。特にLTやカンファレンスに登壇を考えているような人は、そういう名刺と登壇実績があれば、それだけでフリーランスの仕事の受注や、転職のお誘いなどに繋がります。エンジニアとしてこの先生き残る戦略の一助になるでしょう。（erukiti／佐々木俊介）

||||||||||||||||||||||||||||||||||||||||||||||||||||||||||||||||||||||||||||||||||||||||||||||||||||||||||||||||||||||||||||||||||||||

第16章　委託をしよう

即売会が終わった後にまだ同人誌の在庫が残っていれば、より多くの人に手を取ってもらうよう、外部サイトで販売できます。また、PDFなどの電子書籍の場合は、在庫リスクなしで委託できます。（Text：setoazusa/大中浩行、親方）

16.1　外部販売の例〜BOOTHの場合

　ここではピクシブ株式会社が提供するBOOTH[1]を例にして、同人誌の外部販売の手順を記載します。

16.1.1　商品受け渡しのシステムについて

　BOOTHでの商品受け渡しには大別して倉庫に在庫管理を委託する形式での販売と、出品者が自ら宅配便で発送する形式での販売があります。技術同人誌の場合は取り扱い規模や取扱商品の重量、サービスから、「あんしんBOOTHパック」＋「ネコポス」の選択が向いています。

　この方法は、出品者と購入者相互で個人情報を明かさずに配送できる「匿名配送」ならびに、投函時に不在でもポストに投函される、という特徴があります。

16.1.2　梱包

　一種の非日常である「ハレ」の場で行われる同人誌即売会と異なり、常設されているWebサイトで行われる販売には、商品の販売に対して業者としての一定水準以上の対応が求められます。

　具体的には、搬送中の外部からの衝撃や、雨粒などの自然環境に備えた梱包を行う必要があります。

　詳しくはBOOTH内のサイト「BOOTH CAMP[2]」内の「梱包発送ガイド[3]」というページに詳細がありますが、筆者は

- ・クッション付き封筒
- ・テープ付きOPP袋

1.https://booth.pm/ja

2.http://booth.camp/

3.http://booth.camp/post/90438123213/%E6%A2%B1%E5%8C%85%E7%99%BA%E9%80%81%E3%82%AC%E3%82%A4%E3%83%89

の二種類の梱包材を用いて梱包を行っています。

16.1.3 発送

発送は、コンビニ（ファミリーマートないしサークルK・サンクス）またはヤマト運輸の営業所で行います。

コンビニでの発送の場合、匿名配送の扱いのため、BOOTHのサイトから印刷した二次元バーコードを使って店内の端末で「申込券」を出力し、その申込券を封筒に貼り付けた「専用袋」に差し込んで発送手続きを行います。受付に一定の時間を要する手続きとなるため、レジの混雑する時間帯の発送は避けた方が無難です。

また、商品に申込券を差し込むのはレジで行うため、複数口の発送ならば梱包した封筒に注文の「注文番号」を記入するなどして、梱包した商品と注文の関係がわかるようにする必要があります。

16.1.4 個人情報の扱いについて

「あんしんBOOTHパック」は匿名配送ですが、配送の追跡の仕組み上、「配達する配送センターがどこであるのか」「荷物を持ち込まれた配送センターがどこであるのか」は、出品者と購入者お互いが分かるようになっています。

このため、出品者は購入者が居住する地域がある程度把握できるわけですが、これは個人情報と同様の扱いをするべきです。

またBOOTHのシステムの仕組み上、購入者のメールアドレスは出品者がわかるようになっていますが、これもまた個人情報としての扱いがもとめられます。注文があると自分の知り合いが購入したことがメールアドレスから分かる場合がありますが、業者として節度のある態度を取ることが必要です。

16.1.5 特定商取引法の取り扱いについて

BOOTH等オンラインショップでの販売は特定商取引に関する法律(特定商取引法。以下「法」)に定める「通信販売」に該当し、法律で様々な規定があります。

その中に通信の販売広告内での表示義務というものがあり、その中で「販売業者」の告知義務として「事業者の氏名（名称）、住所、電話番号」を表示することが義務とされています。

この規定にBOOTH等のオンライン販売の出展者である個人が従う義務があるかが問題になります。筆者はBOOTHに出品する上で、経済産業省の「インターネット・オークションにおける「販売業者」に係るガイドライン」[4]の趣旨に則る見解を取っています。すなわち、サイトの販売規模的に「営利の意思」を有していないため、法の定める「販売業者」に該当しないため告知義務を負わない、というものです。

4.http://www.meti.go.jp/policy/economy/consumer/consumer/tokutei/jyoubun/pdf/auctionguideline.pdf

筆者は法律の専門家でないためこの見解に対し責任を負うことはできません。一つだけ注意が必要なのは、BOOTHでショップを開設する際の「事業者の名称・連絡先」のデフォルト設定である「省略した記載については、電子メール等の請求により遅滞なく開示いたします。」という表記がありますが、これは法の定める販売業者が用いる表記であるため、適切な表記に変更が必要となる場合がある、ということです。

16.1.6　「あんしんBOOTHパック」+「宅急便コンパクト」

　本の厚さが2.5cmを超えるか重さが1kgを超える場合はネコポスが利用できません。そのようなときに使えるクロネコヤマトのサービスに、宅急便コンパクト[5]があります。宅急便コンパクトは60サイズ以下の荷物を手軽に送るためのサービスで、あんしんBOOTHパックと組み合わせることで、出品者と購入者が共に身分を明かさずに荷物の発送と受取ができます。宅急便コンパクトを利用するには専用の梱包材（専用BOX）が必要です。専用BOXには、横開き封筒のような形状の薄型と、組み立て式の箱型があります。どちらも65円で、クロネコヤマトの営業所で購入できます。専用BOXはほぼB5サイズなので、同人誌のサイズによっては利用できない場合があります。

　あんしんBOOTHパックと宅急便コンパクトを使った発送の流れを見てみましょう。

1. BOOTHに登録したメールアドレスに、商品が購入されたという通知メールが来る[6]。
2. 通知メールを読んで何が何部購入されたかを把握し、添え状と同人誌を準備する。このとき、添え状と同人誌はクリアポケット[7]に入れると配送の際の汚れや水濡れを防ぐことができる。
3. クロネコヤマトの営業所に向かいながら、スマホでBOOTHにログインし、宅急便コンパクト発送用のQRコードを発行する。
4. 営業所に着いたら、ネコピットにQRコードを読み込ませる。そうすると営業所のプリンタで送り状が印刷される。
5. 送り状をもってカウンターに行き、宅急便コンパクトの専用BOXをくださいと伝えて購入する。
6. 専用BOXに同人誌を入れ、BOXについている両面テープをはがして封緘する。スタッフに送り状と共に渡すと、スタッフが送り状を箱に貼り、発送の手続きを行ってくれる。
7. 控えを渡されるので、受け取って保管する。
8. BOOTHは、QRコードを発行すると購入者にメッセージを送ることを促してくるので、発送した旨を連絡する[8]。

　最初はネコピットの使い方や宅急便コンパクトの利用方法が分からず戸惑いますが、遠慮な

5.http://www.kuronekoyamato.co.jp/ytc/customer/send/services/compact/

6. コンビニ支払い等の場合、支払いが確認できた段階で、購入が確定されましたというメールが来る。

7.[*7] クリアポケットは同人誌のサイズよりサイズが一回り大きい（同人誌がB5サイズならクリアポケットはA4）と、本が厚くても簡単に収納できる。

8.[*8] クロネコヤマトからの正式な発送通知は別途送られる。

くスタッフに尋ねましょう。

　ごく希にですが、購入者がBOOTHに登録した住所に間違いがあって返ってくることがあります。その場合は注文番号から購入履歴を調べ、購入者にメッセージを送りましょう。それでも返事がない場合は、BOOTHのお問い合わせフォームから状況を伝えて、対応を依頼しましょう。BOOTHが購入者に連絡を取ってくれます。

　こちらの対応としては、両者が身分を明かして通常の宅急便で送るか、再度BOOTHから購入してもらい、何らかの方法で先の購入分を返金することになります。

　BOOTHに登録した本の発送に宅急便コンパクトを利用する場合、BOOTHの商品情報→オプション設定から限定販売数を設定しておきましょう。同一人物が一度に大量に購入してくれるという嬉しい事態になっても、宅急便コンパクトの伝票は一つしか発行されないので、専用BOXに入れることができなくなります。

BOOTHは電子書籍の販売にも使い勝手がいい

　BOOTHは電子書籍を単品で出品できます。サークル登録と、個別の書籍の表紙などの画像アップロード、説明文を書いて、値段を決めて、PDFなりepubなりをアップロードするだけです。タグは、「技術書典」とか「技術書典3」とか「JavaScript」とか「技術書」とか付けておくといいでしょう。

　実は筆者は今回電子版を出すつもりがなかったのですが意外に声が多かったので思い立ったが吉日でさっくり電子版のBOOTH販売を始めました。お手軽に販売できて、とても良かったです。（erukiti／佐々木俊介）

16.2　同人書店に委託する　ComicZINの場合

　技術同人誌に強い同人書店の一つがComicZIN[9]です。技術書典とタイアップしたり、技術書コーナーを作っているなど、技術書を前面に押し出しています。したがって、作った技術書を委託する先としては最適です。

16.2.1　委託方法

　自分の本を委託するには、サークル登録をし、アイテム登録をします。ComicZINで内容確認をした上で、委託可能となれば、発注が入ります。在庫から、発注冊数をComicZINに送り、検品が済めば、委託販売開始となります。詳細な流れ等については、公式ページ[10]に記載があり

9.http://www.comiczin.jp/
10.http://www.comiczin.jp/circle/index.html

ますのでそちらを読むとして、委託する側として考えなければならないことについて書きます。

16.2.2　書店委託時の価格について

まず迷うのが、委託時の価格についてでしょう。

そして、その前に手数料体系について確認しましょう。ComicZINでは、委託額の3割が委託手数料（2018年3月現在）となり、7割がサークル側の取り分になります。例えば委託額（お客さんが払う額）が540円の場合、その7割である378円がサークル主の取り分です。ComicZINの取り分は162円ですね。

委託額とイベント頒布額の考え方には、大きく二通りあります。細かい事ところでは消費税の扱いも悩ましいのですが、一旦はおいておきます。

一つ目は、イベント頒布額と同額とする方法です。イベント頒布額が500円の場合、委託額は500円になります。

お客が払う額は同一（厳密には消費税分が違いますが）とする考え方です。購入者側とすればありがたいシステムですが、サークル主側とすれば、当然ながら委託手数料分（書店取り分）だけ実入りが減ります。

もう一つの考え方は、サークル取り分が同じになるようにするという方法です。イベント頒布額が500円の場合、500円がサークル取り分になるように書店委託額に差をつけることになります。700円×0.7=490円となりますから、店頭価格700円とすると、サークル取り分は490円となり、サークルとしての売り上げはほぼ同じ額になります。

世の中両方の考え方がありますので、どちらが良いと言えるものではありません。一応のご参考まで、ComicZIN委託に関する記述をしている筆者は、イベント頒布額と同額（ただし消費税は載せる）ということで、500円の本に消費税は載せて540円にて委託しています。

16.2.3　委託冊数について

委託する冊数はどうしましょう。イベントでの売り上げを参考にしつつ決める必要があります。イベントでじゃんじゃん売れたのならば、委託冊数はある程度多めにしてもいいかもしれません。全く読めないなら、とりあえず20部とか30部にすると良いのではないでしょうか。発送の手間は減らしたいので、瞬殺されないよう、ある程度の期間在庫があることが期待でき、逆にいつまで経っても在庫がちっとも減らない、という状況に耐えられる量、というところです。

適当なダンボールに委託する冊数+1冊（見本誌）を入れて送るだけで委託販売はスタートします。

16.2.4　委託ページ用画像について

担当者が手動でやっているようですから、委託ページ用の画像は差し替え・追加されない場合があります。手が回っていないのかもしれません。最初の委託登録の際に手を抜かないようにしましょう。（あとで追加すればいいや……は落とし穴です。追加してくれる場合もあるとは

思いますが。)

16.2.5　ZINの売り上げ報告について

　ZINに委託する場合、毎月棚卸し結果兼売上報告が来ます。委託中の本が今月何冊売れ、在庫が何冊で、売り上げと送金額がいくらか、というのがメールで届きます。ただし、2ヶ月遅れの情報はザラです。気長に待ちましょう。

　なおZINでは月の売り上げが3000円未満の場合、振り込みが延期されます。売り上げ報告にも書いてあるのですが、慌てないようにしましょう。

16.2.6　技術書典でのダイレクト委託について

　これまで開催された技術書典では、ComicZINはダイレクト委託を実施してくれました。当日夕方、運営ブース付近にComicZINのブースができます。ここに在庫を持ち込んで販売価格を伝えるだけで委託が完了するという画期的なシステムです。運営から案内もありますが、ぜひやってみると良いのではないでしょうか。

第17章 コミュニティに参加する

|||||||||||||||||||||||||||||||||||||||||||||||||||||||||||||||||||||||||||||||||||||||||||||||||||||||||||||||||||||
仲間を作ると楽しいよ。みんなで技術書を書こう。（Text：湊川あい）
|||||||||||||||||||||||||||||||||||||||||||||||||||||||||||||||||||||||||||||||||||||||||||||||||||||||||||||||||||||

17.1　技術書執筆仲間が欲しい。執筆は孤独なんて誰が決めた？

突然ですが質問です。執筆というとどんなイメージが思い浮かびますか？

「1人でパソコンに向かっている」、そんな状態を想像する方が多いのではないでしょうか。筆者自身、2年前は身の回りに技術書仲間などおらず、会社から帰っては1人で執筆するという日々を送っていました。

一般的には同人誌を書いている人、というのも珍しいのですが、中でも技術同人誌を書いている人はより珍しい存在です。この半年間「技術書執筆仲間が欲しい」という一心で、仲間が集まる場所を探したり、場所を作ったりしてみましたので、このページを借りてご紹介します。

17.2　存在するコミュニティ

私の観測する範囲内で、どなたでも参加できるコミュニティをまとめました。
・技術書典主催による勉強会#techbookfest
・もくもく執筆会#techbook_meetup
・技術書をつまみに酒を飲む#tb_ethanol
・その他のもくもく会
どのようなものか、順に見ていきましょう。

17.2.1　技術書典主催による勉強会

技術書典は、IT・科学技術について書いた本を頒布したり購入したりできるイベントです。運営による事前サポートが充実しており、イベント開催が近くなると、サークル参加初心者に向けた勉強会や、もくもく会が開催されます。

「はじめてのサークル参加Meetup」では、「技術同人誌とは何か？」「スケジュールの説明」「本を作る技術」「いつまでに何をしないと間に合わなくなるのか」などを知ることができ、同人誌を作るのが初めての方でもスムーズに制作に入っていけるようになっています。また、締

切直前には「缶詰原稿ジャムの日」なるものも開催され、原稿に追い込みをかけることもできます。

主催メンバーは、大手サークル TechBooster[1]・技術系電子書籍を出版している達人出版会[2]で構成されており、技術書の作り方についてわからないことがあれば、アドバイスをもらえます。

17.2.2 もくもく執筆会 #techbook_meetup

「本を書きたいけど、ひとりだとなかなか進まない」……せっかくだったら、みんなで集まって、もくもく執筆しませんか？

「もくもく執筆会#techbook_meetup」は、技術系商業誌・同人誌の原稿だけにとどまらず、勉強会の発表資料、ブログ、プログラム、Webページなどなど、著作物をもくもく作る会です。

技術書典主催のもくもく執筆会で知り合い、その良さを実感した熊谷氏（@es_kumagai）と、筆者は、帰りの電車で「技術書典というイベントが過ぎても、月1回、コンスタントにもくもく会があれば素敵ですね」と雑談しておりました。「それならば、そんなもくもく会を自分たちで作ってみよう」──かくして、もくもく執筆会は始まりました。

おかげさまで、開始1年足らずでconnpass登録メンバー数は140人を超えました。普段、関東をメインに活動していますが、2018年1月13日には「もくもく執筆会☆出張版 REV.4 @ 京都烏丸御池」[3]と題して、関西での開催も行いました。

オープニングで、どんなものを書くかをみんなに共有したら、あとは、もくもく。エンジニアもデザイナーもいるので、書いている文章やスライドを見せて相談しあうこともできます。一番最後の「進捗をみんなと共有」タイムでは、書いた技術ブログをみんなに共有したり、作ったスライドでLTしたり、新刊の告知をしたりと、とても楽しい時間になっています。

|||||||||||||||||||||||||||||||||||||||||||||||||||||||||||||||||||||||||||||||||||||||

もくもく執筆会オススメです

もくもく執筆会は主催のお二人の人柄がとても良く、毎回雰囲気の素晴らしいもくもく会を開催してくださっています。編集者の方、同人・商業問わず技術ライター諸氏なども多く参加しているオススメのイベントです。あまりにも居心地と作業効率アップ度の高さから、筆者（@erukiti）もたびたびお邪魔しています。（erukiti／佐々木俊介）

|||||||||||||||||||||||||||||||||||||||||||||||||||||||||||||||||||||||||||||||||||||||

17.2.3 技術書をつまみに酒を飲む

元々10年以上技術同人で活動をしている親方さんが主導で始めたコミュニティ[4]です。技術

1.https://techbooster.booth.pm/
2.http://tatsu-zine.com/
3.https://techbook-meetup.connpass.com/event/70785/
4.https://techbook-and-ethanol.connpass.com/

書典はあまりにも労力の必要なイベントのため、公式でアフターの飲み会なんていうのを開催できる気力も体力も残ってない位お疲れ様な状況のため、有志で非公式なアフターパーティーなどをやっています。最近は技術同人界隈があまりにも盛り上がっているため、微力ながらも何かしら技術同人界隈に還元できるようなイベントを開催していく、とのことです。

- ・技術同人誌　執筆テク自慢のLT会
- ・技術書典3　非公式アフター
- ・技術書クラスタ（仮）　冬コミ打ち上げ兼忘年会
- ・技術書典（非公式）サークル連絡会兼振り返りLT会
- ・技術同人仲間を探すLT＆交流会

2018年4月22日開催の技術書典4でも「技術同人イベント打ち上げ(4/22)」というイベントを開催予定です。当日参加もありなので、もしこの本をお読みの方、間に合うようでしたら是非参加をご検討ください。（https://techbook-and-ethanol.connpass.com/event/75693/）

17.2.4　その他のもくもく会

connpassやDoorkeeper、TECHPLAYの検索欄に「もくもく」と入力し、検索してみましょう。すると、出るわ出るわ、もくもく会の数々！プログラミング言語やフレームワークを限定したもくもく会、フロントエンド専門、IoT専門のもくもく会、なかにはノンテーマのもくもく会というものも存在します。

こういったイベントに出向けば、ほぼ必ず「今どんな作業をしているんですか？」という交流が生まれます。そんなときに「実は今こういう本を書いていまして」と切り出すと話が弾みます。さらに、もくもく会に参加するような方々は、日頃からインプット・アウトプットを高速で回している傾向があります。つまり、潜在的な技術書執筆ニーズを持っている可能性が高いわけです。

今までに技術書執筆に興味がなかった人たちを、こちらの世界へ呼び寄せる。少々強引ですが、執筆仲間がいないなら作ればいいのです。実際、そのようなきっかけから技術書典に興味を持ち、出展することになった友人もいます。

17.3　もくもく執筆会に参加・開催して変わった世界

「技術書というものは1人で書くものだ」という意識は完全になくなりました。冒頭にもありますとおり、本書はGitHubを使っての共同執筆です。「みんなで書いている」という状態はとても楽しいものです。一冊にまとまって形になることを思うとワクワクします。2年前は1人で執筆していたことを思えば、驚くべき変化です。

また、それぞれ得意分野の違う方々と交流できるのも、素晴らしい点です。自身のモチベーションを高めるにはもちろん、普段の仕事ではふれることのない分野の最新動向について自然とキャッチアップできるのも、技術書コミュニティへ参加するメリットと言えるでしょう。

17.4 あなたも今すぐ参加しよう!

技術書典グループページhttps://techbookfest.connpass.com/や、もくもく執筆会グループページhttps://techbook-meetup.connpass.com/に登録しておけば、新規イベントが開催されたときにお知らせメールが送られてくるのでおすすめです。

17.4.1 ハッシュタグ #techbook_meetup で進捗を共有しよう

「遠方なので、執筆会に参加できない」という方でも大丈夫!ハッシュタグ#techbook_meetupをつけて、執筆の進捗や、構成を練っているときの心境をつぶやきましょう。遠方でも共同作業をしているような感覚を味わえますよ。

17.4.2 すでにあなたも仲間です!

極論ですが、この本を読んでいるあなたも、すでに技術書執筆仲間と言えます。我々は、それぞれ専門分野は違えど心はひとつ、「技術書が好き、作りたいぐらい好き」。同人・商業、関係ありません。著書の有無も関係ありません。「技術書を書いてみたい」そう思ったその瞬間から、我々は仲間なのです。

||||||||||||||||||||||||||||||||||||||||||||||||||||||||||||||||||||||||||||||||||||||

名刺を作ろう

コミュニティに参加したり、オフ会、アフター、もくもく会、その他執筆イベントに参加するようになると、絶対にあったほうが良いのが名刺です。ですので、この際作ってしまいましょう。

何も凝ったものを作る必要はなく、ハンドル名、ツイッターIDとかgitIDなど、自分がよく使う（他の人からコンタクトされやすい）SNSを載せておきましょう。モノクロでも、業者のテンプレートのままでもとりあえずは問題ありません。作ってあることが重要なのです。

昨今、印刷業界も価格競争が激しく、「名刺」とググれば様々な業者が100枚500円（送料込み）といったべらぼうに安い値段で印刷してくれます。URLを貼り付けるまでもないほど、たくさんの業者が引っかかりますし、どこも大差ないかと思います。納期も発注から2-3日で届きます。

本業名刺だと、「本名」も勤務先もいろいろバレてしまいますし、本業名刺には同人活動に関する情報が全く載っていないのであまり役に立ちません。この前のMeetupであったXXさん、フォローしとこう、といったときに役に立たないのです。（Text:親方）

||||||||||||||||||||||||||||||||||||||||||||||||||||||||||||||||||||||||||||||||||||||

第18章　印刷部数とお金の話

||||||||||||||||||||||||||||||||||||||||||||||||||||||||||||||||||||||||||||||||||||||||||||||||||||||||||||||||||||||||||||||||

同人誌を作り、同人サークルを運営するにあたって避けて通れない問題である、イベントの収支や印刷部数の考え方、本の値段設定の話です。（Text：親方）

||||||||||||||||||||||||||||||||||||||||||||||||||||||||||||||||||||||||||||||||||||||||||||||||||||||||||||||||||||||||||||||||

18.1　なぜ印刷部数は決まらない・決められないのか

　同人活動、特に同人誌を出版するにあたって避けて通れないのが印刷部数とお金の話です。何部印刷するとどの程度お金がかかって収支はどうなのか、あるいは、何冊売れるのかといった話は実はこれまでほとんど明らかにされていません。なぜなら、印刷数とページ数から原価（印刷費）がわかり、頒布数と原価の差が見かけの収益になり、収益が明らかになると、「同人誌で儲けるなんて」「あのサークルはこれだけ儲けている！けしからん」、なんて話が湧いて出るからです。

　特に二次創作の同人誌では、他人の褌でということを考える人もいます。更にはそれを目当てにさらに面倒なことになりかねず、基本的には秘匿されていました。一部のサークルについては、税務署の絡み[1]もあるかもしれません。

　しかしながら、このお金に絡む話を無視して同人活動を継続することは難しく、かつ初めての本を出すにあたってきわめて大きな（心理的）参入障壁となっていると感じています。なぜなら、赤字のリスク、在庫のリスクは、全てサークル主の負うリスクであり、他の誰も救済してくれる内容ではないからです。

　印刷部数が適切でない場合、多い場合と少ない場合それぞれ異なるリスクがあります。印刷部数が需要に対して多すぎる場合、当然ながら大量の在庫を抱えてしまうリスクがあります。しかも一回のイベントで売り切れないような大量の在庫は将来に渡って販売できる可能性は極めて低いと言わざるを得ず、廃棄するしかないということになります。

　逆に、需要に対して印刷数が過小な場合、開場間もなく売り切れてしまい重大な機会損失を被るという事になります。本来であればもっと売れたはずの収益機会を逸するという点のみならず、欲しい人に行き渡らないという非常に悲しいことになります。

　いずれにせよ印刷部数の最適化という命題は、イベント参加における最重要課題であるわけ

---

1. 雑所得として20万以上の所得＝利益が発生すると確定申告が必要。詳細は税金の本を読みましょう

です。印刷部数が決まれば、ページ数と印刷部数から頒布価格が決まります。

18.2　技術書の印刷部数

　同人誌の印刷部数は基本的に公開され得ない情報であることは上で述べました。ところが、技術書典にサークル参加する人たちに限っていえば、かなりオープンにされています。サークル主がツイッター上、あるいはブログの参加レポートにおいて、搬入数と頒布数をオープンにしている例がかなり見受けられます。主催者によるアンケートにおいても、頒布数や持ち込み数、完売に関する統計が公開されています。また、サークルチェックの被チェック数という指標もあり、こちらと実際の頒布数の相関は非常に興味があるところですが、こっちは現時点では公開されていません。ただし、この被チェック数は直前にかなり伸びる傾向があるようで、入稿時に印刷数の直接的な指標とすることは難しいかもしれません。

　さて、技術書典2サークル参加アンケート結果と分析[2]に2017年4月開催の技術書典2における頒布数などの情報が公開されています。全体通して非常に有益ですので一読されることをおすすめします。ここから幾つか、印刷数を決めるに当たって重要なデータを抽出すると、新刊持ち込み数の平均値105部、最頻値100部、中央値78部だったそうです。100部を印刷というのは、たしかに区切りの良い値であり、かつ、妥当な印刷部数に見えます。

　次に、頒布実績と完売率ですが、1サークルあたり平均132部頒布し、およそ8割の本が売り切れたとのことです。また完売時間についても、14時ごろに半数のサークルで何らかの完売が出たとのことです。11時開場、17時閉会という技術書典の開催時間を考えると、イベントのほぼ真ん中で半分くらいが完売したということです。開催直後のほうが人の出入りが多いであろうことを勘案しても、少なくとも1.5倍ないしは2倍印刷しても問題なかったサークルが多かったのではないか、ということがこのアンケートから見えてきます。

　なお、直近の技術書典3においては、現時点でアンケート結果がまだ集計されていないこと、台風直撃のため開催期間の後ろのほうが天候リスクが高くなったことで後半人が減ったということも踏まえると同じ傾向になったかは微妙ですが。

18.3　200冊印刷、当日100〜130冊頒布を目指す

　さて、技術書典の公式アンケート結果を踏まえて、印刷部数の設定方法について、筆者なりの考えを紹介しておきます。

　完売はステータスの一つですし、気持ちのよいものではありますが、先に述べたような機会損失が発生します。また後日書店委託をする分、次回イベントに持っていく分等含めて考えておく必要もあります。書店などへの委託は、今回買い逃した人に届けるという観点から、やっておいても良いことかと思っています。当日どうしても参加できなかった人が、書店委託また

2.https://blog.techbookfest.org/2017/07/21/tbf02-report/

は次のイベントで入手する、あるいはツイッター等で見かけてやっぱり欲しくなる、というのは普通に有り得る話です。

そこで少し考え方を変えて、「売れ残り」を不名誉なことだと考えるのではなく、「欲しいと思ってくれたイベント参加者すべてに行き渡った」とポジティブに考えましょう。あとから入手する方法として自家通販や書店委託等の道もあるにはありますが、通販は通販で面倒という人も多く、通販に出せばじゃんじゃん売れてみんなに行き渡るかというとかなり疑問符がつきます。ですから、当日完売を狙うという方針を追求しないほうが良いとおもいながらこの節を書いています。

これらを考えると、半分から7割くらいがイベント当日の配布数となるくらい印刷するのが最適解であると考えています。すなわち、技術書典に参加してとりあえず100冊近くは出る見込みであるとしたら、200刷ってもいいんじゃないか、ということです。先の技術書典の公式アンケートであったように、一冊あたり持ち込み数100冊で割と早い時間にその8割が完売したということは、潜在的な購入予想数はもっと大きい、ということを示しています。

したがって、技術書典においては、200冊を印刷して、当日100から130程度を頒布、30冊を書店委託、残り50〜70程度をコミケまたは次回イベントに持ち込む、という形が一つの有力解です。

なお、技術書典でいえば、ComicZINさんが当日委託窓口をつくっていて、その場で持ち込んで、書店価格を伝えるだけで書店委託手続きが完了するという超便利なサービスをやっています。

また、これは筆者のこれまでのイメージではあるのですが、既刊の頒布数は、だいたい新刊の半分程度になることが多い気がします。「新刊ください」、「新刊と、買い逃したので前のも」、というのが並列すると考えれば、既刊の出る数は新刊の半分程度になります。ということは、次回イベントにおいて、また新刊が100冊、既刊が50冊売れると想定でき、次の1回〜3回のイベント参加で今回の在庫が全部さばける事になります。

18.4 同人誌の値段の付け方

大前提として、同人誌の値段の付け方は、「絶対的にサークル主の裁量である」ということがいえます。したがって、サークル主以外の何人も、その同人誌の値段について文句を言うことはできませんし、変えさせる事はできません。

しかし、あまりに高すぎたり、安すぎたりすると色々不幸になります。高すぎると、内容はいいのだけど買えない/買わない人が続出して結局印刷費を回収できないとか部数が出ないといったことになります。逆に安すぎると、売っても売っても赤字といったことが起こりえます。完全創作な同人誌など大きな部数が出づらいジャンルなどにおいては発行部数が全体的に少ないために印刷単価が上がりやすく、「そのジャンルの大手のサークルが安価で出すと同じジャン

ルの弱小サークルは死ぬ」、という話もあったりはします[3]が、こと技術書に関して言えば、「同じ内容の本」はないので、その点はあまり当てはまりません。しかし、やはり買い手としては、いくら内容が面白くても薄いのに高いとがっかりするというのは否定出来ないかと思います。

そこで、本節では幾つかの指標となる事項について見てみたいと思います。

18.4.1 ページ数から考える

まずは、ページ数をある程度価格の指標とすることができます。これは、他のサークルと同程度の価格をつける、という意味で参考にすることができます。印刷所に発注しオフセットまたはオンデマンドで製本したもので、目安は10ページあたり100円から200円が標準的な値段付けとなるでしょう。30ページから50ページなら500円程度、60ページ以上は1000円つけても、ほかと比べて高いとか安いという印象は持たれないと思われます。コピー本(ホチキス止めのプリンタ本など)については、現実的な厚さのコピー本(〜20P程度)で、200円とか300円とかが一般的でしょうか。

18.4.2 印刷費から計算する

また、印刷費との兼ね合いで決めた価格も良い指標になります。印刷部数が少ないと、印刷単価は上昇するのですが、「印刷数のおよそ半分を販売すると印刷費が回収できる程度」、とするのが同人活動の継続性という意味で良いと思います。これくらいだと、6割から7割売れればイベントの参加費や打ち上げ代まで含めて回収可能となります。あとは利益となるので、次のネタを仕込むために使いましょう。ハード系なら新しいハード、追加のセンサ・部材を買う。ソフト系なら参考になるようなイベントに出るなど、臨時収入として有効活用しましょう。あるいは、ぱーっと飲みに行って、次回のモチベーションにするなどもいいですね。

いくら趣味とは言え、いえ趣味だからこそ、継続的に赤字となっていては続ける事ができないのです。なお、コミケの超大手サークル（いわゆるシャッターサークルなど）のように、イベント収入で数百万といったレベルの儲けを出すことはほぼ不可能ですから、そういったありえない例については考察しません。しいて言うなら、技術書ではほぼ無理です。プロのイラストレーターかマンガ家になって、担当作品がアニメ化されることを目指すなど、別方向でがんばってください。

18.6 イベントの収支例

以下、イベントの収支について、もう少し具体的に示します。

40P、B5版の本をつくる時の事を考えます。40Pなので、頒布価格は500円をつけたとしましょう。なお、500円や1000円といった区切りの良い金額にすることは、お釣りの準備、計算、お釣りのやり取り含めて、当日の販売オペレーション上非常に楽になるので、切り上げてしま

---

3. 同人における「儲け主義」と言う言葉がサークルを殺す https://anond.hatelabo.jp/20150910222900

うことをおすすめします。当日は疲れていること、テンパっていること含めて頭の回転が落ちます。トップギアで走っている脳みそ部分と、随分回転が落ちている部分が同居していて、計算などの部分は落ちている部分になりますから、かんたんな計算ミスったりしやすいので、計算やお釣りの手間がかんたんになることは歓迎すべきことです。

　印刷費については、技術書典のバックアップ印刷所でもある日光企画さん[4]の価格例で示します。印刷費は100部：39860円　200部49130円になります。

　さて、それぞれの印刷部数について、売上、収支に関する思考実験です。

表18.1: 収支明細の思考実験

	100部印刷	200部印刷
販売数	100	140
売上	50000	70000
印刷費	39860	49130
粗利	10340	20870
イベント参加費	7000	7000
諸費用	5000	5000
打ち上げ費（2名）	7000	7000
収支	▲8660	1870
在庫	0	60
今後の収益見込み	0	30000
総収支	▲8660	31870
収益差	====	+40530

18.6.1　例：100部の場合

　まず、100部印刷した時を考えます。今回のイベントでは、15時頃、100部全部完売となりました。完売おめでとうございます。

　売上は、500円 × 100冊 = 5万円です。粗利は50000 − 39860 = 10340円になります。これでめでたしめでたしとなるかと思いきや、他にもイベント参加費はかかります。それ以外にも、搬入の送料、ポスター印刷費等がかかります。ここでは、これらまとめて諸費用として5000円を計上しました。完売はしたものの、印刷費とイベント参加費(技術書典で7000円、コミケで約10000円)でほぼトントンとなりました。ポスターの印刷や売り子さんとの打ち上げ代は出ません。もし天候や配置など、何らかの理由で想定の8割しか売れないと、いきなり赤になりますから、かなり大きな赤字リスクを負っていることになります。頒布見込み100部に対して100部印刷した場合は、500円の価格設定では回収できないということになります。

4.http://www.nikko-pc.com/

18.6.2　例：200部の場合

次に、200部印刷した時を考えます。今回のイベントでは、完売こそできませんでしたが、開催中ずっと客足が途絶えることはなく、140部売れました。粗利は売上70000-印刷費49130=20870円となり、すでに印刷費は回収できました。イベント参加費・飲み代も回収できています。さらに在庫となる分がまだあります。在庫は、書店委託を行うとともに、次回以降のイベントで売ることにしました。将来全部売れたら、最終売上は10万円になります[5]。200部に増やしたことで、収支に4万円以上の差がつくことがわかります。

もちろんイベントは年に何回もあるわけではありませんし、在庫はサークル主の責任で保管しておく必要がありますので、むやみに印刷数を増やせといっているわけではありませんが、「想定より若干多めに印刷しておくと良いでしょう。想定売上数の1.5倍から2倍印刷しても良いのでは？」といった意図がここにあります。

18.6.3　粗利益とリスク

さらに、ある意味当然ですが、多めに印刷しておくことで、予想以上に売れたときでも収益的なメリットがあります。それは、印刷数と費用の関係がリニアではなく、エグい曲線を描くことに起因するのですが。もし一回目に100部しか印刷せず、参加者からの要望により再版をかけることを考えます。100部印刷した場合には、再度印刷するため、同じ単価で費用がかかることになります。したがって、$50000 - 39860 + 50000 - 39860 = 20680$円の粗利となります。これに対し、事前に200部印刷していた場合に（イベント1回ではないとしても）200部完売すれば、100000-49130=50870円となり、粗利が2.5倍となります。

もちろん、予想に対して売上が少ない場合は在庫のリスクは増大します。印刷費用も絶対値として大きくなりますし、在庫の保管場所についてのコストも発生します。この点については売上予想を頑張るしかないのがなかなかつらいところですが…。図18.1に、印刷費と印刷部数の関係をグラフにしました。同じくB5、40P、表紙フルカラーの同人誌を日光企画さんのオンデマンドとオフセットで印刷した場合を示します。ページ数が決まったらこのグラフを一度作って、印刷単価や印刷費(合計額)を確認して、収支として成り立つのか考えてみると良いでしょう。またこうしてグラフ化することで、オンデマンドとオフセットの損益分岐点や、一冊単価をいくらにするには何冊印刷するとよいかといったことがわかります。印刷料金のデータはHPで公開されていますが、単価はわかりませんし、グラフも自分で作る必要がありますが、一度やっておくとイメージが掴めるかと思います。

B5、40P印刷時のグラフですから、頒布価格500円のところに線を引いておきました。オンデマンドとオフセットのコストが逆転するのは150部付近であることがわかります。とはいえ、ほとんど同じレベルにいますから、印刷費上はオフセットとオンデマンドの選定はそんなに気にしなくても良いということになります。

---

5. 書店委託の委託費用 (通常3割) については考慮していません

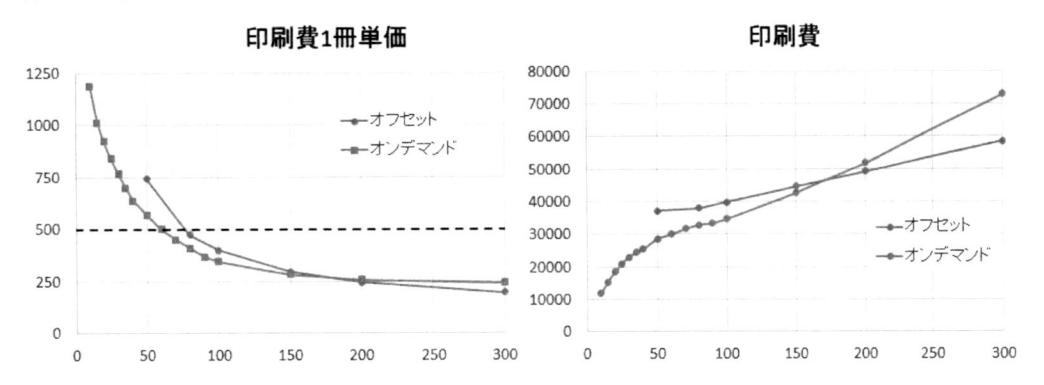

18.6.4　ほしい人に届けるために

改めての話になりますが、完売は、売る側として機会損失となるだけでなく、欲しい人に行き渡らなかったということであり、その人がその本に巡り合う機会がないかもしれないという点からも望ましいことではないと考えます。ですから、多めに印刷して良いのです。

多少余っても、多めに刷った関係で印刷単価は下がり、印刷費の回収が容易になります。上の例では、100部印刷時には、印刷数の80%（=80部）が売れないと印刷費の回収ができないのに対し、200部印刷時には、印刷数の50%（=100部）売れれば回収できることになります。

100部売れたあとは、印刷費は回収済みですから、以降のイベントで少しづつ売って回収するのとともに、もくもく執筆会などのイベントで名刺代わりに配るとかも可能になります。知り合いサークルや、イベントで隣になったサークルと交換する、といったときにも気軽に交換できる事になります。あるいは、継続的に活動するようになって、過去の本を再編集して総集編を出したりしたときに、総集編を買ってくれた人に過去の本をおまけとして配ってしまうという方法もあります。

18.6.5　印刷費以外のコストも含めて考える

印刷費以外のコストを含めて考える必要がありますので、その点をケアしましょう。表紙の原稿料や、イベント参加費、搬入搬出の送料、打ち上げ費用などなど、見込まなくてはいけない費用はたくさんあります。決して印刷費だけ回収できるように価格設定するということをしないようにしましょう。単発一回きりの参加ならそれも良いかもしれませんが、同人活動を継続するためには、売上の中からそういった周辺費用まで含めて出す必要があります。

収支を計算するにあたっての周辺費用にどこまで含むべきか、という点については難しい面もありますが、やっぱり打ち上げ費用くらいは含んでも良いと思います。税務的に打ち上げ費用が算定できるかどうかは別にして、売上げで気持ちよく飲みたいものです。

18.7　販売数はカウントすべきか

最後に、オペレーションの話にも関わりますが、頒布数をカウントすることにあまり意味は無いと個人的に考えています。理由はいくつかありますが、大きくは以下の3つです。

1．売上は、搬入数-残部数で十分に管理可能。

2．開催中にカウントすることに気を使うくらいなら、来場者と話をしよう。

3．カウント忘れると尚更意味がない。

メリットは、時間ごとの売れ行きがわかるくらいでしょうか。

一回のイベントにおいて頒布するのはせいぜい3冊か4冊(種類)、冊数も50冊とか100冊、多くても新刊200部などですから、頒布数は搬入数-残部数でイベント終了後に計算すれば十分です。また見本誌や交換、身内に配った分などについても、厳密にカウントする意味はありません。そして、それをメモしたりする暇があったら、せっかく買いに来てくれた来場者とキチンと話しをしたほうが楽しいし有益です。もっとも、最近はレジプラ[6]のような使いやすそうな装置があるようですから、これなら使っても良いかもしれません。

しかし、販売数のカウントをすることでオペレーションが疎かになるくらいならば、バッサリ諦めましょう。他にやるべきことはたくさんあります。

6.http://regipla.com/

第19章　税金の話

IIIIIIIIIIIIIIIIIIIIIIIIIIIIIIIIIIIIIIIIIIIIIIIIIIIIIIIIIIIIIIIIIIIIIIIIIIIIIIIIIIIIIIIIIIIIIIIIIIIIIIIII
同人活動を行うにあたって、一つ忘れてはいけないのが、税金の絡みです。確定申告が必要な
ラインは案外しきい値が低いので、注意が必要です。(Text：親方)
IIIIIIIIIIIIIIIIIIIIIIIIIIIIIIIIIIIIIIIIIIIIIIIIIIIIIIIIIIIIIIIIIIIIIIIIIIIIIIIIIIIIIIIIIIIIIIIIIIIIIIIII

19.1　確定申告が必要な場合

利益が20万円を超えると、確定申告の義務が生じます。

超大手サークルなどで、活動規模として「業」として認定されるような規模であれば、事業収入として計算される場合がありますが、ほとんどの規模の同人サークル、技術書を書いて夏・冬コミや技術書典で50部100部200部売る程度であれば、雑所得となります。

さらに厄介なのは、実質赤字であっても「赤字であること」が証明できるような帳簿がない場合に、税務署の指摘に反論できず、ありもしない「儲け」にしかも期間を遡って課税されるおそれがあるということです。そこで幾つかの前提も含めて説明したいと思います。

また、同人誌の利益以外にも、ビットコインを始めとした仮想通貨のトレード、マイニング等による利益など、雑所得に区分される収入・所得が発生する可能性があるでしょう。

雑所得に関する確定申告が不要となる条件は、以下のとおりです。

「源泉徴収により税額が確定しており、かつ、雑所得が20万円以下である」

源泉徴収によって税額が確定している場合には、一般的には確定申告は不要です[1]。しかし、逆に言えば、それ以外の場合には確定申告をする必要があるということです。雑収入として20万円以上の所得があれば、確定申告により税額を確定させる必要があります。

また、たとえ雑所得が20万円以下であっても、確定申告をしている場合は、雑所得についても記載する必要があります。医療費控除、ふるさと納税(ワンストップ特例利用を除く)、住宅ローン減税等がある場合、確定申告を行っているため、同人活動による雑所得を計上する必要があります。

なお、同人活動専業あるいは、業と認定される規模となっていて、事業所得として申告するような方については本書では扱いません。『同人作家のための確定申告ハンドブック2018』という良書があり、青色申告、保険、在庫の扱い等をカバーしつつ、豊富なケーススタディがあ

1.No.1906 給与所得者がネットオークション等により副収入を得た場合 https://www.nta.go.jp/taxanswer/shotoku/1906.htm

りますので、そちらを参考にされることをオススメします。

19.2　税金の計算の基本

　この本を読んでいる人(=技術書を書いている/書こうとしている人)は、基本的にサラリーマンが多いと思います。あるいは、フリーランスとして仕事を持っている方を想定しています。フリーランスの方は、すでに自分で確定申告をしている人も多いかもしれません。しかし、サラリーマンであれば、確定申告は源泉徴収および年末調整で会社が代行してやってくれていて、あまり実感を持ってやったことがないかもしれません。

　非常に基本的な話ですが、本業のみの場合の税金の計算は、以下の式のような手順で行われます。

　　[収入(=給与)] − [必要経費（給与所得控除）] = [所得]

　　[所得] − [所得控除]=[課税所得額]

　　　所得控除：社会保険料控除、生命保険料控除、寄付金控除など

　　[課税所得額] × [税率]=[納税額]

　給与所得だけであれば、このような手順で会社が税額を計算し、源泉所得税として代理納付してくれます。したがって、確定申告は不要となります。

　ところが、同人活動で収入がある場合は、雑所得として所得が増える事になります。これは、源泉徴収が行われないため。個別に確定申告をする必要が出てくるというカラクリになります。

　同人誌に関する雑収入と雑所得についても、所得とほぼ同様の式で書くことができ、その雑所得は所得額に加算、課税されます。

　　[雑収入(=売上)] − [必要経費（印刷費、イベント参加費等）] = [雑所得]

　　[給与所得 + 雑所得]=[課税所得額]

　そして、先に述べたように、雑所得が20万円を超えると、確定申告の義務が生じます。

　同人活動における収入は、ほぼ単純に売上となります。この売上は、イベント売上、委託売上を含みます。また、寄稿等による原稿料がある場合は、雑収入に計上します。

　必要経費は、印刷費、表紙委託等の原稿料、イベント参加費、交通費、搬入・搬出に関する費用などです。これらは必要経費として主張しやすいですね。参考図書、セミナー参加費なども、内容によっては同人活動における経費として算定できるかもしれません。ただし、あまり関係のないもの、あるいは、完全に趣味なものに対する支出は、経費として認められない可能性があります。税務調査が入って、経費が否認された場合には、修正申告、あるいは追徴課税が行われる可能性があります。

　また、雑所得と本業の給与収入あるいは事業収入は損益通算できないので、同人活動で赤字計上して本業に関わる税金を減らすということはできません。

　その上で、確定申告書に記載します。個別案件についての相談については、税理士法による制限がありますので、税務署または税理士にご相談ください。

19.3 確定申告のいろは

小規模同人サークル主に向けた確定申告の基本的な流れを説明します。前提を以下の通りとします。

- 本業：サラリーマン(源泉徴収・年末調整を受けている)
- 副業：同人サークル主(一人サークル)
- 売上規模：同人誌売上　合計50万円(委託含む)
- 必要経費：印刷費、表紙イラスト原稿料、イベント参加費　合計20万

19.3.1 売上記録・帳簿をつける

確定申告をする前に、「確定申告に必要なデータを作る」という作業が必要になります。そのために、売上記録および帳簿をつけることが最初にやることになります。

在庫をカウントし、イベントごとの売上を集計します。

在庫数を数え、印刷数から引くことで、売上を把握することができます。厳密には、見本誌や交換した分の扱いもありますが、あまり細かくは触れません。あえて述べるなら、交換した本、献本した本は、印刷原価を「販促費」として計上できる可能性はありますが、小規模同人においては、印刷時の余部から出しており、印刷発注部数分の在庫数を売上として計上するのが簡単です。

また、在庫が(大量に)ある場合、印刷費を在庫と販売済分で按分する必要があります。例えば、200冊印刷して、在庫50部、頒布済150部の場合、当年経費として計上できるのは、頒布済みの分に相当する印刷費の75%（150部／200部）です。在庫は棚卸資産として繰り延べる必要があり、経費計上はできません。ただし、今回の計算では、簡単のため、完売したということにします。

次に、必要経費をまとめます。印刷費、イベント参加費、原稿料(表紙イラスト、寄稿等)、搬入のための宅配便費用、ポスター印刷や展示用資材の費用等の領収書を集めます。

これをお小遣い帳に記入します。

まず、収入と支出を分けて記載します。青色申告でも使える複式簿記で記帳することが望ましいのは当然ですがなかなかハードルも高く、一旦はお小遣い帳で構いません。

記入は、売上と必要経費を記入します。詳細記載した別紙を添付しても良いでしょう。確定申告書に記載する、収入と必要経費、所得の根拠資料となります。これを作った上で、利益が20万を下回っている場合は、そもそも確定申告する必要がなくなります。この帳簿が、税務調査等においての証拠となります。「売上はあったけれど、利益は出ていませんから、同人活動による納税義務は生じません」という主張の根拠になります。なお、税務調査に該当する確率はおよそ1%と言われています。このときに慌てることなく対応資料としても利用できます。またそもそも利益が出ているのかどうか、次の印刷部数および価格設定の参考にもなりますから、頒布実績の整理と、経費の整理はぜひやっておくべきです。

例として、以下のような項目をもって図19.1のようなお小遣い帳を作ります。

収入:合計　50万円

　・イベント売上：夏コミ25万

　・イベント売上：冬コミ15万

　・委託売上：10万

費用：合計　20万円

　・印刷費　15万

　・イラスト原稿料　3万

　・イベント参加費　夏コミ　1万

　・イベント参加費　冬コミ　1万

差し引き所得：30万

$50万 - 20万 = 30万$

図19.1: お小遣い帳

日付	摘要	収入金額	支出金額	残高
2月10日	夏コミ参加費		10000	-10000
7月10日	印刷費		150000	-160000
7月10日	表紙原稿料		30000	-190000
8月10日	夏コミ売上	250000		60000
8月20日	冬コミ参加費		10000	50000
12月31日	冬コミ売上	150000		200000
12月31日	委託売上	100000		300000

確定申告において、この30万円を、雑所得として記入します。

他に、給与の源泉徴収票、医療費のまとめ、ふるさと納税の領収書等を準備してから、確定申告を始めましょう。

19.3.2　確定申告書の実際

確定申告は、手書きでも作ることができますが、書類を貰いに行く必要があります。また、計算を自分でやらなければならないので面倒です。また、eTaxという電子申告の方法もありますが、個人認証カードの発行等少々面倒です。さらに、控除ができる青色申告も可能ですが、事前の申込みが必要な上に、複式簿記により記帳する必要があります。

したがって、本節では最も簡単に、かつ無料できる、国税庁の確定申告Webシステム「e-tax」[2]を利用し、白色申告により申告書を作成し、郵送により申告する方法について述べます。

無料システムの割に、必要十分な機能を備えており、説明の順に入力していき、最終的にpdfを出力してくれます。このpdfを印刷して、郵送すれば確定申告が完了します。対話形式で丁

2.https://www.keisan.nta.go.jp/kyoutu/ky/sm/top_web

寧に説明してくれますし、確定申告の流れを追う意味でも非常に便利なシステムだと考えます。

　データ集計をもっと便利にするために会計ソフトを使う、あるいは税理士に依頼することも可能ですが、それぞれ費用もかかります。確定申告ギリギリラインの方は、自分でさっさとやってしまうことをおすすめします。

　国税庁のHPから、確定申告用のWebページを開きます。この中の、書面提出を選択します。一番上の所得税コーナーを選択します。真ん中の左記以外の所得のある方(すべての所得対応)を選択します。

　所得入力のページに遷移しますので、図19.2のように記載します。夏冬の売上が40万、印刷費他で10万、また、委託については、委託先名と住所を記入します。

図19.2: 雑所得の入力

　これで、入力を終えると、図19.3のように、雑所得(7)の欄に、30万円が記入されます。なお、仮想通貨の取引、マイニング等に伴う収入、その他収入がある場合は、同時に雑所得として記入します。

　また、サラリーマンであれば、会社からもらった源泉徴収票に従って、給与所得欄に記入しましょう。源泉徴収票のどこを見ればよいのか色付きで書いてありますので、それに従います。他に事業所得や不動産所得等があれば、それも記入します。

　不動産売買や株式、FX等があれば、これらの下の段の「分離課税の所得」欄に記入します。

　源泉徴収票の転記入力まで終えた段階での所得の欄を、図19.3に示します。これで、所得の合計が(9)欄に計算されました。ここでは、416万円の所得があるという計算になりました。

　次は、所得控除の計算です。様々な保険料(社会保険、生命保険、損害保険等)や、扶養の有無により、負担すべき税額が異なるという思想から、所得から差し引かれるものです。多少語弊はありますが、生きていくための必要経費分を税金から差し引くものです。先に転記した源泉徴収票の部分はすでに入力されていますし、追加があればここで記載します。可能性が高いのは、医療費控除(11)と寄附金控除(16)でしょうか。

　医療費控除は、1年間にかかった医療費に応じて、所得が控除されるものです。控除額＝医療費合計 − 10万円。10万円を超える医療費がかかっている場合は、申請すると納税額が減りま

図19.3: 所得記入例

　す。今年は体調を崩したため、25万円の医療費がかかっており、15万円の控除が適用されます
という想定でいきましょう。

　ふるさと納税等の寄付行為を行った場合は、寄付金控除の欄に記入します。5万円のふるさ
と納税を行ったと仮定して入力しました。実質2000円で地方特産品が！という触れ込みはここ
から来るもので、2000円を引いた48000円の控除が(16)欄に記入されています。

　これで、控除額の計算が終わりました。控除欄の例を図19.4に示します。所得控除額の合計
は1,118,000円になります。

図19.4: 所得控除欄の記入例

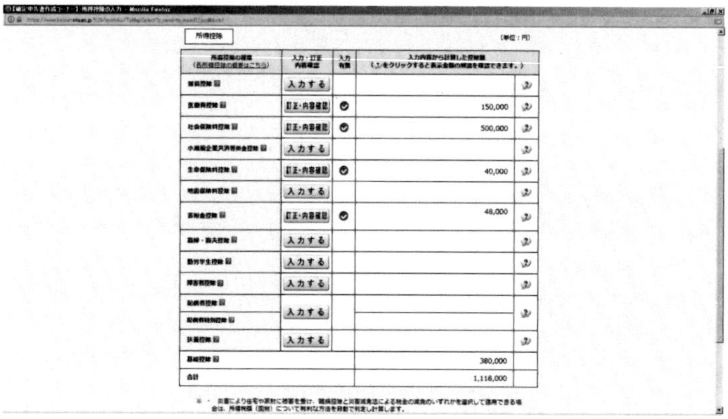

　ここまでくれば後はほぼ自動です。図19.5に税金の計算部分の結果を示します。

　所得額(9) − 所得控除額(25) ＝ 課税所得(26)となり、確定申告書の右上、(26)の枠に課税される
所得金額が記入されています。(27)の税額は自動計算されます。日本の現在の所得税は累進課
税になっているので、課税所得額によって適用される税率は異なります。

　次が、税額控除です。税額控除は、税金から直接控除されるもので、いわゆる住宅ローン減
税がある方等がここに該当します。該当がなければ、次におくって構いません。

　税額控除適用後の差し引き所得税額、復興特別税額等が自動で記載され、最後に、源泉徴収

図19.5: 納税額の計算

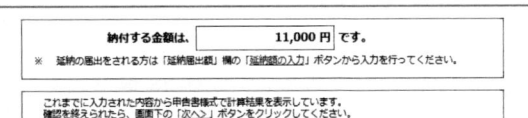

納付する金額は、			**11,000 円**	です。

※ 延納の届出をされる方は「延納届出額」欄の「延納額の入力」ボタンから入力を行ってください。

これまでに入力された内容から申告書様式で計算結果を表示しています。
確認を終えられたら、画面下の「次へ>」ボタンをクリックしてください。

収入金額等

事業	営業等	(ア)	
	農業	(イ)	
不動産		(ウ)	
利子		(エ)	
配当		(オ)	
給与		(カ)	5,500,000
雑	公的年金等	(キ)	
	その他	(ク)	500,000
総合譲渡	短期	(ケ)	
	長期	(コ)	
一時		(サ)	

所得金額

事業	営業等	(1)	
	農業	(2)	
不動産		(3)	
利子		(4)	
配当		(5)	
給与	区分	(6)	3,860,000
雑	公的年金等 その他	(7)	300,000
総合譲渡・一時 (ク)+{((コ)+(サ)}×1/2}		(8)	
合計		(9)	4,160,000

収入金額・所得金額を修正する

所得から差し引かれる金額（所得控除）

税金の計算（税額控除等）

課税される所得金額 ((9)-(25))又は第三表	(26)		3,042,000
上の(26)に対する税額 又は第三表(86)	(27)		206,700
配当控除	(28)		
投資税額等控除	区分	(29)	
（特定増改築等） 住宅借入金等特別控除	区分	(30)	
政党等寄附金等特別控除	(31)～(33)		0
住宅耐震改修特別控除 住宅特定改修・認定住宅 新築等特別税額控除	区分	(35)～(37)	
差引所得税額 ((27)-(28)-(29)-(30)-(31) -(32)-(33)-(35)-(36)-(37))	(38)		206,700
災害減免額	(39)		
再差引所得税額 （基準所得税額） ((38)-(39))	(40)		206,700
復興特別所得税額 ((40)×2.1%)	(41)		4,340
所得税及び復興特別所得税の額 ((40)+(41))	(42)		211,040
外国税額控除	区分	(43)	
所得税及び復興特別 所得税の源泉徴収税額	(44)		200,000
所得税及び復興特別 所得税の申告納税額 ((42)-(43)-(44))	(45)		11,000
所得税及び復興特別 所得税の予定納税額 （第1期分・第2期分）	(46)		
所得税及び復興 特別所得税の第3 期分の税額 ((45)-(46))	納める税金	(47)	11,000
	還付される税金	(48)	

額と差し引きされ、税額に不足があれば追加で納付することになります。今回のモデルケースでは、11000円の追加納付が必要であることがわかります。

住所等を案内に沿って入力すると、pdfを出力可能な画面に遷移します。ここからpdfを出力するとともに、これまでに入力したデータを保存しておきましょう。なお。入力データの保存は、他のページでも可能です。

最終的に出力されたpdfを開いてみましょう。

図19.6に示す確定申告書Ｂ表の1ページ目には、収入と所得、控除の合計と、税額の計算が記載されています。図19.7に示す確定申告書Ｂ表の2ページ目には、その計算の根拠として、これまでに入力した様々な事項に関する事項が記載されています。

出力したpdfは印刷して、添付書類とともに、所轄の税務署に期限内（通常3月15日まで）に提出すれば完了です。返信用封筒を入れておくと、受領印を押した控え用紙が半月から1ヶ月ほどで返送されてくるはずです。

追加納付については、金融機関での納付、クレジットカードでの納付、口座引き落としでの納付等がありますので、期限までに支払手続きを取ります。

		税務署長						FA0123	

30 年 2 月 28 日　平成 29 年分の所得税及び復興特別所得税の確定申告書 B

住所（又は事業所・事務所・居所など）: 100-0001　東京都千代田区千代田ほげ

フリガナ　ヤマダ　タロウ
氏名　山田 太郎
生年月日　3 55 01 01
電話　090-1234-5678

（単位は円）

収入金額等

事業 営業等	㋐	
事業 農業	㋑	
不動産	㋒	
利子	㋓	
配当	㋔	
給与	㋕	5500000
雑 公的年金等	㋖	
雑 その他	㋗	500000
総合譲渡 短期	㋘	
総合譲渡 長期	㋙	
一時	㋚	

所得金額

事業 営業等	①	
事業 農業	②	
不動産	③	
利子	④	
配当	⑤	
給与	⑥	3860000
雑	⑦	300000
総合譲渡・一時	⑧	
合計	⑨	4160000

所得から差し引かれる金額

雑損控除	⑩	
医療費控除	⑪	150000
社会保険料控除	⑫	500000
小規模企業共済等掛金控除	⑬	
生命保険料控除	⑭	40000
地震保険料控除	⑮	
寄附金控除	⑯	48000
寡婦、寡夫控除	⑰⑱	0000
勤労学生、障害者控除	⑲⑳	0000
配偶者（特別）控除	㉑㉒	0000
扶養控除	㉓	0000
基礎控除	㉔	380000
合計	㉕	1118000

税金の計算

課税される所得金額	㉖	3042000
上の㉖に対する税額	㉗	206700
配当控除	㉘	
（特定増改築等）住宅借入金等特別控除	㉚	
政党等寄附金等特別控除	㉛㉜㉝	0
差引所得税額	㊱	206700
災害減免額	㊲	
再差引所得税額（基準所得税額）	㊳	206700
復興特別所得税額（㊳×2.1%）	㊴	4340
所得税及び復興特別所得税の額（㊳＋㊴）	㊵	211040
外国税額控除	㊶	
所得税及び復興特別所得税の源泉徴収税額	㊷	200000
申告納税額	㊸	11000
予定納税額	㊹	
納める税金	㊼	11000

その他

配偶者の合計所得金額	㊾	
専従者給与（控除）額の合計額	㊿	
青色申告特別控除額	51	
雑所得・一時所得等の所得税及び復興特別所得税の源泉徴収税額の合計額	52	
未納付の所得税及び復興特別所得税の源泉徴収税額	53	
本年分で差し引く繰越損失額	54	
平均課税対象金額	55	
変動・臨時所得金額	56	
申告期限までに納付する金額	57	0 0
延納届出額	58	0 0

整理欄: 1　4

国税庁 HP(2018:02:25:00:39:53, 74)

19.4　まとめ

　以上、同人誌の収益を確定申告するにあたっての基本的な流れについて、実例を元に一通り追いました。あくまで一例であり、個別の案件については、税務署または税理士にご相談ください。

　また、基本的な部分は同じではありますが、税に関する細かい運用は比較的頻繁に変わります。国税庁のシステムを利用する場合は最新運用になっているのでよいのですが、会計ソフト等を使って出力する場合は注意する必要があります。

図 19.7: 確定申告書 B 表 2 ページ:所得や雑収入、控除額の内訳

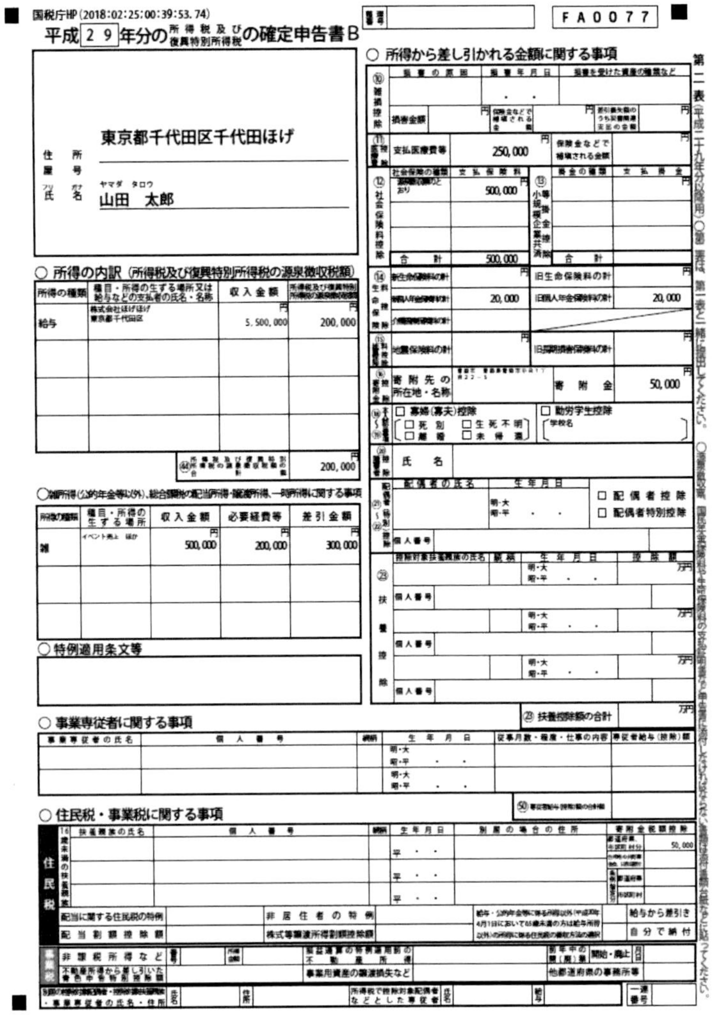

第20章　やる気と次の締切を手に入れよう

||||||||||||||||||||||||||||||||||||||||||||||||||||||||||||||||||||||||||||||||||||||||||||||||||
人は締切がないと動きません。ですから、イベントが終わって一息ついたら、次の締め切りを手に入れましょう。この章ではその方法について述べます。(Text：親方)
||||||||||||||||||||||||||||||||||||||||||||||||||||||||||||||||||||||||||||||||||||||||||||||||||

20.1　締め切り駆動執筆のススメ

　まず、皆さんは締め切り駆動開発[1]という言葉を聞いたことがあるでしょうか？締め切りを決めて、その直前に一気に書き上げる極めて有名な開発手法です。

　進捗は締切から生まれます。アイディア出しなどは締切があってこそです。技術書を書く第一歩は締切を決めることです。間違ってもネタを探し始めるところから始めてはいけません。締切がない状態ではいつまでたってもネタは生まれません。

　締切はどこにでも転がっています。

　大きい締切は当然イベント参加ですから、その入稿日が締め切りになります。技術書典あるいはコミケの締め切りをチェックしましょう。

　次に大きい締切は、イベント申込の締め切り日です。夏コミ申し込みなら2月10日頃、冬コミ申し込みなら8月20日頃です。技術書典なら、2018年4月開催ならば同年1月でしょうか。この時期にサークルカットを作らなければいけないので、どんな本を作るかの大枠を決める必要があります。

　あとは、いかに小さな締切を確保し、設定するかです。原稿が進むわけではないですが、LT会などには「できれば登壇側で」積極的に参加しましょう。そうすると資料作りなどで脳みそを執筆モードに維持することができます。脳みそが執筆モードになっているときは、締切が多少遠くとも原稿が進みます。

　また、もくもく会の効果は非常に大きいです。もくもく会は、みんなで集まってもくもくと自分の作業をすすめる会です。2時間とか4時間とか時間が区切られていて、その間の成果を報告したりもします。自宅作業が進まない人は参加してみると良いでしょう。技術書典の公式もくもく会や、技術書もくもく会など、初めての人でも参加しやすいもくもく会はいくつかあります。

---

1. アンサイクロペディア-締め切り駆動開発　http://ansaikuropedia.org/wiki/締め切り駆動開発/

そこで本の目次を考えるもよし、本文を書くもよし。めっちゃ進みます。特に会の後半、もっというと終了間際の進捗は目をみはるものがあります。筆者も技術書典3の前に開催された公式のもくもく会では、4時間で7000字程度字の進捗があり、かつ最後の30分だけで2000字をすすめることができるなど、10ページレベルの原稿を一気に進めるだけの進捗効果があります。

20.2　モチベーションを飼いならせ：締め切りの決め方

同人誌執筆に限らず、何かを生み出す作業・活動は一般にかなりエネルギーを食います。なので、少なくとも健康であることが決定的に重要です。そしておそらく皆さん本業があって、そのスキマ時間に執筆活動・創作活動をやっているかと思います。ということは、日々使える時間はわずかでしょう。

私の場合は子供を寝かしつけてから、0時までの約2時間がこれに充てられる時間。この中で、定期のアニメ（1クール3〜4本）をニコニコで見て、ツイッターのTLを巡回して……などやっていると、あっという間に時間切れになります。同人誌執筆の優先順位は締め切り間際にならないと上がってきません。ですが、コンスタントになんとか毎回本を出せています。そこで、締め切りを適切に設定して、モチベーションを飼いならす方法をお伝えします。

20.2.1　モチベーションカーブの把握

図20.1: モチベーションカーブ記入用枠

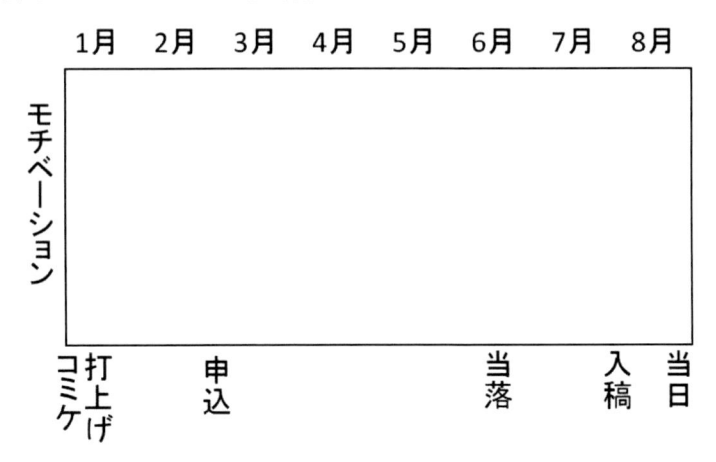

まずは、自分のモチベーションを可視化してみましょう。図20.1に、モチベーションを定量化するための枠を作ってみました。冬コミ終了後の1月1日から、夏コミ(8月中旬)に向けてのスケジュールで引いています。それぞれ、申込み、当落発表、入稿、等の予定も入れてあります。冬コミや技術書典などは月を振り直してください。

次に、時期に応じたモチベーションを書いてみましょう。やる気がドバドバ出ているとき（あ

るいは修羅場モード）は100%、全くやる気が出ないとき（ネットサーフィンとかで時間を潰しているときですよ）は0、ある程度やる気が出ているときは50くらいでしょうか。それで、線を1本引いてみましょう。どうなりましたか？それが、あなたのモチベーションカーブです。定常的にやる気が出せている、と自信を持って言える人は、この節は飛ばしてOKです。頑張って自力で本が作れる人なので手助けは必要ありませんし、できません。では常に0のひと。とりあえずなんでもいいので、エディタを開いて、書いてみましょう。書き始めてみると案外書けます。脳というのは、嫌々でも手を動かすとやる気が出てくるらしいですよ。

筆者の場合を図20.2に示します。デッドライナーに一般に当てはまるようです。打ち上げのときの万能感、翌日には一気にゼロまで落ちて、それからしばらくゼロを低迷します。ようやくイベント申し込みで少し盛り上がり、再度落ちて、入稿直前に盛り上がってきます。実質1週間2週間で本を書き上げ、入稿して、そのままのテンションでイベント当日を迎えます。

図20.2: 締め切りドリブンな人のモチベーションカーブ

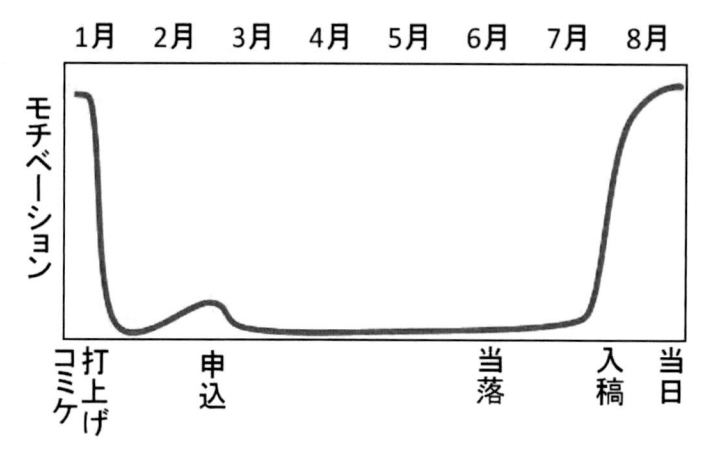

こうなる人もこうならない人も、いるかと思いますが、いずれにせよ自分のモチベーションカーブを把握しておくことは重要です。初めて本を書くにあたっては、できるだけ前倒しにしたいところですが、そうはいってもやる気が出ないものは出ないのでジタバタしましょう。

20.2.2　モチベーションカーブの根拠

さて、上でモチベーションカーブについて述べました。モチベーションカーブは、自分の場合はこうかな、ということで、PowerPointのフリー曲線で作ったものです。しかし、そういう意味では、本当に存在するかどうかは怪しいところだと思っていました。

そこで、モチベーションカーブが正しいのか検証したいと思います。Githubの機能で、アクティビティを可視化する機能がありましたので、それを使います。

この本の執筆は、Github+Re:VIEWの多人数同時執筆という形で実施しました。Twitterに最初の投げかけをしたのが10月末、その後えるきちさんと別イベントで会ったときに意気投合

し、Gitとテンプレートの初期設定をやっていただいたのが11月1日で、それからの活動状況をグラフにしたものを貼ります。期間の調整のしかたがよくわからなかったので、そのままスクリーンショット貼り付けです。期間外については、もともとのTechboosterのほうの活動が反映されてるということでしょうか…

図20.3: 本稿執筆時のアクティビティ

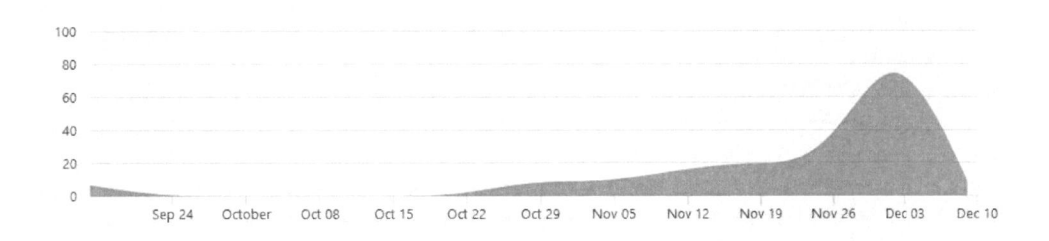

Contributions to master, excluding merge commits

図20.4: 人別アクティビティ

なんと見事なモチベーションカーブでしょう。12月3日ごろにピークが来ているのは、そこが一旦の締め切りだったためで、そのあとも、レビューによる若干の追記、修正を実施していたためですが、いずれにせよ、皆さん締め切りドリブンですね。いやまさか、モチベーションカーブを可視化できる日が来るなんて……ありがたやありがたや。

‖‖‖

Gitと「わかばちゃんと学ぶGit使い方入門」

繰り返しになりますが、この同人誌が成立するにあたっては、湊川さんの著書、「わかばちゃんと学ぶGit使い方入門」の寄与が非常に大きいです。プログラマではない私にとって、Gitはただのソースコードをダウンロードするところ。という認識でした。ですが、今回使ってみて、目からうろこがボロボロ落ちました。

‖‖‖

20.2.3　締め切りの設定：早割締め切りを使おう

モチベーションカーブを把握したら、次にやることは、締切の設定です。とにかく締切が決まらないと人間動けません。イベント日程が決まっているなら、その3週間前にマルを付けます。あるいは、印刷所のHPを開いて、そのイベント合わせの締切日を探します。

大きなイベントであれば、専用ページに各種締め切り一覧が記載されているはずです。そのページの中で、一番早い締切を締め切りに設定します。早い締切とは、早割の締切です。この早割締め切りに向けて、締め切り直前に全力を出すのです。間違っても、通常入稿締め切りや、割増締め切りを見てはいけません。

締め切り前の1週間のモチベーションが高いことは先に述べました。であるなら、締め切り直前が重要であり、締め切りは伸ばしたほうがよいではないか、という指摘もあろうかと思います。ここで、再度さっきのモチベーションカーブを見てみましょう。モチベーションが上がってくるのは締め切りの直前ですが、締切を1週間後ろにずらしてみましょう。その時のモチベーションカーブはどうなりますか？その場にとどまりますか？いいえ、締切に連動して、後ろに伸びます。ということは、モチベーションゼロの期間が1週間伸びるだけなのです。断言します。締め切りを1週間伸ばして鬼入稿しても、ページ数は増えないし、クオリティは上がりません。

20.2.4　早割のメリットを最大限に活かす！

逆に、早割を使うと、大きなメリットがいくつもあります。

メリットの一つ目は、印刷費のカットです。印刷業者は大きな装置産業なので、印刷機を遊ばせていては儲かりません。ですから、注文が少ない時期は大幅に割引をしてくれます。イベントの2週間前より3週間前のほうが安くなります。この割引率はかなり大きく、1割2割の割引はザラです。

もう一つのメリットは、進捗のバッファになる点です。コミケで言えば、冬コミ締め切り直前にインフルエンザに罹りました、夏コミ入稿前に夏風邪ひきましたなどありえます。この時鬼入稿締め切りをターゲットにしていると、本当に詰みます。早割締め切りから通常締め切り、鬼入稿締め切りまで1週間程度あるので、通常料金、最悪割増料金で対応できます。不測の事態の代償がお金で解決できるので問題ありません。

　そして、締切を設定してしまえば、手さえ動かし始めれば、やる気は勝手に出てきます。これで、印刷費をカットしつつ、バッファも持って、余裕ある執筆が可能となるのです。

ネタ出し兼やる気出し法

　おすすめは、いきなりパソコンに向かわず、大きめの紙（最低A4、大きい方が良い）に、今回作りたい本に入れたいネタを手書きで書き出してみましょう。思いついたものをとにかく書き出します。消しゴムは不要、フリクションボールペンは消えるのでやめましょう。書き味の良いボールペンがベスト。

　書き出したキーワード、目次になりそうなものをピックアップして、並べてみます。ほら、目次ができました。目次ができたらあとはさらに細かい目次を付け加えていき、肉付けをするだけです。目次ができたら、すでに8割方「勝ち」です。

20.3　次の締め切りを手に入れよう

　やる気を出すためには、次の締め切りを手に入れる必要があります。締め切り駆動執筆の本領が発揮されます。締め切りさえ手に入れてしまえばもう勝てます。

　まずは、イベントに申し込むのです。

　そして、本を書くのです。

　書いた本を印刷して、イベントで売るのです。

　次のイベントに申し込むのです。

　ようこそ、楽しい無限ループの世界へ。

付録A　Re:VIEWのインストール（Windows 7編）

||||||||||||||||||||||||||||||||||||||||||||||||||||||||||||||||||||||||||||||||||||||||||||||||||||||||||||||||||||||||||||
この章では、Windows 7ユーザーに向けて比較的簡単なRe:VIEWのインストール方法を紹介します。（Text：暗黙の型宣言）

||||||||||||||||||||||||||||||||||||||||||||||||||||||||||||||||||||||||||||||||||||||||||||||||||||||||||||||||||||||||||||

　Re:VIEWのインストール方法などを調べると、Dockerを使うのが簡単だと書いてあったりします。Techboosterさんの書籍[1]やQiitaを調べても、それ以外の方法はあまり出てきません。かろうじてCygwinを使う方法が出てくるぐらいでしょうか。WindowsだとそもそもDockerを使えるようにすること自体が大変です。Cygwinのインストールにも非常に長い時間がかかります。Windows 10であれば、Windows Subsystem for Linuxを使う方法もありますが、Windows 7ユーザーはこれらの情報からRe:VIEW環境を構築することは一仕事です。

　Windowsユーザー（特にWindows 8より前のWindowsユーザー）は、PCにプログラムをインストールする時、インストーラーをインターネットからダウンロードして、それらを実行してインストーラーの指示に沿って作業していくことに慣れていると思います。この章で紹介するのは、たった二つのインストーラーをダウンロードしてインストールするというWindowsユーザーが慣れているやり方です。第7章で説明していますが、Re:VIEWはRubyと呼ばれるプログラムを介して原稿を処理します。そして、PDFを出力する際にTeXと呼ばれる組版ソフトを使っています。つまり、TeXとRubyとRe:VIEWをインストールする必要があるわけです。最初にTeX、次にRubyをインストールして、最後にRubyを使ってRe:VIEWをインストールしていきます。TeXとRubyのどちらを先にインストールしても問題ありませんが、Re:VIEWのインストールにはRubyが必要です。

A.1　TeXのインストール

　TeXと呼ばれるソフトには、実は色々なバリエーションがあります。オリジナルのTeXに色々な拡張が加えられているからです。Windowsで使えるTeXとしては、W32TeXやTeXLiveがあります。ここでは、W32TeXを使った手順を紹介します。なぜかって？それはこの章の著者が元々W32TeXを使っていたからです:-)。

1.Techbooster 編著、技術書を書こう〜初めての Re:VIEW〜、2015

A.1.1 インストーラーのダウンロード

あべのりさんのページ[2]から、TeX インストーラ 3 をダウンロードしましょう。ページ下部に、執筆時点での最新版（0.85r3）へのリンクが張られているので、リンクをクリックして zip ファイルをダウンロードしましょう。

昔話になりますが、昔は Windows に TeX をインストールするのは一仕事でした。このインストーラーが公開されてから、インストールがとても楽になりました。

A.1.2 インストールの実行

ダウンロードしたら zip ファイルを解凍しましょう。解凍された abtexinst フォルダの中にある abtexinst.exe がインストーラーの本体です。abtexinst.exe をダブルクリックするとインストーラーが起動して図 A.3 に示す画面が現れるので、順を追ってインストールしていきましょう。

図 A.1: W32TeX インストーラーの解凍

図 A.2: W32TeX インストーラーの実行ファイル

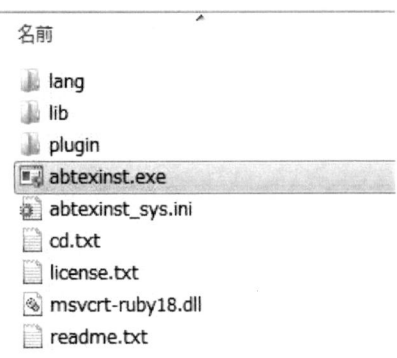

2.http://www.math.sci.hokudai.ac.jp/~abenori/soft/abtexinst.html

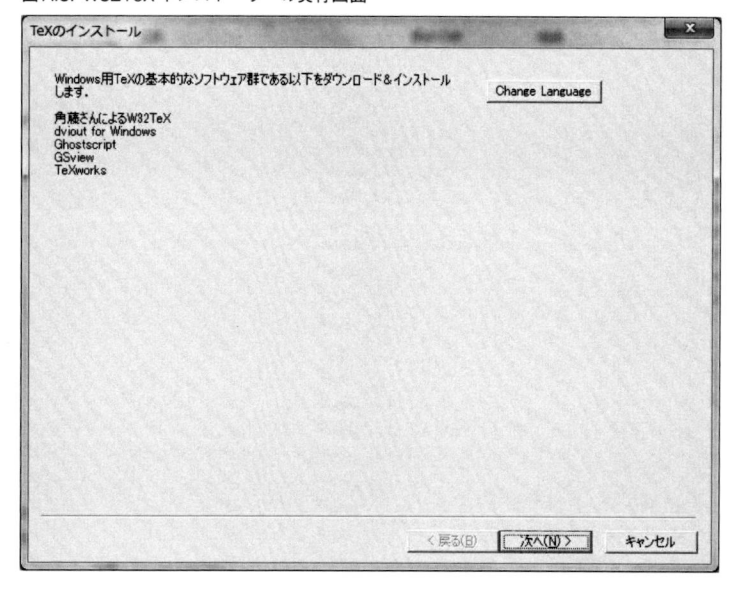

[次へ（N）>]ボタンを押すと、TeX をインストールするフォルダや、TeX をダウンロードするサイトを設定する画面が現れます（図 A.4）。インストール作業をしている PC でインターネットが見られるのであれば、基本的には何も変更する必要はありません。もしインストール作業中にファイルがダウンロードできないというエラーが出た場合は、ここの URL を別の URL に変更してみてください。

図 A.4: インストール先とインストール用ファイルの URL の設定

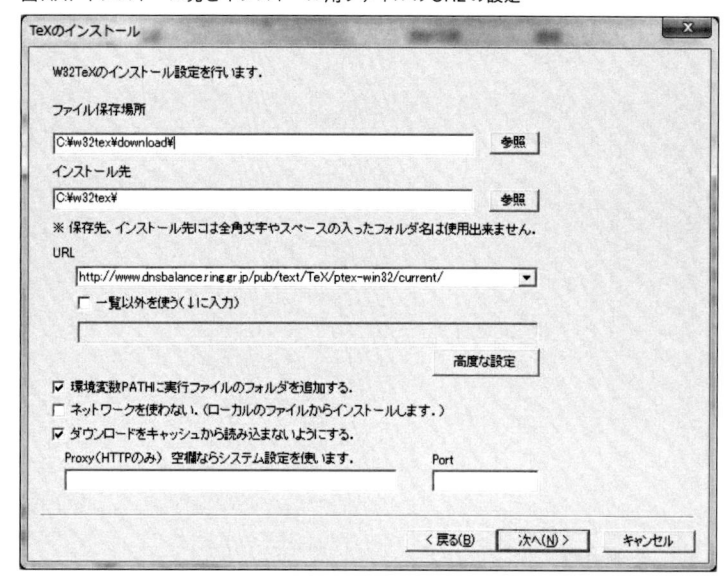

この章の著者の一人は、インストールするフォルダの名前を w32tex から TeX に変更していま

す。C:\TeX\と書かれている箇所が登場したら、ここを皆さんの設定したフォルダの名前に置き換えながら読んでください。Windows 7のユーザー設定によっては、Cドライブ直下にフォルダを作れないことがあります。その場合はインストールするフォルダを変更してください。

図A.5: 筆者の設定

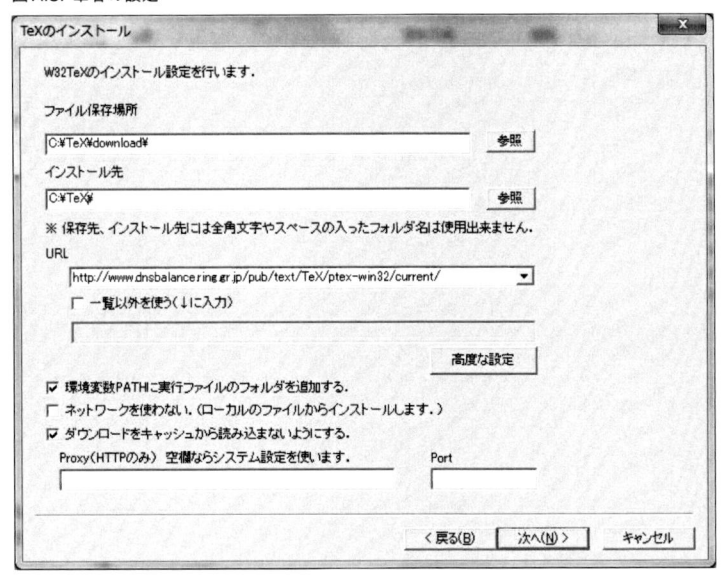

[次へ（N）>]ボタンを押すと、dviout, Ghostscript, GSview のインストール設定の画面が現れます（図A.6）。ここも特に何も変更しなくてもかまいません。もしインストール作業中にファイルがダウンロードできないというエラーが出た場合は、これらのURLを別のURLに変更してみてください。dviout は TeX を直接使って原稿を編集したときに仕上がりを確認するためのソフトです。Ghostscript や GSview は図を埋め込むために TeX から使われるだけです。Re:VIEW で原稿を書くのであれば、これらのソフトを立ち上げることはありません。

図 A.6: dviout, Ghostscript, GSview のダウンロード URL の設定

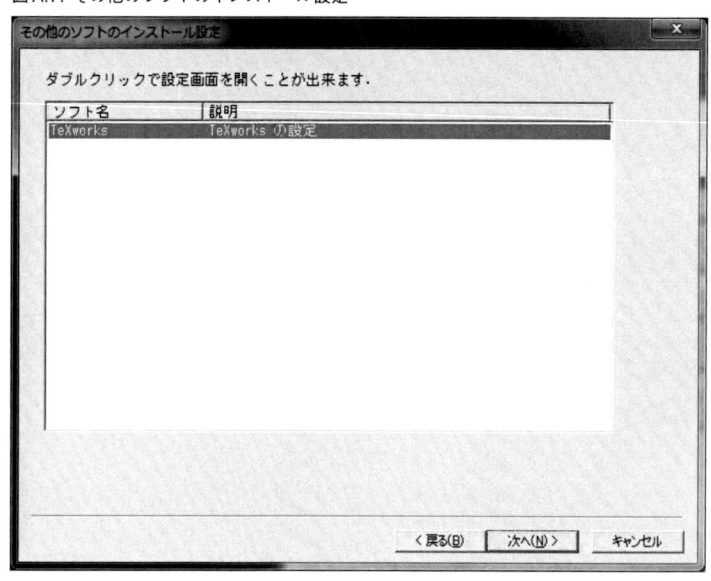

[次へ（N）>]ボタンを押すと、TeXWorks の設定をする画面（図 A.7）が現れますが、TeXWorks はインストールしませんので、このまま[次へ（N）>]を押してください。

図 A.7: その他のソフトのインストール設定

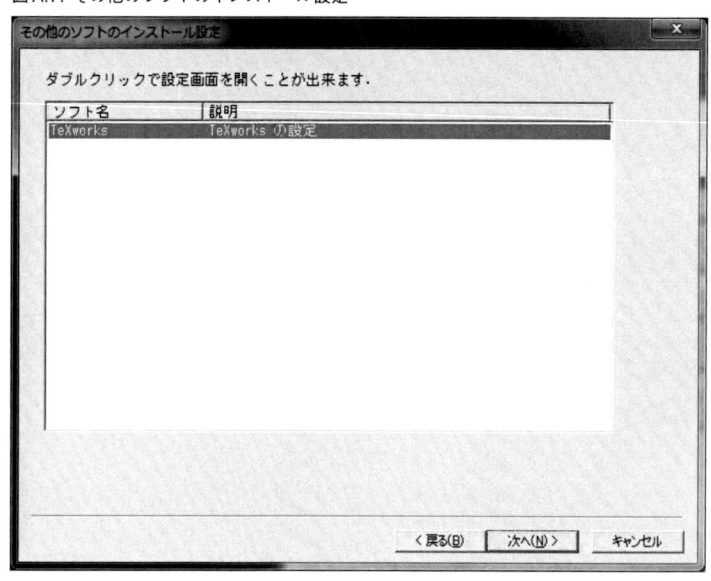

ダウンロードするファイルを選択する画面（図 A.8）に進みます。これも変更する必要はありません。インストーラーが必要なファイルを見繕ってくれています。

図A.8: インストールするファイルの一覧

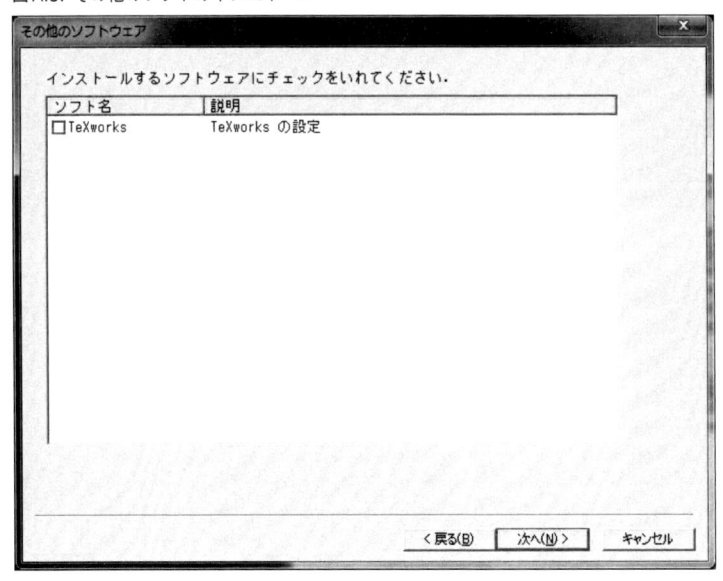

[次へ（N）>]ボタンで先に進むと、TeX以外にインストールするソフトウェアを選択する画面（図A.9）に遷移します。TeXWorksはインストールしないので、チェックを外して次へ進みましょう。

図A.9: その他のソフトのインストール

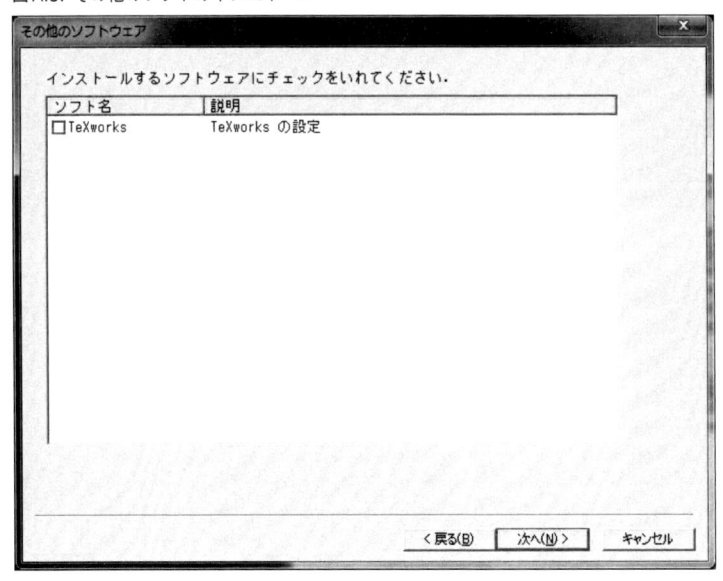

ファイルのダウンロードが始まります。回線が速いと5分くらいで全てダウンロードできますが、遅い場合にはしばらくかかる可能性があります。ダウンロードを待っている間に、この本を読み進めて予習をしておくとよいかもしれません。全てのファイルが無事ダウンロードさ

れると、TeXのインストールが始まります。ここまでくると失敗することはないと思います。

図A.10: インストール用ファイルのダウンロード

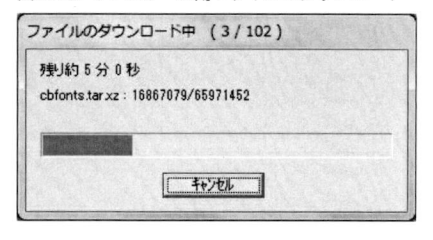

図A.11: インストール進行中

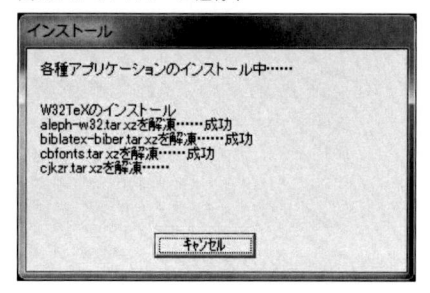

A.1.3　Ghostscritp, GSview, dvioutのインストール

　TeXのインストールが終わるとGhostscriptのインストールが始まります（図A.12）。[Next>]
を押してライセンス条項（図A.13）を読み、同意できるなら[I Agree]を押し、インストールす
るフォルダを確認して[Install]を押す（図A.14）とインストール完了画面が表示されます（図
A.15）。Show Readmeのチェックを外して[Finish]ボタンを押すとGhostscriptのインストール
が完了します。

図A.12: インストーラーの起動（Ghostscript）

図A.13: ライセンスの確認（Ghostscript）

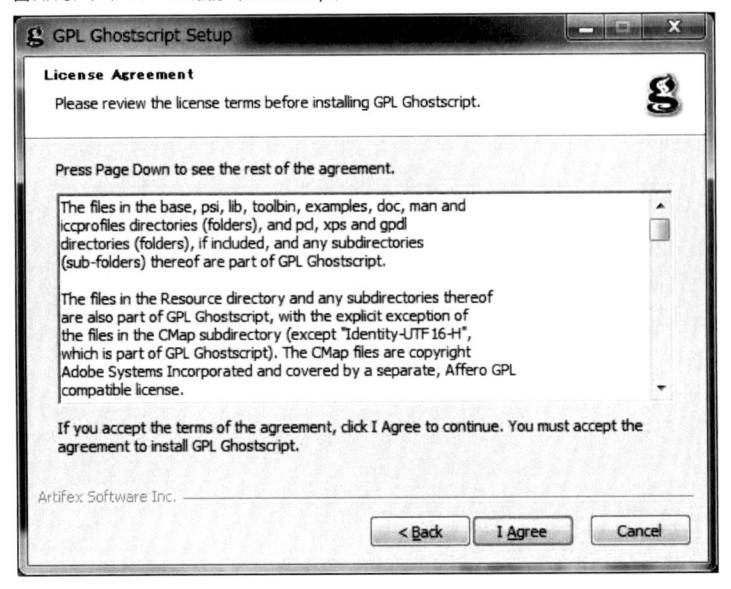

図A.14: インストール先の設定（Ghostscript）

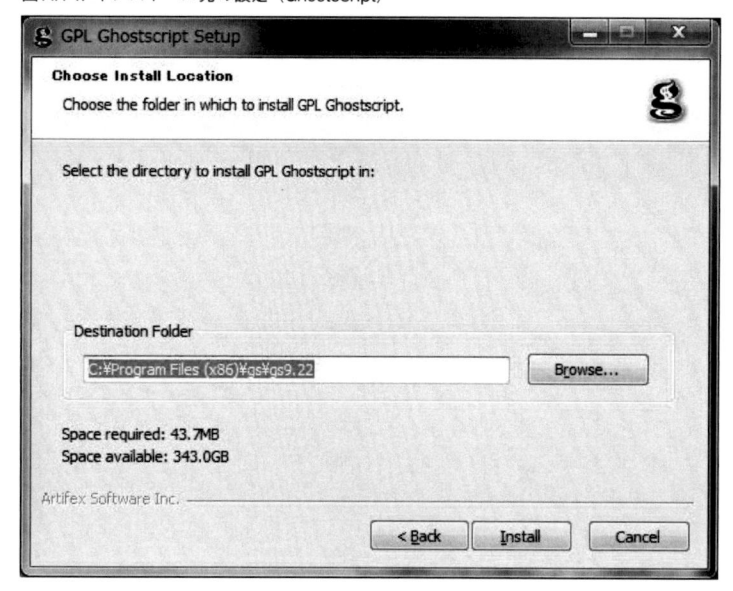

図A.15: インストール完了（Ghostscript）

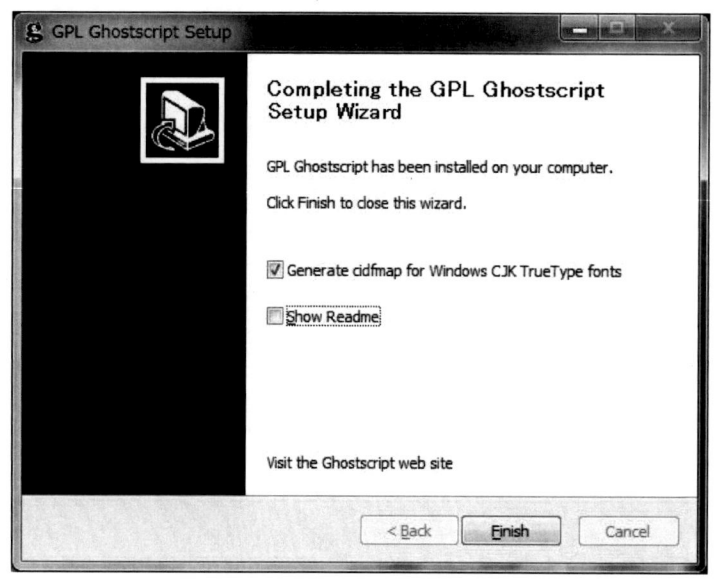

　つづいてGSviewのインストールが始まります（図A.16）。[Setup]ボタンを押すと言語の選択画面（図A.17）になりますが、日本語はないので[English]を選びます。以降は特に変更する必要はないので、ひたすら[Next]ボタンを押していきます（図A.18-図A.22）。最後に現れる画面（図A.23）で[Finish]を押すとインストールが進み、Instrall successfulとだけ表示された画面が現れたら、[Exit]ボタン押してインストールを終了します。

図 A.16: インストーラーの起動（GSView）

図 A.17: インストールする言語の選択（GSView）

図 A.18: 確認画面（GSView）

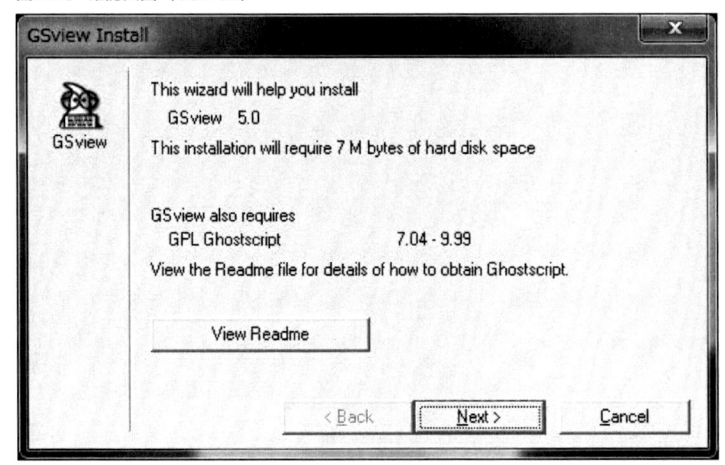

図A.19: ライセンスの確認（GSView）

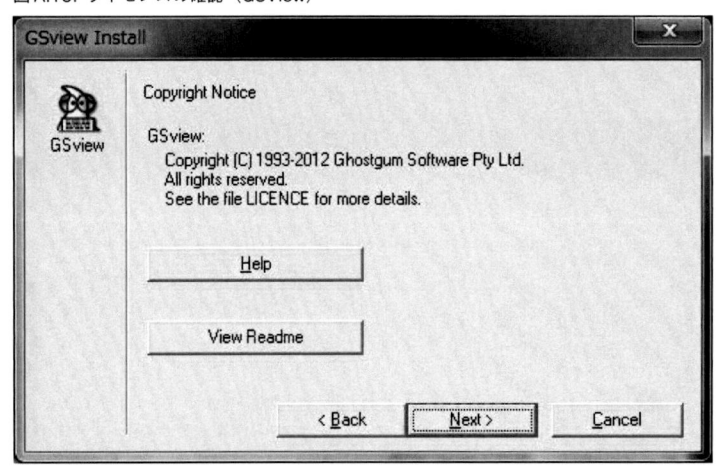

図A.20: ファイル拡張子の関連付け（GSView）

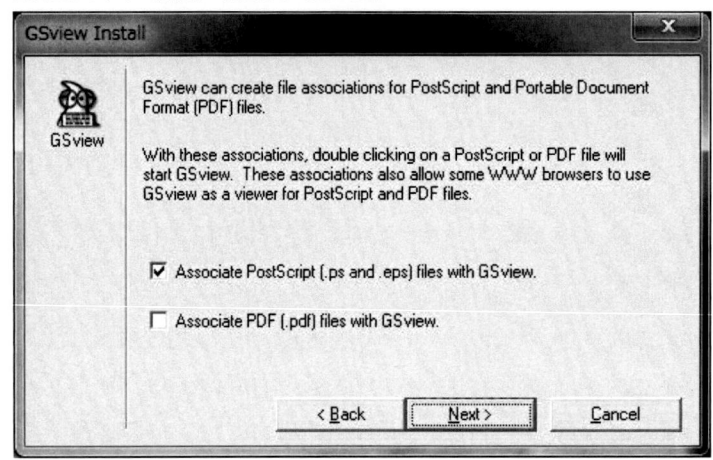

図A.21: インストール先の設定（GSView）

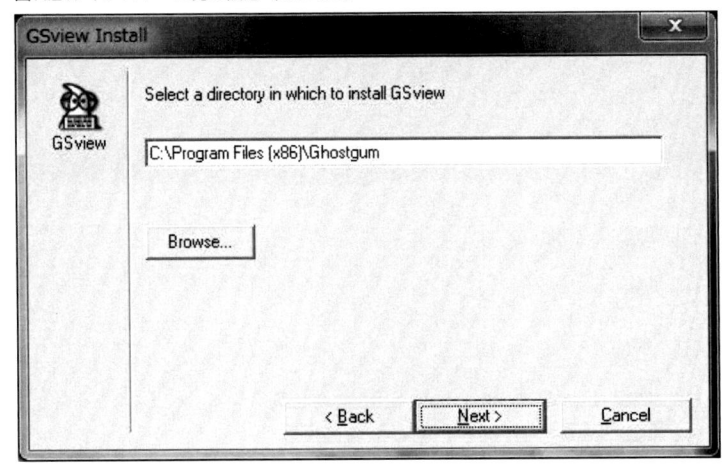

図A.22: スタートメニューへのフォルダの登録（GSView）

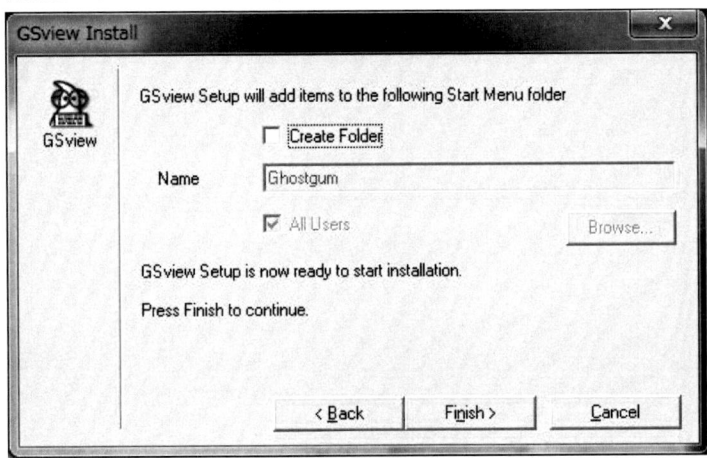

図A.23: インストール完了（GSView）

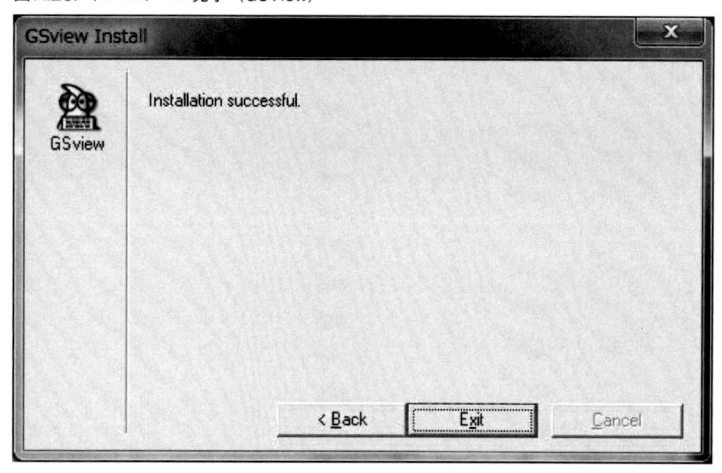

最後にdvioutのインストールをしますが、これは現れた画面でインストールするフォルダを指定して[OK]を押すだけです（図A.24）。通常は表示されているフォルダから変更する必要はありません。

図A.24: インストーラーの起動（dviout）

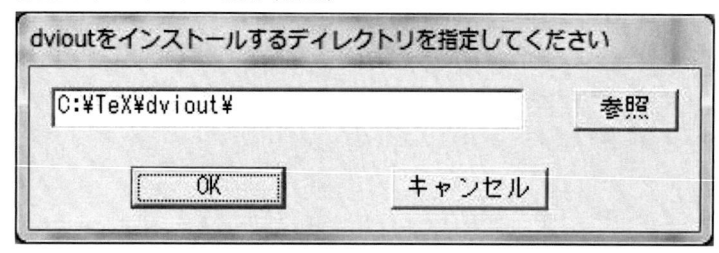

全てのインストールが完了すると、TeXのインストーラーの画面（図A.25）に戻ってきます。完了ボタンを押すと図A.26のダイアログが現れて再起動するか問われるので、再起動しましょう。プログラムをインストールしてPCを再起動している間、次にPCが起動するとプログラムが使えるようになっているんだと思うとワクワクしませんか？この時間がWindowsを使う醍醐味だと思うのです。

図A.25: インストール完了画面

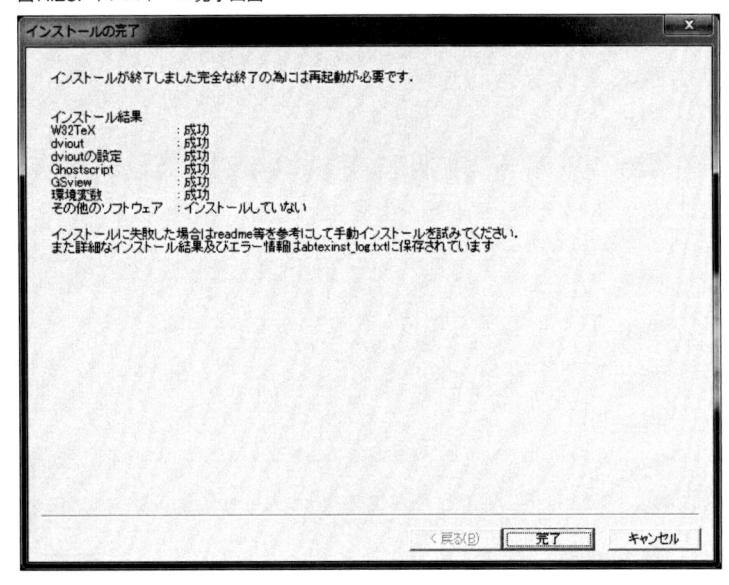

図A.26: Windowsの再起動

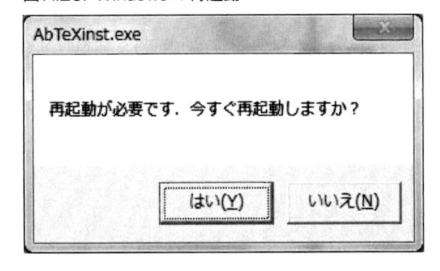

A.1.4 動作確認

PCが起動したら、TeXが使えるようになっているか確認しましょう。TeXをインストールしたフォルダ（C:\TeX、皆さんがフォルダを変更していればそのフォルダ）を開き、図A.27に示すようにアドレスバーにcmdと入力してエンターキーを押すと、コマンドプロンプトが起動します。

図A.27: コマンドプロンプトの起動

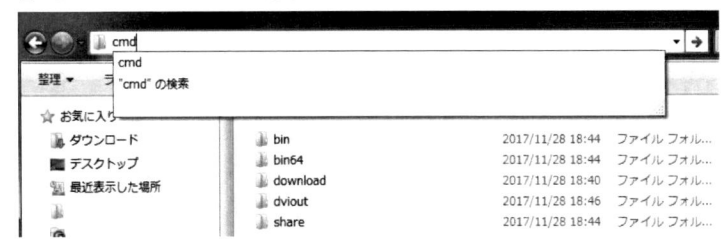

起動したコマンドプロンプト内でplatexと打ってエンターを押してみましょう。

```
> platex
```

次のようなメッセージが表示されればインストール成功です。

```
This is e-pTeX, Version 3.14159265-p3.7.1-161114-2.6 (sjis) (TeX Live
2016/W32TeX) (preloaded format=platex)
  restricted \write18 enabled.
  **
```

Ctrl+Cを入力してplatexを終了し、右上の[×]ボタンでコマンドプロンプトを終了してください。実際の画面は図A.28のような感じです。

図A.28: platexの動作確認

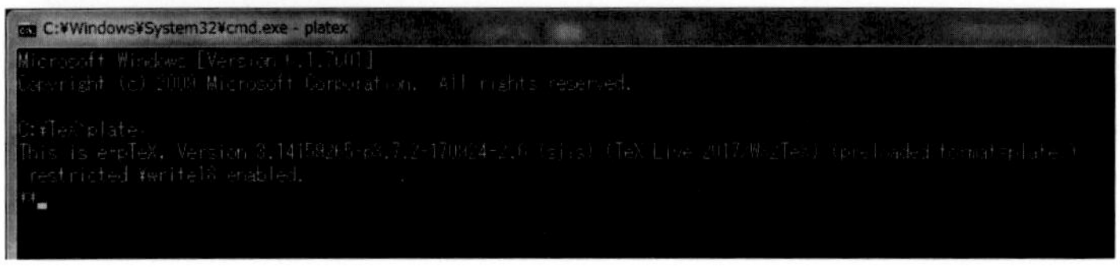

あまり想像したくありませんが、もし、「'platex'は、内部コマンドまたは外部コマンド、操作可能なプログラムまたはバッチ ファイルとして認識されていません。」と表示されたときは、何かがうまくいっていません。インストール中にエラーが出なければ、Pathの設定だと考えられます。原因について検討が付かない場合はインストールをやり直すか、パソコンの詳しい人に酒でもおごってみてもらいましょう。

A.2　Rubyのインストール

A.2.1　インストーラーのダウンロード

無事にTeXがインストールできたら、次にRubyをインストールします。WindowsにRubyをインストールするには、RubyInstaller for Windowsが手軽です。RubyInstallerのサイト[3]にアクセスして、ページ上部にあるDownloadというリンクをクリックし、一覧で表示されているインストーラーから一つ選んでダウンロードします。この原稿を書いているときは、最新版であるRuby 2.4.2-2 (x64)をダウンロードして利用しました。

3.https://rubyinstaller.org

図 A.29: Ruby のインストーラー

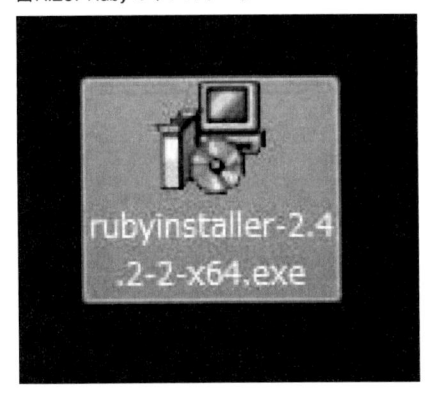

A.2.2 インストール

ダウンロードしたインストーラーは実行形式（.exe ファイル）なので、ダブルクリックするとインストールが始まります（図 A.30）。ライセンス条項を読んで同意するなら I accept the License を選択して [Next] ボタンを押し、次の画面でインストールするフォルダの設定を行います（図 A.31）。

図 A.30: ライセンスの確認（Ruby）

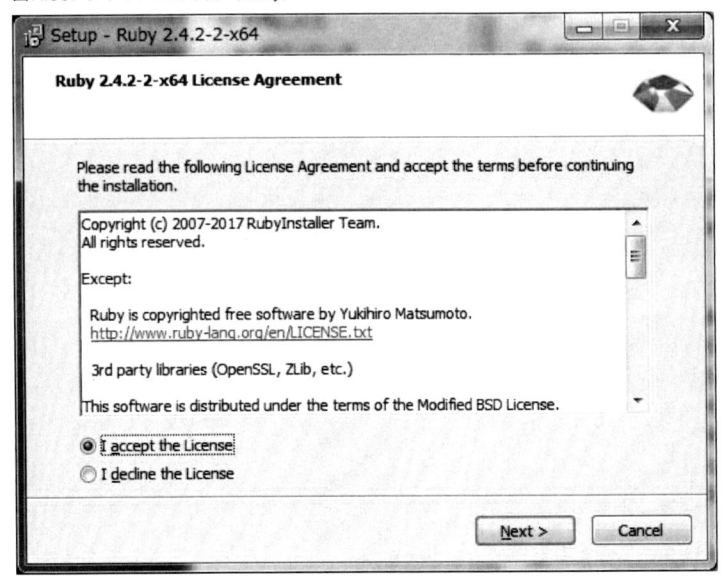

図A.31: インストール先の設定（Ruby）

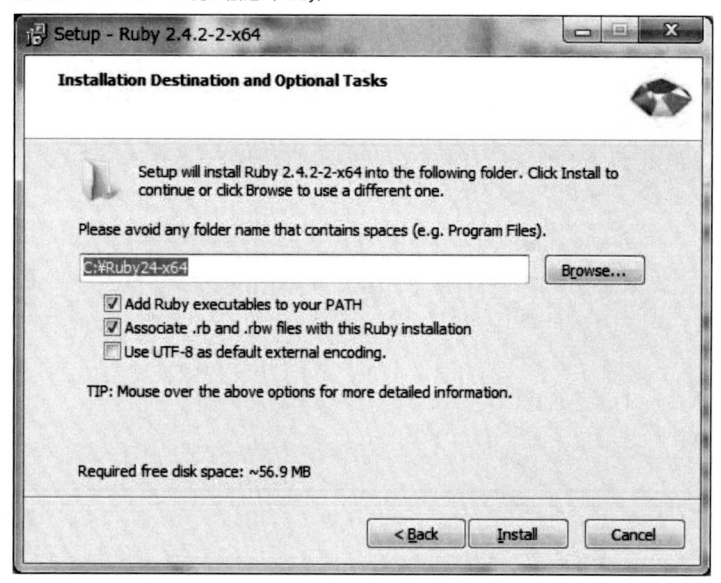

　ここでは何も変更せず、[Install]ボタンを押してインストールしました。インストールの進行に応じてプログレスバーが伸びていきます（図A.32）。

図A.32: インストールの進行（Ruby）

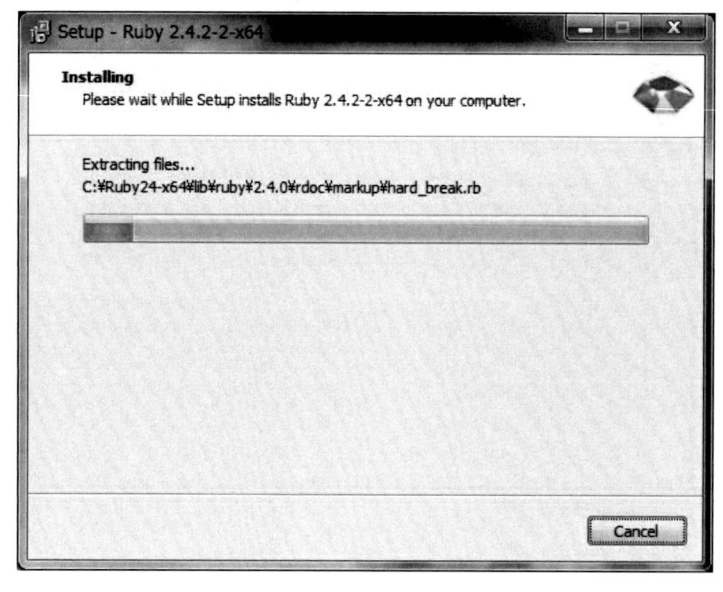

　インストールが終わると（図A.33）のような画面に切り替わりますが、Run 'risk install' ～と書いてあるチェックを外して[Finish]ボタンを押します。これでRubyのインストールは完了です。

図A.33: インストール完了（Ruby）

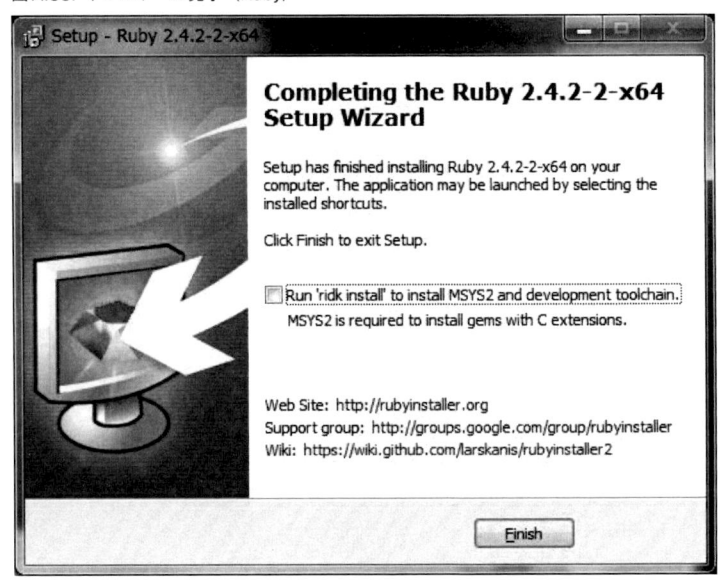

A.2.3　動作確認

　Rubyはコマンドプロンプトから呼び出します。図A.34のようにスタートメニューからすべてのプログラムを展開し、Ruby 2.4.2 ～と書いてあるフォルダを開き、Start Command Prompt with Rubyを実行します（図A.35）。

図 A.34: スタートメニューから Ruby を起動

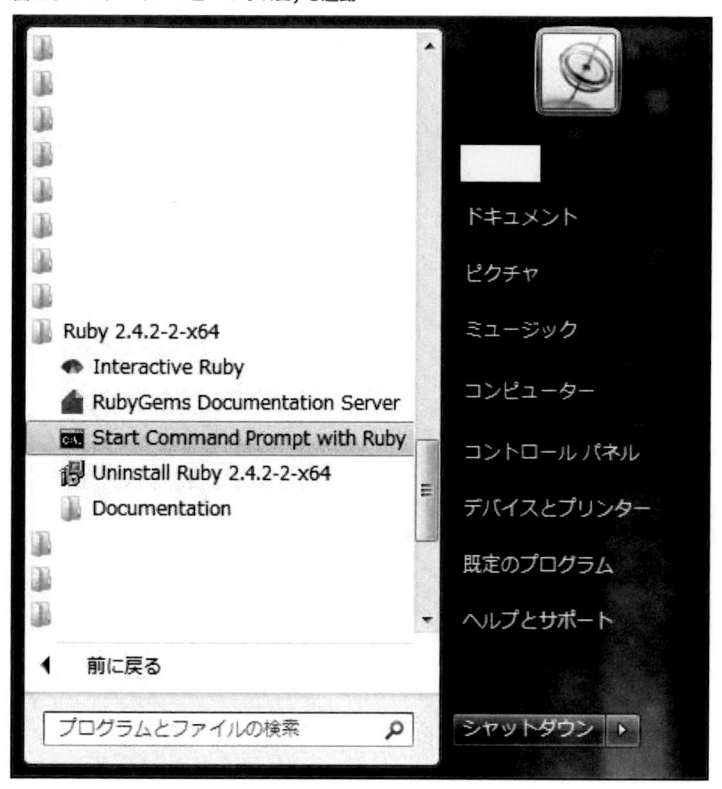

図 A.35: Ruby が有効なコマンドプロンプト

　起動したコマンドプロンプトで、次のコマンドを実行して Ruby のバージョンを表示してみましょう。

```
> ruby -v
```

次のように Ruby のバージョンが表示[4]されれば、インストール成功です。

```
ruby 2.4.2p198 (2017-09-14 revision 59899) [x64-mingw32]
```

---

4. インストールしたバージョンによって表示は変わります。

実際の画面は図A.36のような感じです。ただし、作業フォルダをD:\Workspaceに移動しました。

図A.36: Rubyのバージョンの確認

このままの勢いでRe:VIEWもインストールしてしまいましょう。

A.3　Re:VIEWのインストール

Re:VIEWは、Rubyを使ってコマンドからインストールします。Start Command Prompt with Rubyを開いた状態で次のコマンドを実行します。

```
> gem install review
```

図A.37のような画面が表示されて、Re:VIEWがインストールされます。これだけでインストールは終わりです。簡単だったでしょ？

図A.37: Re:VIEWのインストール

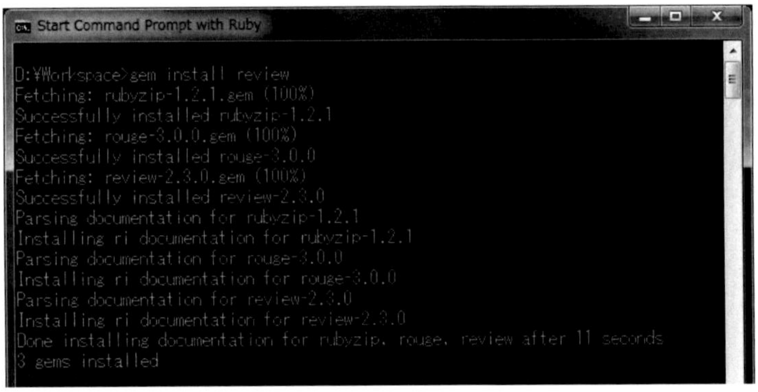

Re:VIEWの動作確認をしながら、PDFを出力するための手順を説明します。Re:VIEWの原稿を作成するためには、review-initを実行します。

```
> review-init reviewSample
```

ここでは、reviewSampleという名前の原稿を作成しています。実行して何も表示されなければ、reviewSampleというフォルダと共に、その中に原稿のサンプルが作られます。図A.38は

原稿サンプルを構成するファイル群です。

図A.38: Re:VIEW によって作られた原稿のひな型

名前

- images
- layouts
- sty
- catalog.yml
- config.yml
- Gemfile
- Rakefile
- reviewSample.re
- style.css

この原稿からPDFを作りましょう。PDFを作るには、先ほどのreviewSampleに移動して

```
> review-pdfmaker config.yml
```

を実行します。コマンドプロンプト内でフォルダの移動ができないという方は、reviewSample
というフォルダを開き、アドレスバーにcmdと入力してコマンドプロンプトを開き、起動した
コマンドプロンプトで次のコマンドを実行してください。

```
> C:\Ruby24-x64\bin\setrbvars.cmd
```

Ruby24-x64はRubyをインストールしたフォルダなので、適宜読み替えてください。コマ
ンドプロンプトはファイル名を補完してくれるので、C:\Ruまで入力してTabキーを押すと、
C:\Ruby24-x64が候補として表示されます。そのまま\bを入力してTabキー、\sを入力してTab
キーと順次入力していくことで、最小のキー入力でコマンドを実行できます。後は前の説明に
沿ってreview-pdfmakerを実行してください。途中までは順調に進んでいきます（図A.39）
が、book.dvi->book.pdfとなっている直後に終了し、PDFが作られません（図A.40）[5]。

---

5. もし何事もなく PDF ファイルが作られていたら、以降の説明は読み飛ばして次の節に進んでも問題ありません。

図 A.39: review-pdfmaker による処理の実行画面

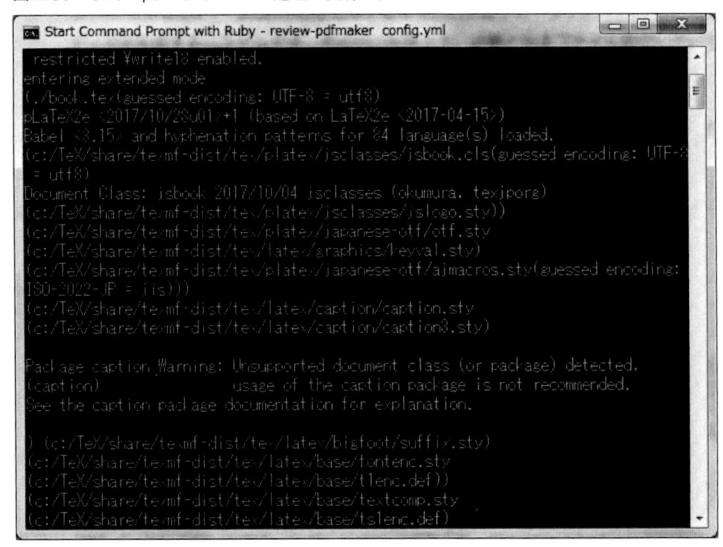

図 A.40: PDF 作成時のエラーメッセージ

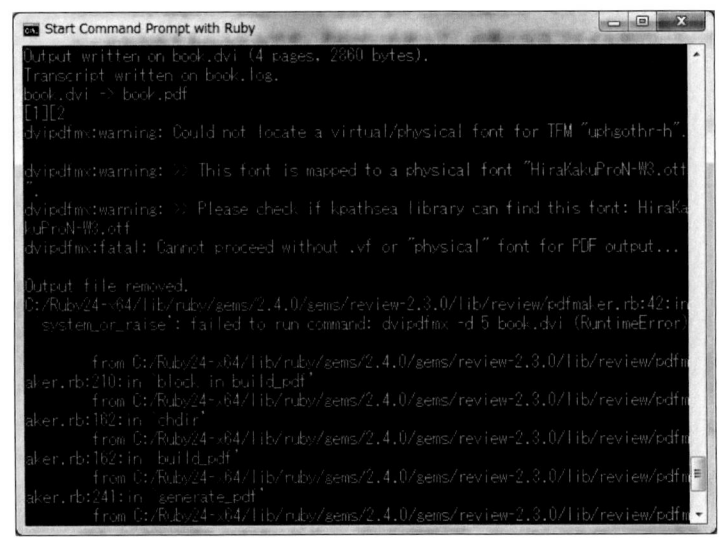

　これは、Re:VIEW の原稿が TeX 形式に変換されて dvi ファイルが作られ、それが PDF に変換されるという一連の作業の中で、dvi ファイルから PDF ファイルに変換する途中で問題が発生していることを示しています。ヒラギノフォントを使おうとして、ヒラギノフォントが存在しないのでエラーが発生しているという状況です。

　ヒラギノフォントを買えば解決するかもしれませんが、試していないのでわかりません。ヒラギノフォントを使わずに、Windows に最初から用意されている MS ゴシックや MS 明朝を使うように設定をします。具体的には、dvi を PDF に変換するプログラムのオプションを config.yml に

記述します。config.ymlを開いてdvioptionsを検索してください。コメントアウトされたTeX
関連のオプションの最後にdvioptionsが見つかるはずです。

リストA.1: config.yml の設定

```
# LaTeX用のコマンドを指定する
# texcommand: "uplatex"
#
# LaTeXのコマンドに渡すオプションを指定する
# texoptions: null
#
# LaTeX用のdvi変換コマンドを指定する (dvipdfmx)
# dvicommand: "dvipdfmx"
#
# LaTeX用のdvi変換コマンドのオプションを指定する
# dvioptions: "-d 5"
```

この行をアンコメントして、オプションに-f msmingoth.mapを追加します。

リストA.2: dvioptions の追加

```
# LaTeX用のコマンドを指定する
# texcommand: "uplatex"
#
# LaTeXのコマンドに渡すオプションを指定する
# texoptions: null
#
# LaTeX用のdvi変換コマンドを指定する (dvipdfmx)
# dvicommand: "dvipdfmx"
#
# LaTeX用のdvi変換コマンドのオプションを指定する
dvioptions: "-f msmingoth.map -d 5"
```

　ファイルを上書き保存するのはちょっと待ってください。これを読んでいるあなたは、同
人誌を個人で執筆しますか？複数人で共同で執筆しますか？個人で執筆しているのなら、上
書き保存をして、もう一度review-pdfmakerを実行してください。複数人で共同編執筆して
いる場合、全員Windowsを使っていますか？MacやLinuxを使っている共同執筆者はいませ
んか？もしWindows以外のOSを使っている人がいると、このオプションが悪さをする可能
性があるので、上書き保存はせずに名前を付けて新しく保存してください。この章の著者は

config_W32TeX.ymlという名前を使っています[6]。

　これでもう一度コマンドプロンプトからreview-pdfmakerを実行しましょう。新しく名前を付けてconfig.ymlを保存した人は、そのymlファイルを使ってください。たとえば次のようにして実行します。

```
> review-pdfmaker config_W32TeX.yml
```

　warningは出ますが順調に変換が進んでいきます。図A.41から、reviewSampleのフォルダにbook.pdfが作られていることが確認できました。これで無事にWindows 7でRe:VIEWを使い、PDFファイルを作成できるようになりました[7]。

図A.41: 作成されたPDFファイル

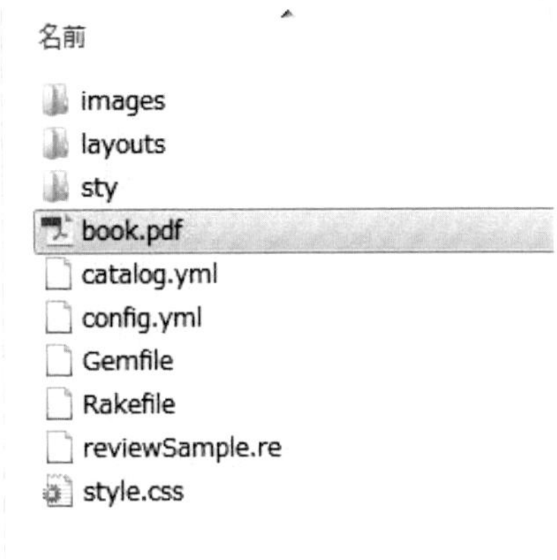

名前
- images
- layouts
- sty
- book.pdf
- catalog.yml
- config.yml
- Gemfile
- Rakefile
- reviewSample.re
- style.css

　まとめると、Windows 7でRe:VIEW環境を構築する手順は次のとおりです。

1. TeXをインストール
2. Rubyをインストール
3. RubyからRe:VIEWをインストール
4. config.ymlのdvioptionsに-f msmingoth.mapを追加

　手順4は読者の環境によっては必要ない可能性もあります。もし手順4が必要な場合、各ソフトウェアのインストールは一度だけでよいのですが、**config.ymlにオプションを追記するのは原稿毎に行う必要があることに注意してください。**

A.4　Visual Studio CodeのRe:VIEW用拡張機能と編集作業

　Re:VIEWが使えるようになったので、次は快適な執筆環境を整えましょう。執筆に使うエ

6.Github等で管理しながら共同執筆する際のconfig_W32TeX.ymlの取り扱いを、「付録A.5.1 Windows以外のOS利用者と共同執筆する場合」に書いているので目を通しておいてください。

7.著作権がよく分からないので、ファイルが作られたことだけを示しています。

ディタには、Microsoft社が公開している Visual Studio Code（以降、VSCode）がよいと思います。多機能なわりに動作が軽く、しかも無料です。Re:VIEW用の拡張機能をインストールすると、Re:VIEWの命令をハイライトしてくれたり、VSCode内ででき上がりを見れたりします。ここでは、VSCode に Re:VIEW用の拡張機能を導入する方法と、VSCode内からPDFを作る方法を説明します。

A.4.1 Re:VIEW用拡張機能のインストール

拡張機能のインストールは、VSCodeの拡張機能のメニューから行います。VSCodeのウィンドウ左側を、縦に並んでいるアイコンのうち、四角に切れ込みが入ったような図柄のアイコンが拡張機能です。（どのようなアイコンかは図を参照してください）このアイコンをクリックすると、現在インストールされている拡張機能と、拡張機能を検索するためのテキストボックスが表示されます。メニューバーの表示→拡張機能を選択することでも表示することができます。検索用のテキストボックスに「review」と入力すると、いくつか候補が表示されます。そのうち atsushieo さんの Re:VIEW（Re:VIEW language support for Visual Studio Code）をインストールします。インストールは簡単で、緑色で塗りつぶされているインストールボタンをクリックするだけです。

図 A.42: Visual Studio Code への Re:VIEW用拡張機能の追加

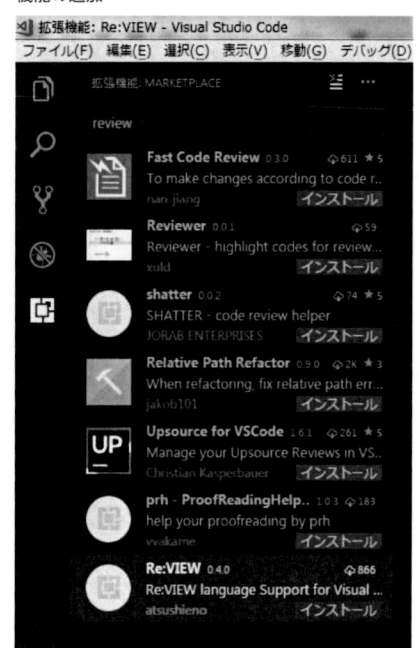

A.4.2 VSCodeによる編集作業

Re:VIEW用の拡張機能をインストールできたら、具体的な編集作業の流れを見ていきましょう。編集するファイル（config.ymlやcatalog.yml, *.re等）を一つずつVSCodeに読み込ませてもよいのですが、原稿はフォルダにまとまって置かれているので、フォルダをまるごとVSCodeで開き、VSCodeから編集するファイルを開くことにします。この方が開くファイルを間違えたりしないので便利です。ここでは、先ほどRe:VIEWの動作確認に使ったreviewSampleを使い、編集作業からPDFの出力までを説明します。

ファイル→フォルダを開くクリックし（図A.43）、開きたいフォルダ（reviewSample）を選択します（図A.44）。

図A.43: Visual Studio Code にフォルダを追加するメニュー

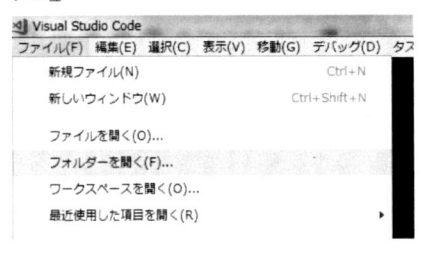

図A.44: フォルダの選択

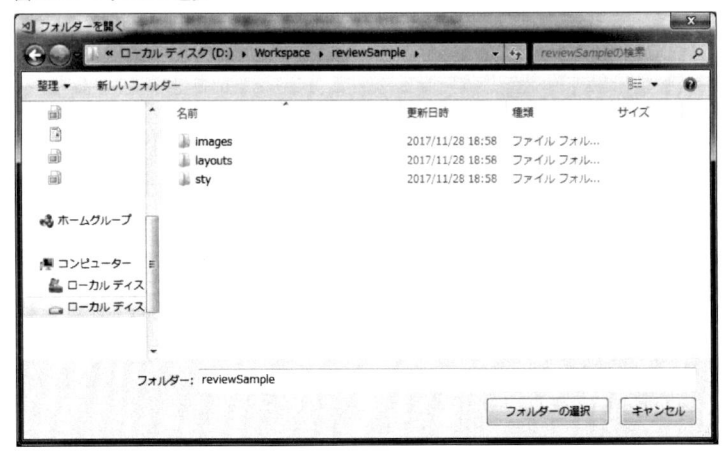

すると、図A.45のようにVSCodeのエクスプローラー（ウィンドウ左、縦に並んでいるアイコンの一つ目）にフォルダが表示され、中に置かれているファイルやフォルダが一覧で表示されます。ここに見えているファイル名をシングルクリックすると、そのファイルがVSCodeに読み込まれ、編集できるようになります。

図 A.45: Visual Studio Code に読み込まれたフォルダとファイル

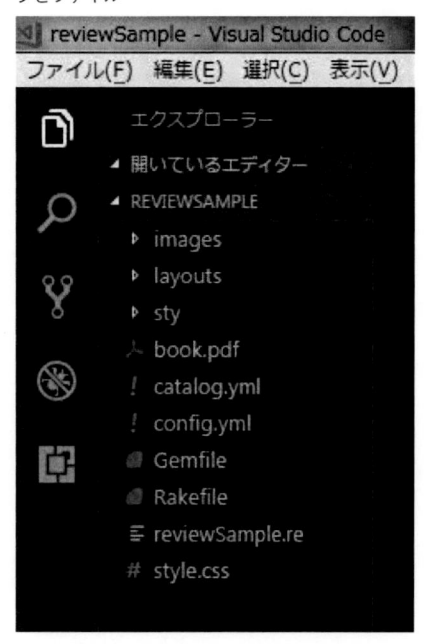

reviewSample.re をクリックして開き、ファイル編集します。図 A.46 が小さくてみにくいでしょうが、テストという名前の章を一つ設けてみました。

図 A.46: Visual Studio Code でのファイル編集画面

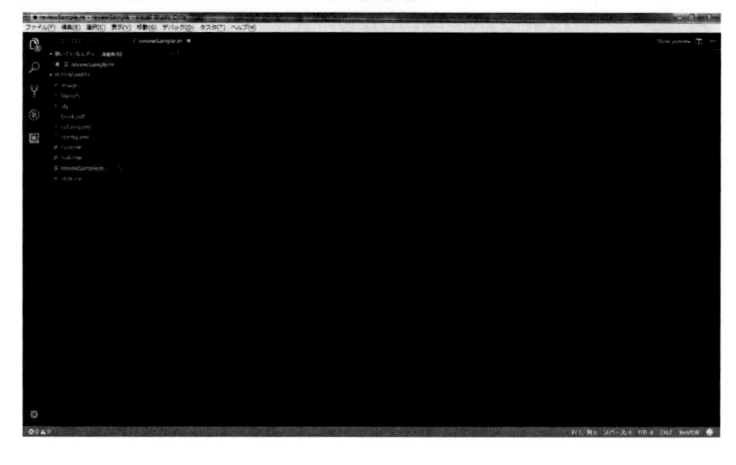

そして、ここからが VSCode の便利なところで、ウィンドウ右上にある Show preview をクリックするとウィンドウが分割され、右に仕上がりが表示されるのです（図 A.47）。もし Re:VIEW の命令に何か間違いがあると、仕上がりが表示されなくなり、原稿の間違っている箇所を赤の下線で指摘してくれます。

図 A.47: ファイルのプレビュー

　図 A.47 を見る限り間違いもないようなので、review-pdfmaker を使って PDF を出力しましょう。いちいちスタートメニューからコマンドプロンプトを立ち上げなくても、表示→統合ターミナルをクリックするとウィンドウ下部にコマンドプロンプトが表示されます（図 A.48、図 A.49）。VSCode で開いたフォルダがカレントディレクトリになっていますので、いちいちフォルダを移動する手間が省けます。

図 A.48: ターミナルの起動

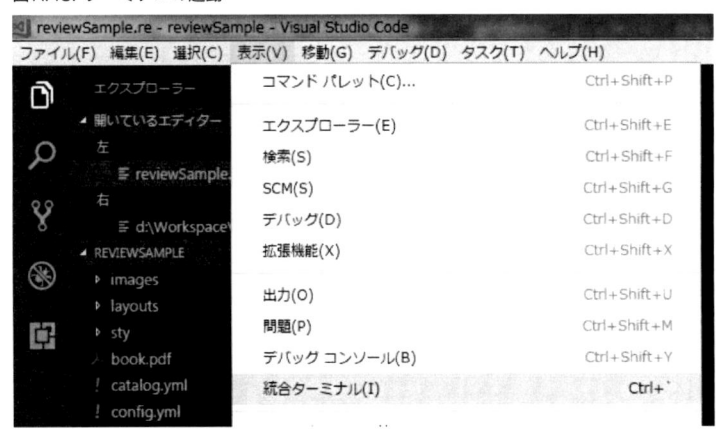

図 A.49: 起動したターミナル

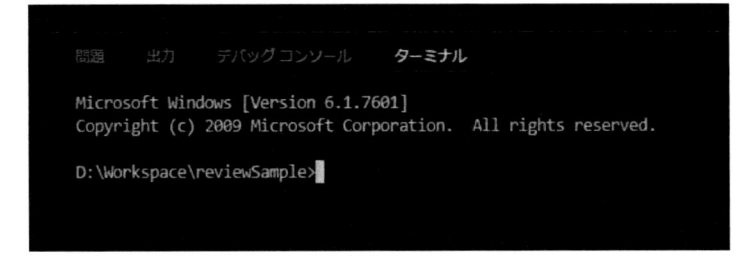

先ほどの説明と同じように、Rubyを使えるようにコマンドを実行します。

```
> C:\Ruby24-x64\bin\setrbvars.cmd
```

その後、review-pdfmakerを実行してPDFファイルを作ります。コマンドは次のように実行するのでしたね。[8]

```
> review-pdfmaker config.yml
```

図 A.50: Re:VIEW による pdf ファイルの作成

```
問題    出力    デバッグコンソール    ターミナル

Microsoft Windows [Version 6.1.7601]
Copyright (c) 2009 Microsoft Corporation.  All rights reserved.

D:\Workspace\reviewSample>C:\Ruby24-x64\bin\setrbvars.cmd
ruby 2.4.2p198 (2017-09-14 revision 59899) [x64-mingw32]

D:\Workspace\reviewSample>review-pdfmaker config.yml
```

エラーが発生しなければbook.pdfが作られます。これもコマンドプロンプトから開くことができて、ファイル名を入力するとそのファイルが開かれます。

```
> book.pdf
```

この章の著者の環境では、AdobeのAcrobatが起動し、book.pdfが表示されます。PDFファイルを表示したままにしておくと、次にRe:VIEWでPDFファイルを作成するときにPDFファイルを上書きできなくなるので、編集作業に戻る、あるいはPDFファイルを作成するタイミングで開かれているPDFファイルを閉じるようにしましょう。残念ながら、VSCodeでPDFファイルを開こうとすると、サポートされていないというメッセージが表示されます。

A.5　Githubを使って原稿を共同執筆するの際の注意

ここまででRe:VIEWの執筆環境を整えてきましたが、最後に2点だけ注意を述べておきます。種類の異なる注意点ですが、両者ともGithub（だけでなくBitBucket等の分散バージョン管理システム）に関係しているのでここにまとめておきます。

---

8. 先ほどは config_W32TeX.yml を使っていましたが、より一般的な説明のために config.yml を使っています。先の説明に沿って dvioptions が追記されています。

A.5.1 Windows以外のOS利用者と共同執筆する場合

Windowsを使っている場合、Re:VIEWでPDFファイルを出力する際に`config.yml`を編集してオプションを追加する必要があることを「A.3 Re:VIEWのインストール」で説明しました。そして、複数人で共同執筆する場合でかつ共同執筆者にWindows以外のOSを使っている人がいると、このオプションが悪さをする可能性があること、それを回避するために名前を付けて（例えば`config_W32TeX.yml`等）新しく保存することも説明しました。

このような状況で共同執筆の原稿を管理するためにGithubを使っていると、新しく名前を付けて保存した`config_W32TeX.yml`がGitのリポジトリに登録され、Githubを経由して共同執筆者全員にコピーされる事になります。`config_W32TeX.yml`が必要なのは、

・Windowsを使用している

・フォントにMSゴシックとMS明朝を使う

という条件を満たす人なので、共同執筆者全員で共有する必要はありません。`config_W32TeX.yml`がGitのリポジトリに登録されないように、`.gitignore`に`config_W32TeX.yml`を追加しておきましょう。

A.5.2 styファイルが見つからないというエラーが出る場合

これは、共同執筆環境が既に整えられているところに著者として合流すると、お目にかかる可能性のあるエラーです。本書の同人誌版の共同執筆環境でも発生します。この章を読んでRe:VIEWの執筆環境を整えることができたので、試しに本書同人誌版のリポジトリをforkしてPDFファイルを作ってみようとすると、100％遭遇します[9]。その状況を想定して、どのようなエラーが出るか、どうやって対処するかを説明します。

とりあえず、本書同人誌版のリポジトリをforkしてローカルにダウンロードし、PDFファイルを作るために`review-pdfmaker`を実行してみます。途中までは順調に進んでいき、これはうまくいきそうだという期待を持たせてくれるのですが、次のようなエラーがでて止まってしまいます。

```
! LaTeX Error: File 'seqsplit.sty' not found.

Type X to quit or <RETURN> to proceed,
or enter new name. (Default extension: sty)

Enter file name:
```

`seqsplit.sty`というファイルが見つからないというエラーです。これはWindowsや

---

9. それ以外に戸惑うこととしては、原稿管理の方針、特にディレクトリ構造が上げられます。リポジトリを fork してローカルにダウンロードしたはよいけれども、ディレクトリ直下に原稿や config.yml が見当たらないなんてことも十分あり得ます。合流する際は、原稿管理の方針（特に原稿本体である ".re" ファイルと画像ファイルの置き場所、場合によってはサンプルコードの置き場）をよく確認しましょう。ちなみに本書では、リポジトリのルート直下にある articles というフォルダで原稿を管理しています.

Re:VIEWに問題があるのではなく、TeXで処理をするときに使うファイルが存在しない事が原因で発生します。そして、（Re:VIEWの対象と思われる）TeXにあまり明るくない人にはかなりわかりにくいエラーです。ファイルがなければインターネットで探してダウンロードすればよいのですが、そこにもう一つ罠が隠れているのがこのエラーの厄介なところです。Googleなどでseqsplit.styを検索すると、簡単にダウンロードページが見つかります[10]。ところが、そのダウンロードページからダウンロードできるファイルの一覧に、seqsplit.styは存在していません。もったい付けても仕方ないので答えをいうと、必要なのは拡張子がinsとdtxのファイルです。それらからseqsplit.styを作ります。

seqsplit.insとseqsplit.dtxをダウンロードし、TeXのstyファイルが置いてあるフォルダにコピーします。場所はTeXをインストールしたフォルダ（本章ではC:\TeX、皆さんがフォルダを変更していればそのフォルダ）以下の\share\texmf-dist\tex\latexです。そこにseqsplitというフォルダを作り、ダウンロードしたseqsplit.insとseqsplit.dtxを移動してください。フォルダ名は任意ですが、styファイルの名前と同じフォルダ名になっていることが多いので、それに倣います。

図A.51: seqsplit.ins と seqsplit.dtx の保存

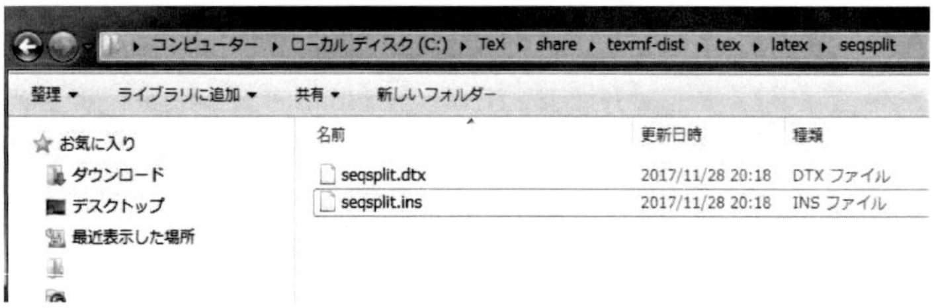

アドレスバーにcmdと入力してコマンドプロンプトを起動し、次のコマンドを実行します。

```
> platex seqsplit.ins
```

色々と表示されますが、フォルダにseqsplit.styが作られていることを確認できます。

図A.52: platex によって作成された seqsplit.sty

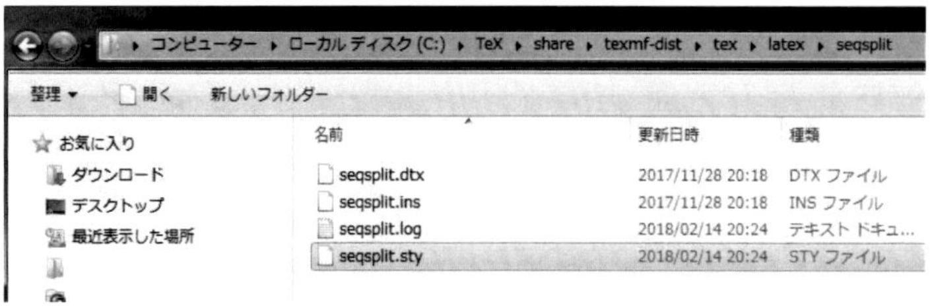

10.seqsplit.sty は https://ctan.org/tex-archive/macros/latex/contrib/seqsplit にアーカイブされています。

これで seqsplit.sty のインストールは完了です。もう一度、review-pdfmaker を実行してみてください。今度はエラーが出ずに PDF ファイルの作成までいくはずです。

なお、他の sty ファイルが存在しない場合も、ここに書いた方法と同じ手順で sty ファイルをインストールすることができます。

A.6　この章のまとめ

この章では、Windows 7 で Re:VIEW 環境を構築して、Visual Studio Code で編集して PDF を出力するところまで説明しました。事前に情報を集めてややこしいなぁと思っていた方は、意外に簡単で拍子抜けしたのではないかと思います。締切（とストレージ）の都合上、TeXLive を試せなかったのは残念ですが、問題なく使えるのではないかと予想しています。もし、本書をお読みになった方で知見をお持ちの方は、ぜひ公開してください。これで次の技術書典のネタが一つ見つかりましたね。

‖‖
Windows 7 に Re:VIEW 環境を構築するたった四つの方法

Windows 7 に Re:VIEW 環境を構築する方法は他にもあり、この手順を見つけるまでには紆余曲折がありました[11]。私が試したのは次の 4 通りです。

1. インターネット上の説明に沿って Docker for Windows を使う方法。この方法は、仮想化環境を動かすための VirtualBox が、先に使っていた VMWare と相性が悪いので使えませんでした。
2. VMWare に Linux をインストールしてそこに Re:VIEW 環境を構築する方法。この方法は簡単に成功しましたが、執筆作業が Windows と Linux にまたがってしまうのでやり取りが億劫でした。また、仮想 OS のために 30GB ほど消費しますし、ノート PC ではバッテリーの消費が多くなり、出先で執筆ができません。
3. Cygwin に Re:VIEW をインストールする方法。この方法では、Cygwin 自体がかなり容量を消費しますし、ファイルパスの設定が非常にややこしいことになります。
4. Windows 版の TeX と Ruby をインストールしてターミナルから使う方法。この方法は情報がありませんでしたが、やってみるとうまくいきました。

Windows 版の TeX と Ruby だけを使う方法は情報が見つからなかったので、何か根本的な問題があるのかと考えていましたが、RubyInstaller for Windows で Ruby をインストールして、gem で Re:VIEW がインストールできた段階で現実味を帯びてきました。途中、ヒラギノフォントを読みにいくエラーを回避できなくて詰まりましたが、dvioptions を見つけてエラーを回避できました。やってみるものですね。

11.Windows 10 の場合は Windows Subsystem for Linux が利用できるので、Docker を簡単に利用できます。

このような試行錯誤を楽しむことができるなら別ですが、技術書を書くためにRe:VIEWを使おうとする人全員にそのような試行錯誤を要求するのは酷というものでしょう。そのために本書があるわけですから、本書を読んだ方（この章では特にWindows 7ユーザー）が環境構築に詰まることなく、技術書執筆に集中できるようになれば、それに勝る喜びはありません。

Re:view on Windowsを早々に諦めた話

　私は、様々な記事等でWindows上でRe:view環境構築が大変である記述をみて早々に諦め、本書の担当範囲をテキストエディタ（Terapad）で書くことにしました。werckerによりオンラインコンパイルができるため、（多少待ち時間があったり、バージョン断片が増える問題はありますが）ローカル環境を作る必要がないためです。そして、バージョン管理がしっかりできるGit上で共同執筆したからこそ本書およびテキストエディタ1本での執筆ができたと言っても過言ではないのです。（Text：親方）

‖‖

付録B　Wordによる執筆の流れ

本書では主にRe:VIEWを取り上げていますが、Wordを使うことを否定しているわけではありません。Re:VIEWなどテキストファイルをコンパイルする方式と比べると、共同執筆や文書の分割、Gitでの履歴管理という点では及びませんが、長文の執筆という点では決して劣っていません。

ここでは、同人誌に限らず、そこそこ見栄えのよい文書を作成するために必要なWord[1]の知識を取り上げ、文書1状態から本書同人誌版のスタイルを模擬して印刷できる状態にするまでの過程を簡単に説明します[2]。（Text：暗黙の型宣言）

B.1　Wordを使うときの心構え

Wordを使って文書を書くときに一番やってはいけないことは、本文をベタ書きしながら必要に応じてフォントや文字サイズを局所的に変更することです。Wordにはスタイルと呼ばれる機能が備えられており、文書中における文章の役割とデザインを指定する機能が存在します。スタイルはHTMLにおけるタグとスタイルシートを包括したような概念です。文あるいは単語のフォントや文字サイズを局所的に変更するのではなく、それらの役割に応じてスタイルを作り、それを適用することでデザインを変更するとともに、役割を明示します。スタイルを軸として文書の構造を意識するだけで、Wordは格段に使いやすくなります。

B.2　執筆以前のWordの設定

執筆を開始する前に、Wordを使いやすくするための設定を行います。

B.2.1　編集記号の表示

文書の体裁を整えるために、文書を制御する編集記号や特殊文字を用いることがあります。標準ではいくつかの記号が表示されないのですが、すべて編集記号を表示することをお勧めし

1.Word 2010のみですが、多くの知識は他のバージョンにも応用できます。
2.Wordを系統的に学習するにはWordの入門書などを読んでください。

ます[3]。ファイルタブのオプションを開き、左メニューにある表示を選択し、画面に表示する編集記号にある編集記号を表示するオプションをチェックします（図B.1）。

図B.1: 編集記号の表示

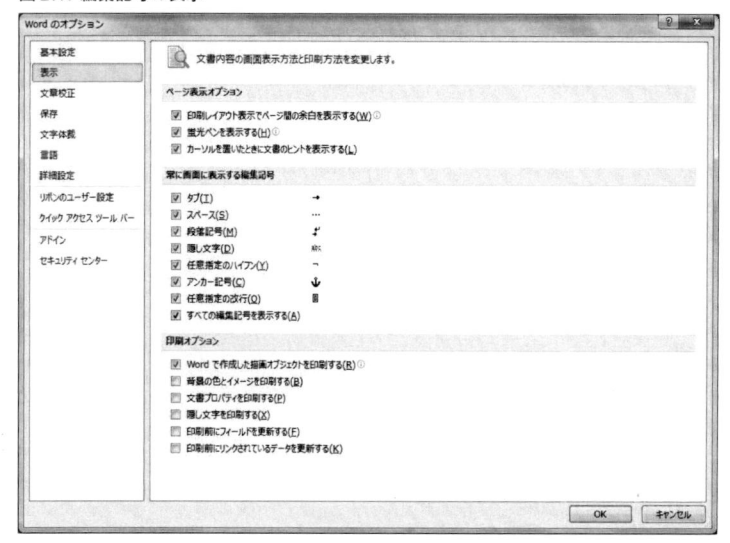

B.2.2　禁則処理の高レベル化

次に、禁則処理のレベルを変更しましょう。Wordの禁則処理は、なぜか拗音や促音、長音などが行の最初におかれることを許可する設定になっています。Wordのオプションダイアログの左メニューから文字体裁を選択し、禁則文字の設定を通常から高レベルに変更しましょう（図B.2）。文字体裁オプションの適用先をすべての新規文書にしておくと、文書を作成する度にこの設定を行う手間を省くことができます。

---

3. 図がどこかに飛んでいくという Word あるあるは、アンカーという編集記号を表示することで回避できるようになります。その他にも、文書の整形には隙間を制御するための半角/全角スペースやタブを認識することが必須です。

図 B.2: 禁則文字の設定

B.2.3　半角と全角の文字幅の調整

　もし、ソースリストを設けるなら、半角と全角の文字幅の調整を行う設定は無効にした方がよいでしょう。このオプションが有効になっていると、たとえ等幅フォントを使っていても、タブや全角文字を入力したときに、文字間隔が少しだけずれる場合があります。オプションダイアログの詳細設定を選択し、一番下にあるレイアウトオプションのメニュー（図 B.3）を展開して、一番下までスクロールしましょう。図 B.4 の中ほどに項目が見つかるはずです。

図 B.3: レイアウトオプション

図 B.4: 半角と全角文字幅の調整

　実際にどの程度変化するか、図B.5と図B.6を見比べてください。半角一文字以上ずれていることが分かります。何らかの規則があるとは思いますが、条件は不明です。

図 B.5: 半角と全角文字幅の調整したときのソースリスト

```
type·AstronomicalObject→    →         →        !天体の情報を扱う派生型を定義↓
····type(Vector2d)·:::·posi,·velo,·accl  →   !天体の位置，速度，加速度↓
····real(8)·········::·mass·     →     !天体の質量↓
····character(256)·:::·name     →         →        !天体の名前↓
end·type·AstronomicalObject      →         →        !↓
```

図 B.6: 半角と全角文字幅の調整しないときのソースリスト

```
type·AstronomicalObject→    →         →        !天体の情報を扱う派生型を定義↓
····type(Vector2d)·:::·posi,·velo,·accl  →   !天体の位置，速度，加速度↓
····real(8)·········::·mass      →         →        !天体の質量↓
····character(256)·:::·name      →         →        !天体の名前↓
end·type·AstronomicalObject      →         →        !↓
```

B.3　文書の執筆とデザイン

　Wordに関する設定を行ったので、文書に関する設定を行いながら文書を作っていきましょう。用紙の設定を行い、文書を書き進めながらその都度必要なスタイルを作っていきます。

B.3.1　標準フォント

　初めに文書のフォント（英数字用見出しおよび本文、日本語用見出しおよび本文）とそれらのサイズを設定します。標準のフォントはページレイアウトタブから設定できます。図B.7の

ように、ページレイアウトタブにあるテーマのフォントをクリックすると、フォントパターンの一覧が出てきます。ここにないフォントの組合せフォントを使いたい場合は、新しいテーマのフォントパターンの作成をクリックして、新しいテーマのフォントパターンの作成ダイアログを呼び出します（図B.8）。英数字と日本語の見出しおよび本文のフォントを選択して、名前を付けて保存します。

図B.7: テーマのフォント設定

図 B.8: 文書の標準フォントの指定

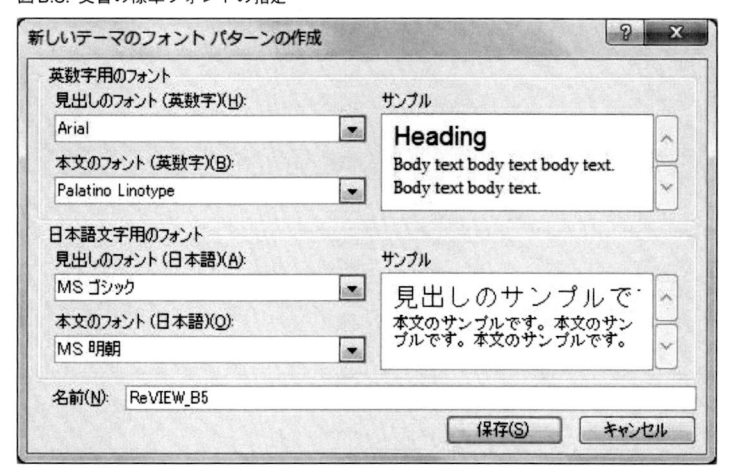

B.3.2　ページサイズの設定

　次に用紙に関する設定を行います。まず用紙サイズを決定した後、余白を決め、文字数と行数を指定します。ページレイアウトタブからページ設定ダイアログを開き（図 B.9）、用紙タブから文書の用紙サイズを選びます。ここでは B5 を選びます（図 B.10）。技術同人誌では、A4 やB5 が多いようです[4]。用紙サイズを決定したら、余白タブで上下左右の余白を決定します[5]（図 B.11）。文字数と行数タブでは、1 ページあたりの行数と 1 行あたりの文字数を設定します[6]（図 B.12）。通常は行数だけを指定すれば十分です。

図 B.9: ページ設定の呼びだし

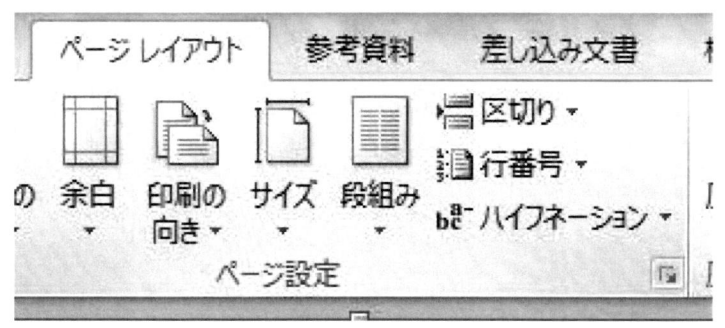

---

4. 用紙サイズは、配付資料のような比較的薄い文書は A4、書籍などでは B5 が多いような印象があります。技術系に限らない同人誌は B5 が多く、用紙サイズによっては購入を躊躇するという話も聞きます。

5. この設定のまま A4 用紙に印刷しても違和感がないので、余白はかなり狭い気がします。

6. 行数は標準から若干少なくして行間を大きくした方が読みやすいように思います。本書同人誌版はページあたりの行数が多いのですが、フォントが小さい分、行間が相対的にひろくなっているようです。

図 B.10: 用紙設定

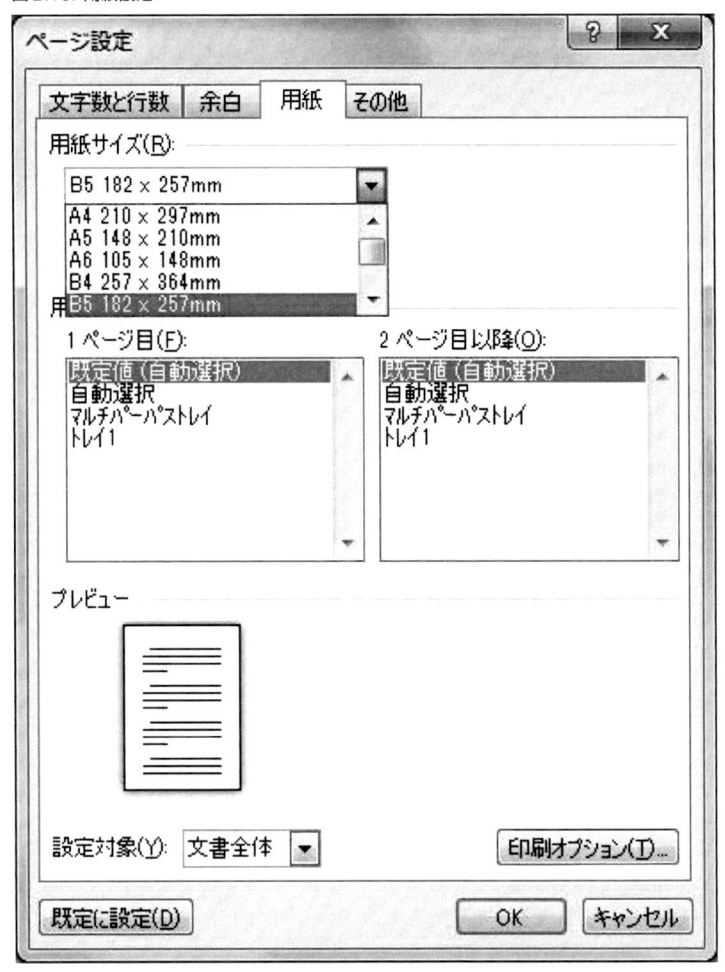

図 B.11: 余白設定

図B.12: 文字数と行数の設定

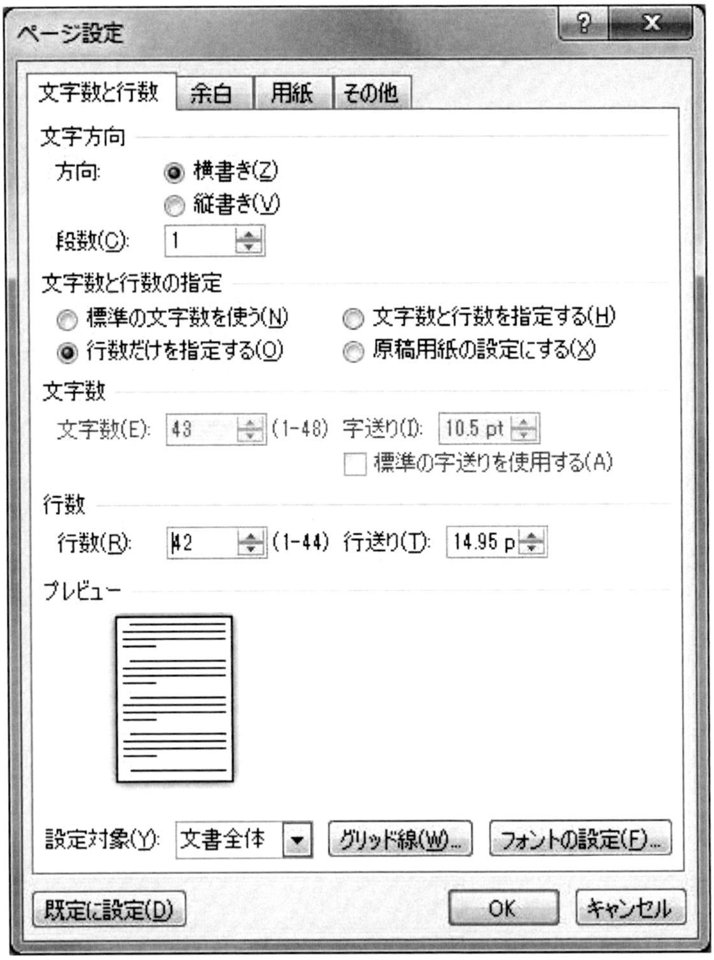

B.3.3　文書テンプレートの保存

　ここまで設定したら、この文書をテンプレートとして保存しましょう。一度同人誌を作成してイベントに参加すると、必ず次も参加したくなります。そのときに備えて、文書のひな形を保存しておくのです。文書テンプレートとして保存するには、名前を付けて保存ダイアログにおいてファイルをWordテンプレート（*.dotx）とします。図B.13を参考に左のツリーを上までスクロールするとMicrosoft Wordというフォルダがみつかるので、そのフォルダに含まれているTemplatesフォルダに保存しましょう。

図 B.13

　次回以降、そのテンプレートに基づいた新規文書を作成するには、ファイルタブの新規作成からマイテンプレートを選び、新規ダイアログボックスの中にある当該テンプレートを選択します。必ずテンプレートを使うときがくるでしょう。

図 B.14: マイテンプレートによる文書の新規作成

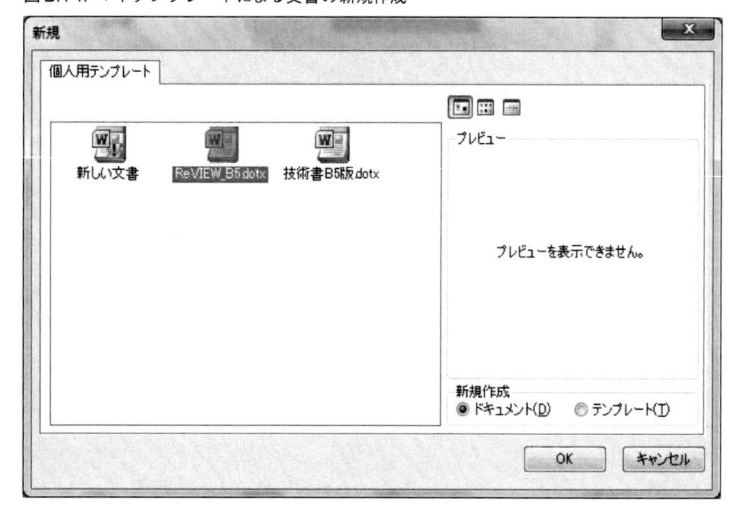

B.3.4　スタイルによる文書デザインと構造化

　用紙の設定ができたら、いよいよ執筆を開始します。ここで必要なスタイルを全て洗い出して…とすると勢いが削がれるので、執筆しながらスタイルを作成・適用していきましょう[7]。

　「はじめに」などの章のタイトルを書いたら、章のタイトルを意味するスタイルを適用しま

---

7. 局所的・場当たり的にフォントや文字サイズを変更するのは問題ですが、スタイルを作成・適用すると、その文の構造を明らかにしてくれます。今後、同じ役割の文にスタイルを適用していけば、一括してデザインを変更できるようになります。

す。Wordでは章のタイトル用に見出し1スタイルがすでに作られているので、ホームタブのスタイルから適用しましょう。

図B.15: 章題目の入力

図B.16: 章題目への見出し1スタイルの適用

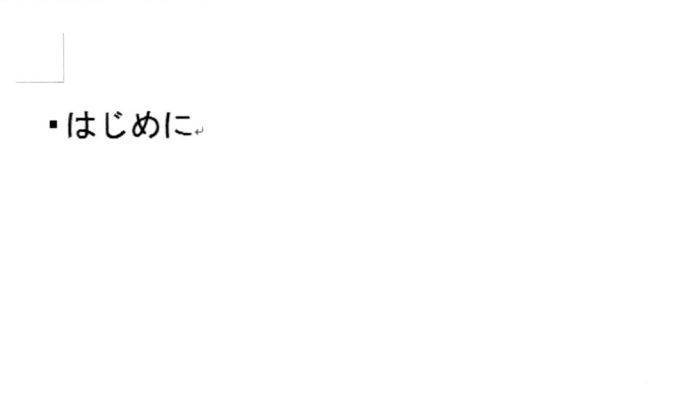

　見出し1のデザインや上下の行間を変更するには、スタイルを右クリックして変更を選択します。スタイルの変更ダイアログでフォントサイズを変更します。次に書式メニューから段落を選択し、段落前後の余白を決め、OKボタンを押してスタイルの変更を反映すると、見出しのデザインが変わります。

図B.17: スタイルの変更

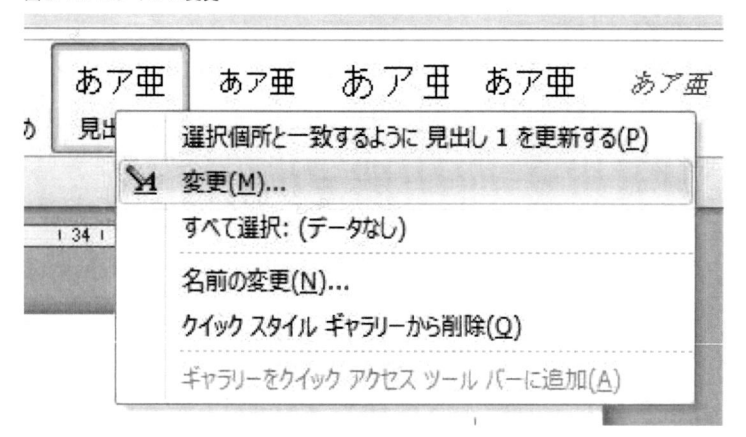

図B.18: フォントサイズと書体の変更

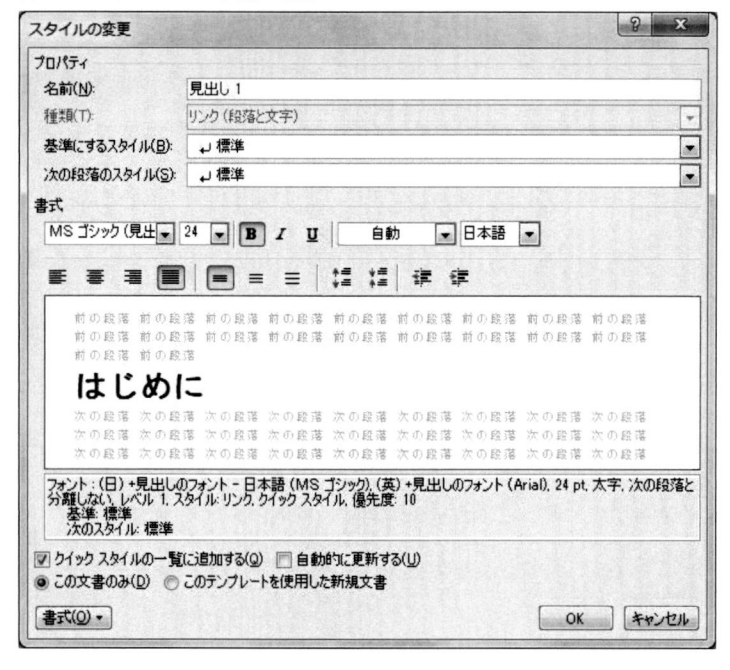

図 B.19: 書式メニュー

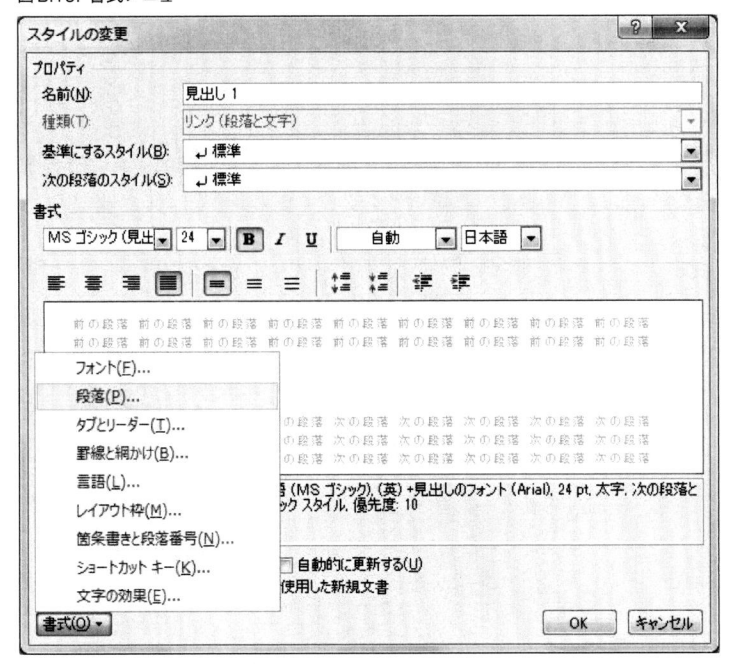

図 B.20: 段落前後の空白の設定

図B.21: 変更されたスタイルの適用

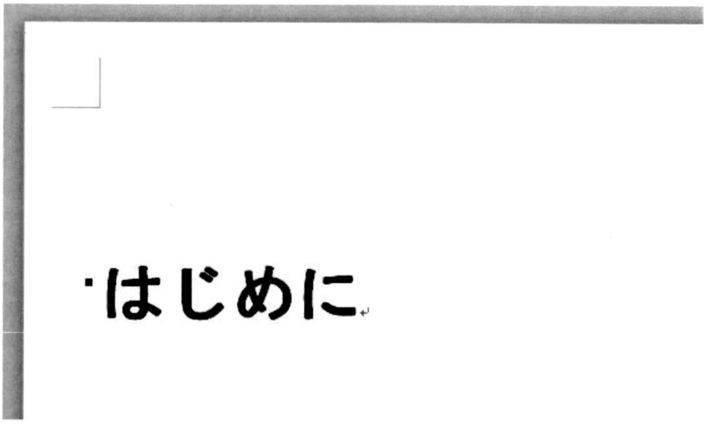

・はじめに

章題目の次は節題目を書き、見出し2スタイルを適用し、変更します。

図B.22: 節題目への変更された見出し2スタイルの適用

・はじめに

・この本の目的

　章や節の番号は、スタイルでは対応できません。章や節に連番をふる方法は後ほど説明します。

　本文には標準スタイルが割り当てられていますが、これを変更すると、このスタイルを基準にしたスタイル全てに影響が及びます[8]。そのため、本文用に新しくスタイルを作ります。スタイルウィンドウを呼び出し、スタイルの管理を選択します。新しいスタイルボタンをクリックして、スタイルを新しく作っていきます。本文（インデントあり）スタイルと、それを基準にした本文（インデントなし）スタイルをつくりました。クイックスタイルに登録するにチェックを入れておくと、ホームタブのスタイルの一覧に表示されます。

---

8. たとえば、標準スタイルに字下げを設定すると、標準スタイルを基準にしている見出し1や見出し2も字下げされます。

図 B.23: スタイルの管理ボタン（スタイルウィンドウ下部）

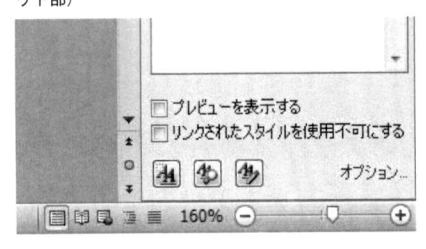

図 B.24: 新しいスタイルの作成

図B.25: 新規に作成された本文（インデントあり）スタイル

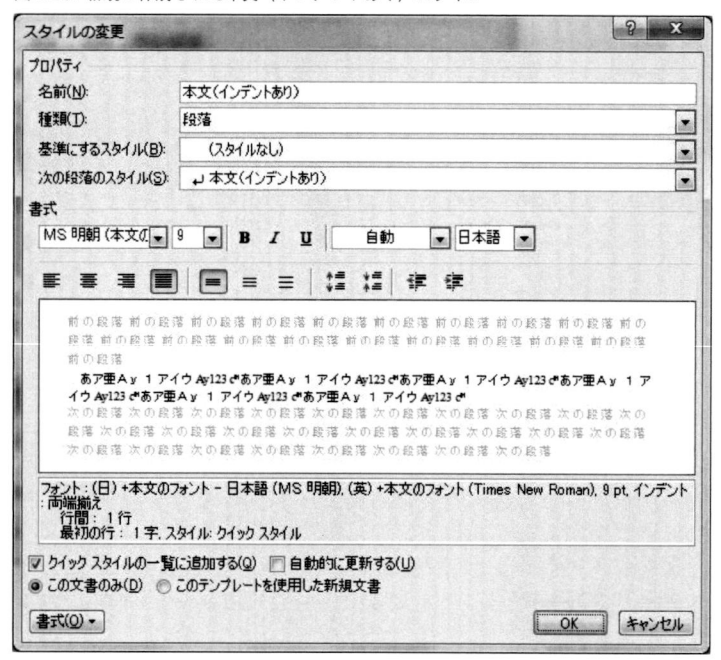

図B.26: 本文（インデントあり）スタイルを基準にした本文（インデントなし）スタイル

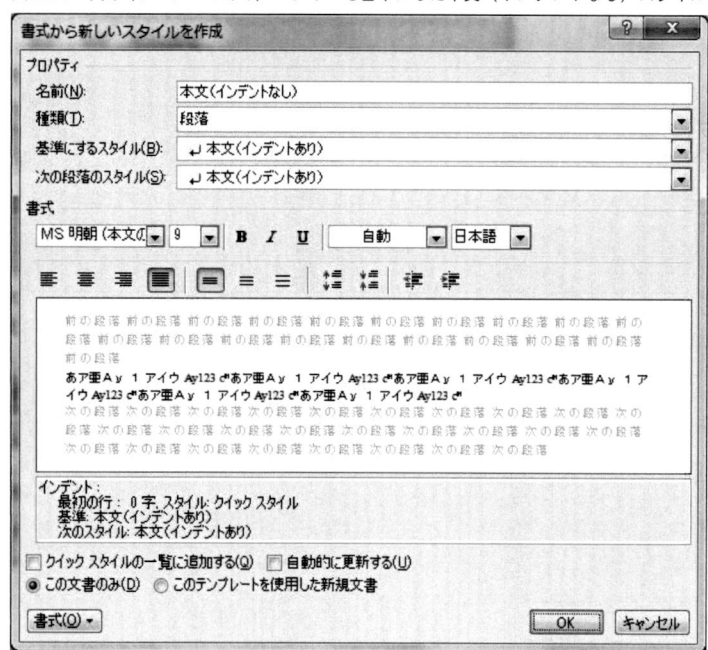

図 B.27: クイックスタイル一覧への追加

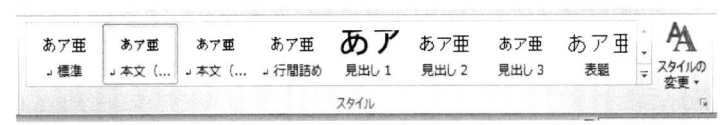

　これ以降も、図表題目を入力したら図表題目のスタイルを変更する、というように書きながらスタイルを作っていくと、次に同じ構造（章や節の題目、図表番号など）が現れた時にはスタイルを適用するだけですみます。文章を書けば書くほど、デザインにかける労力が減っていくのがWordの特徴です。

　本書同人誌版は、章が変わると新たなページから次の章が始まります。一通り章の内容が書き終わったら、章の終わりにセクション区切りを挿入しておきましょう[9]。改行を連打してページを切り替えてはいけません。セクション区切りは、ページレイアウトタブの区切りをクリックしてメニューを展開し、セクション区切りの次のページから開始をクリックすることで挿入できます。後ほど説明しますが、セクション区切りを上手につかうと、ヘッダーやフッターのデザインを柔軟に決められるようになります。

B.3.5　執筆に集中したいときのアウトラインモード

　Wordでは通常、印刷レイアウトモードと呼ばれる、あたかも紙に文字を書いていくかのような画面で作業をします。

図 B.28: 印刷レイアウトモード

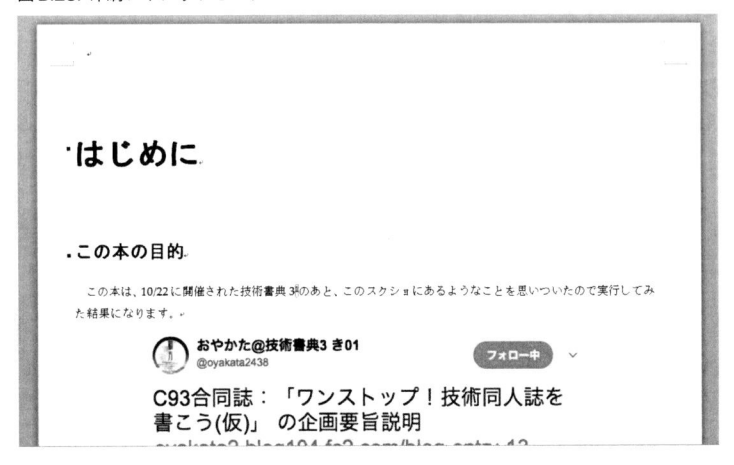

　ですが、長い文書を作成するときは、書きたい項目を考えて見出しとして書き出し、各見出しに本文を肉付けしていく人が多いと思います。その場合、印刷レイアウトモードだと余白な

---

9. スタイルの設定で、見出し1が必ず新しいページから始まるように設定できますが、その場合は各章が異なるセクションとして認識されないので、後述するヘッダーやフッターの設定ができなくなります。

どで1ページに収まる文章の量が制限され、一覧性が損なわれます。章立てを考えたり本文を入力するだけの場合には、アウトラインモードで作業するのが効率的です。

　アウトラインモードに切り替えるには、表示タブからアウトラインを選択します[10]。アウトラインモードに切り替えると、表示されるスタイルが大幅に制限されます。画像も表示されません。

図B.29: アウトラインモード

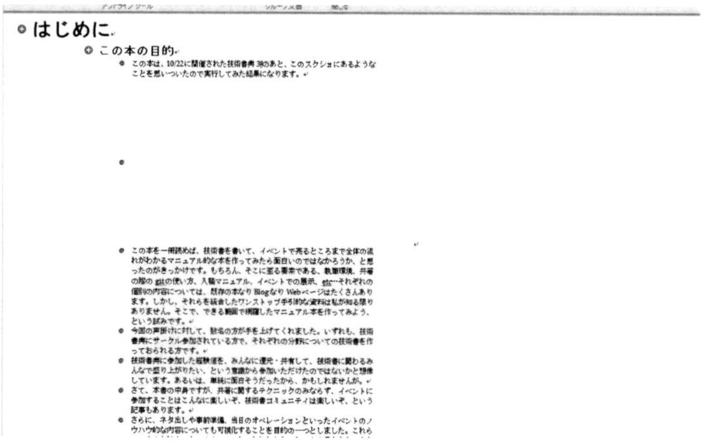

　この状態で見出しや本文を書いていくと、文書の構造やレイアウトを崩さずに多くの文章を一つの画面に収めることができます。アウトラインモードではアウトラインタブのレベルを変更することで見出しレベルの変更ができます。章・節の位置を前後に移動させることも簡単です。

B.4　図表の挿入と相互参照

B.4.1　図の挿入

　本文中に図を挿入するには、挿入タブの図から挿入したい画像ファイルを選択するか、本文中に画像ファイルをドラッグ＆ドロップします。標準では、挿入した画像は行内に配置されます。ざっくりというと、画像も文字のような扱いとなり、図形の高さによって行の高さが変わったり、前の文字と共に場所が移動していきます。

---

10. ショートカットキー Alt+Ctrl+O でもアウトラインモードに切り替えることができます。印刷レイアウトモードに切り替えるショートカットキーは Alt+Ctrl+P です。

図 B.30: 図の配置と周囲の文字列の折り返し

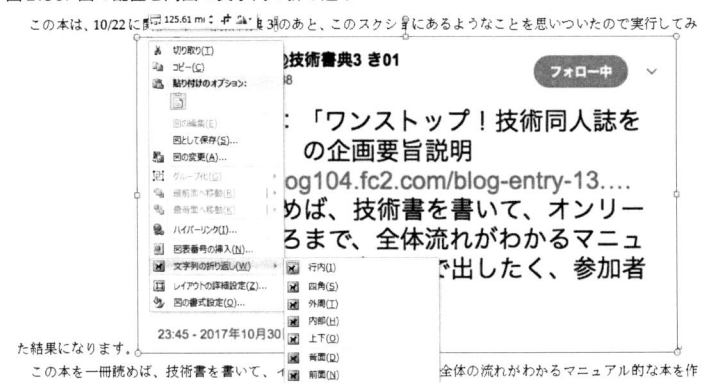

　文字の回り込みはされないので、図の位置は段落と段落の間に制限されるでしょう。図の配置に自由度がなく不便なように感じますが、これが一番楽です[11]。Word における図表の配置は評判が悪く、図がどこかに消えたという話をよく耳にします。配置を行内にしていれば、余白の関係で図が前ページや次ページに送られることはありますが、どこかに飛んでいくことは絶対にありません。

B.4.2　表の挿入

　本文中に表を挿入するには、挿入タブの表をクリックして、展開されたメニューのマス目を使って表の行数と列数を指定するか、表の挿入から列数と行数を指定して挿入します。配置はやはり行内になっているので、これもむやみやたらに移動させない方がよいでしょう。表内にマウスカーソルがあると、リボンに表ツールが現れます。ここで表のデザインを変更できます。ただし、表中の文字のデザインについてはスタイルを利用しましょう。

B.4.3　図表番号の挿入と参照

　図表番号を挿入するには、図あるいは図にカーソルを移動し、参考資料タブの図表番号の挿入を利用します。図表のラベルは図表番号ダイアログのプルダウンメニューから選択します。もし目当てのラベルがない場合は、ラベル名ボタンを押して新しいラベル名を作成できます。

11.Re:VIEW でも一つの画像しか置けないようになっているようですね。

図 B.31: 図表番号の番号付け設定

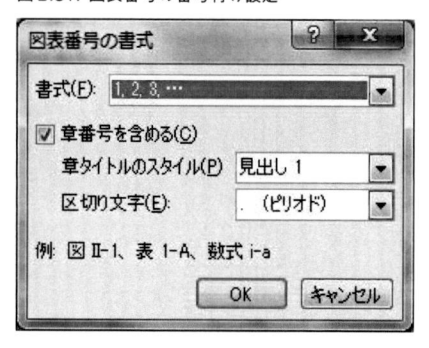

図 B.32: 図表ラベルと位置の設定

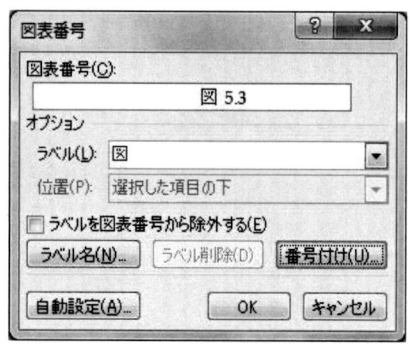

　ラベルの位置は、項目の上か下かを選ぶことができるので、図の場合は選択した項目の下、表の場合は選択した項目の上を選びます。図表番号とラベルが挿入されたら、キャプションをつけます。

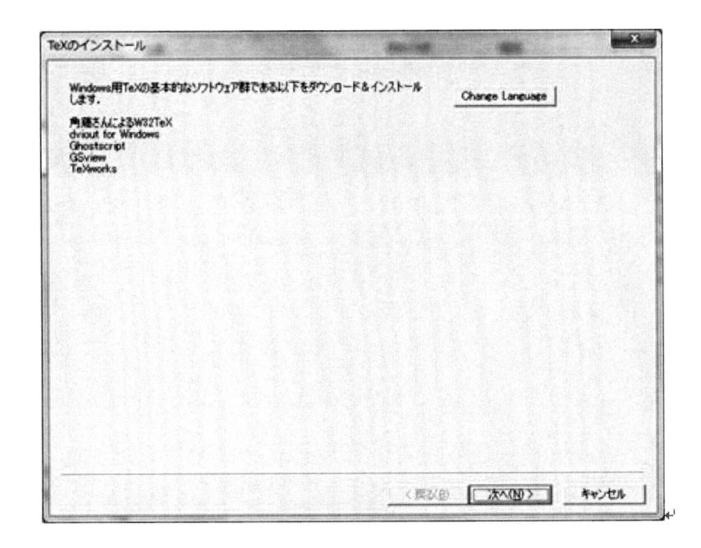

図·5.3·W32TeX インストーラーの実行画面

　図表番号を挿入すると、クイックスタイルに図表番号スタイルが表示されるようになるので、デザインを変更する場合はこのスタイルを変更しましょう。ラベル、番号、キャプションに反映されます。

　挿入した図表番号を本文中で参照するには、参考資料タブの相互参照を利用します。参照する項目のプルダウンメニューから図や表に設定したラベルを探して、該当する番号を選択し、挿入ボタンをクリックします。このとき、相互参照の文字列が図表番号全体になっているとラベル、番号、キャプションの全てが本文中に挿入されます。番号とラベルのみにしておくと、ラベルと番号が挿入されます。

図 B.34: 図表番号の参照

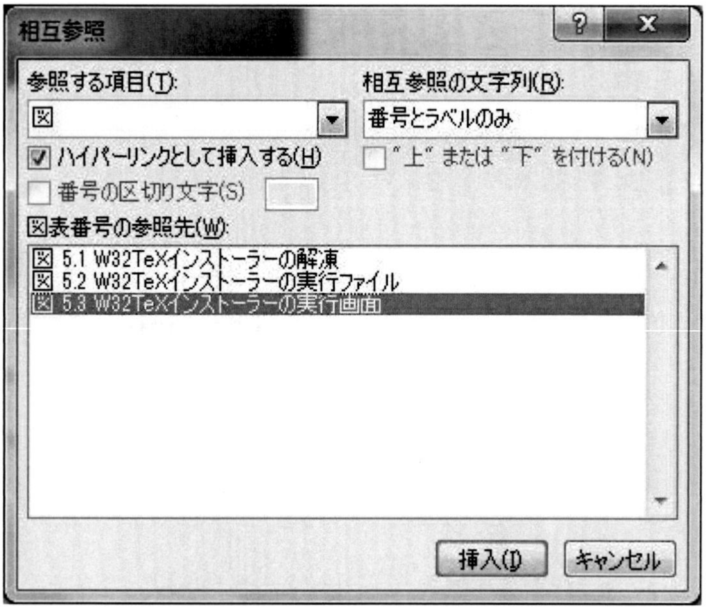

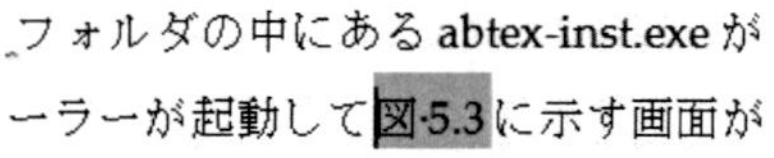

図 B.35: 挿入されたラベルと番号

フォルダの中にある **abtex-inst.exe** が
ーラーが起動して 図 5.3 に示す画面が

　このような手間のかかる方法ではなく、図表番号の挿入を利用して付けた番号をコピー＆ペーストすれば簡単なように感じますが、図表番号の挿入を利用して挿入した番号は、コピー＆ペーストすると番号が増えていきます。相互参照で参照した図表番号は、コピー＆ペースとしても値は変化しません。

B.5　章番号を付ける

　デザインに関することはスタイルを使いましょうと書いてきましたが、章や節に番号を付けるのはスタイルからはできません。ホームタブのアウトラインから設定します。見出し全て（レベル 1 から 9）に関係しますが、見出しとなるスタイルにしか関係しないためだと思われます。
　ホームタブのアウトラインをクリックするとメニューが展開されます。リストライブラリに使いたいデザインがあればそれをクリックするだけで、章番号、節番号などがつきます。もっとデザインに凝りたいという場合には、新しいアウトラインの定義をクリックし、新しいアウトライン定義ダイアログを開いて設定していきます。

図B.36: 新しいアウトラインの定義

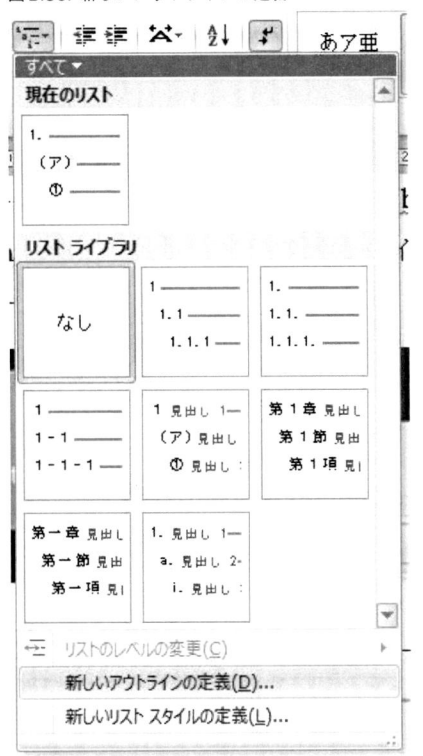

　見出しのレベルは1から9まで存在していますが、設定は使うレベルだけでかまいません。見出しレベル2以降の番号書式を編集する際、「章番号.節番号」のように、上位レベルの番号も含めたい場合には、次のレベルの番号を含めるの項目を設定します。次のレベルの番号を含めるに何も表示されていなければ、全ての番号が番号書式に含まれます。もし、ある特定のレベルだけ番号がうまくつかない場合、新しいアウトライン定義ダイアログのオプションボタンを押すと展開される項目にある「レベルと対応付ける見出しスタイル」で、レベル1と見出し1、レベル2と見出し2…など、見出しレベルと見出しスタイルが対応していることを確認してください。

図B.37: アウトラインの設定

　本書同人誌版では、章番号が1行目、章題目が2行目以降にくるように設定されています。これをWordで正しく設定する方法が分からなかったので、かなり苦し紛れの方法で再現しています。新しいアウトラインの定義ダイアログを開き、配置のインデント位置を0 mmにします。オプションにある番号に続く空白の扱いをタブにし、タブ位置の追加をチェックし、タブがページ右端にくるように設定します。数値はページサイズと余白から計算します。ここで作っているWord文書は、用紙の横サイズが182 mm、左右の余白が10 mmですので、タブ位置は162 mmとなります。

図B.38: 本書同人誌版の章題目を再現するアウトライン設定

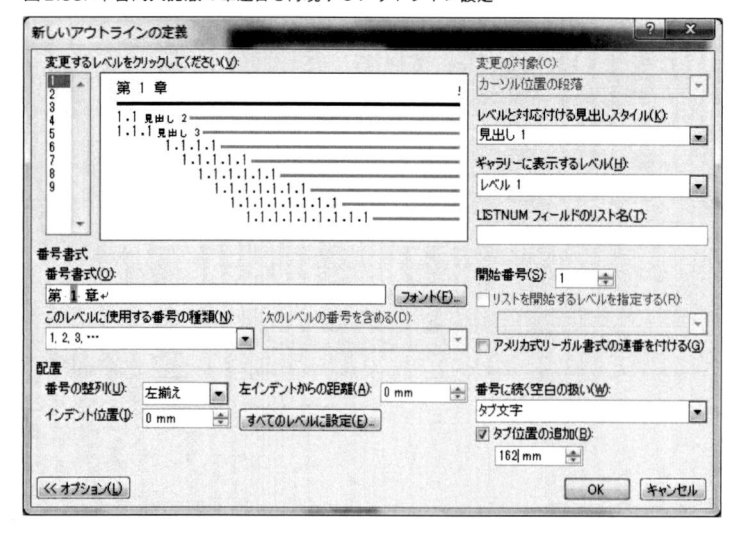

　このように設定すると、章番号がページ左端に置かれ、章題目はページの右端にはみ出して

表示されます。題目の前に半角スペースを入力すると、章題目が2行目の左端に揃えられます。半角スペースの代わりにShift+Enterで段落内改行を挿入する方法もありますが、その場合はヘッダーに章題目を設定するのが難しくなります。本書同人誌版では、ヘッダーに章題目を入れないので、半角スペースでも段落内改行でも問題ありません。

図B.39: アウトライン設定された章題目（1行目末に半角スペースが確認できる）

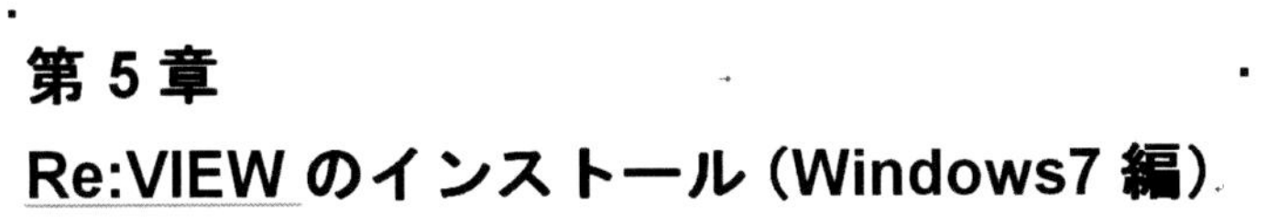

第 5 章
Re:VIEW のインストール（Windows7 編）

「この本について」や「目次」に章番号を付けなくない場合には、第1章となる見出しがあるページまで移動し、同じように新しいアウトライン[12]を定義します。このとき、アウトラインの定義ダイアログのオプションを展開したところにある「変更の対象」をこれ以降とします。

B.6　目次の挿入

B.6.1　目次の作成

スタイルを正しく適用できていれば、目次の作成はとても簡単です。目次を挿入したいページに移動して、参考資料タブの目次をクリックし、組み込みの一覧に表示されている目次を選ぶだけです。表示する項目を章に限定する、あるいはもっと下位の項目（項や段）まで表示したい、目次の各項目の書式を変更したい場合には、目次をクリックすると展開されるメニューから目次の挿入をクリックし、目次ダイアログの目次タブから設定します。

---

12. ここでいうアウトラインは、アウトラインモードとは関係ありません。

図 B.40: 挿入する目次の設定

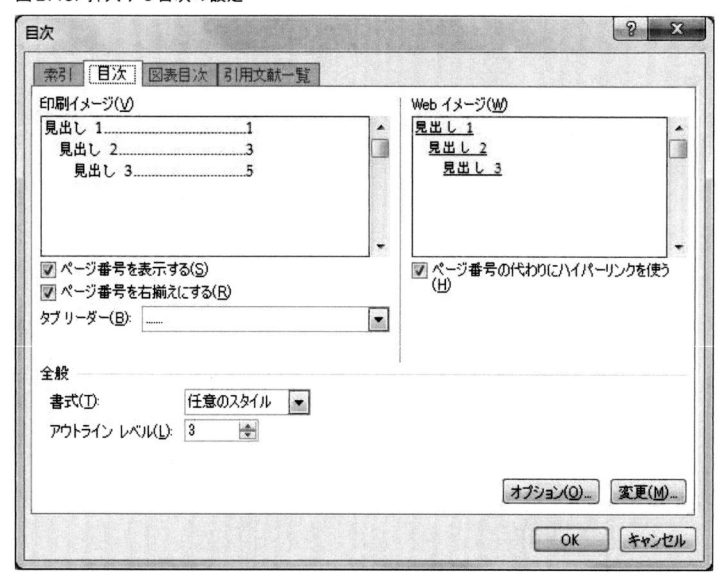

　目次に掲載する項目の書式（フォントサイズやインデント幅など）は、目次を挿入するときに設定します。目次をクリックすると展開されるメニューから目次の挿入をクリックし、目次ダイアログの目次タブから掲載するレベルなどの設定をしたら、変更ボタンをクリックして、文字/段落スタイルの設定を呼び出します。スタイルの目次1, 2, 3がそれぞれアウトラインレベルの1, 2, 3（章、節、項）に対応しているので、変更ボタンをクリックしてスタイルを設定します。

図 B.41: 目次に掲載される各項目のスタイル

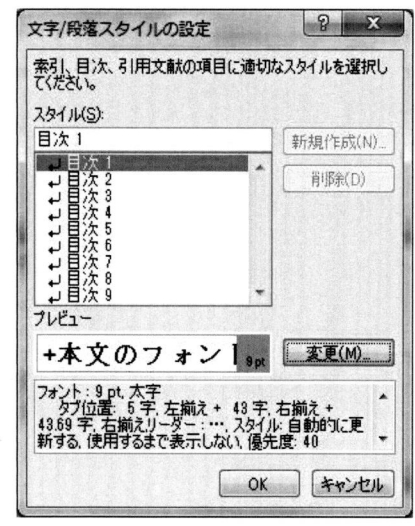

図B.42: 目次に掲載される見出し1レベルのスタイル

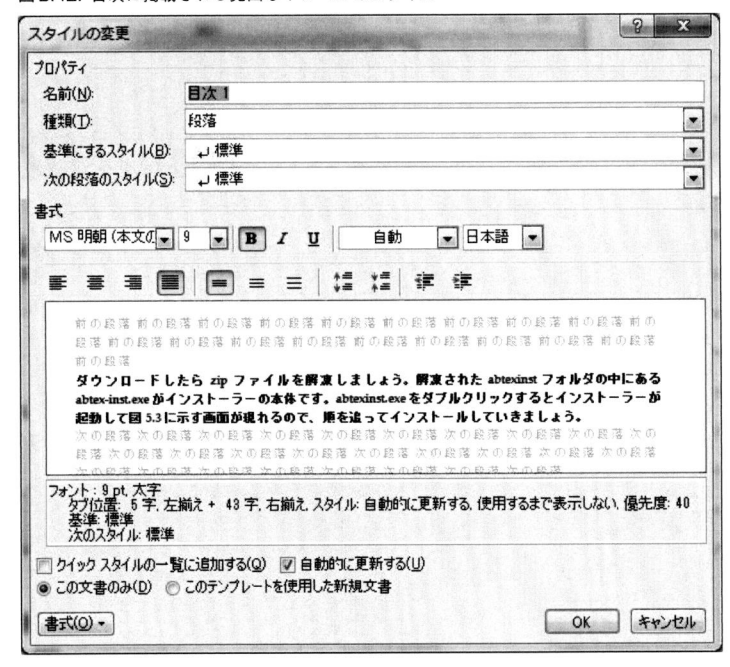

図B.43: 目次に掲載される見出し2レベルのスタイル

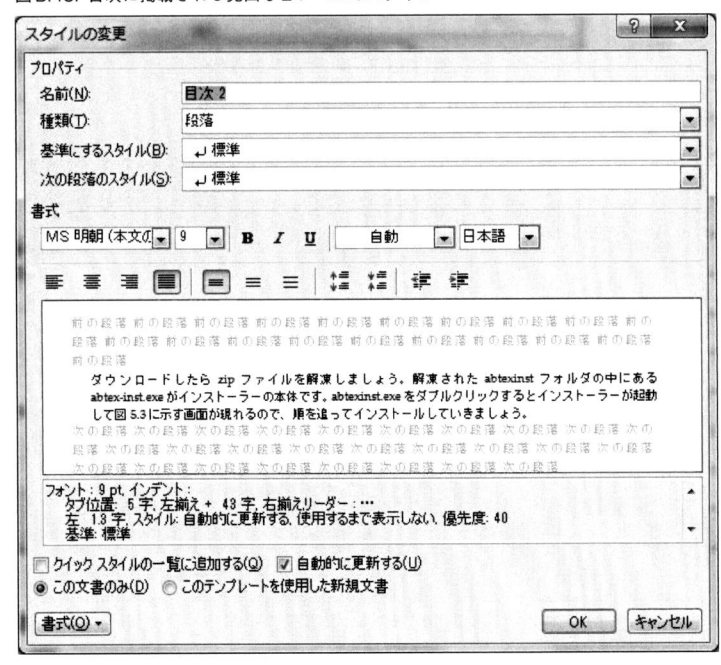

図 B.44: 目次に掲載される見出し 3 レベルのスタイル

　この設定で挿入される目次は図 B.45 のようになります。それなりに Re:VIEW の目次の書式を再現できていると思います。どうでしょうか？

図 B.45: 実際に挿入された目次の一部

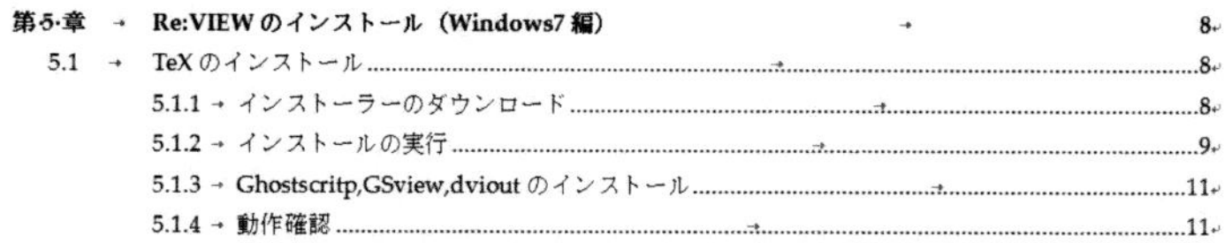

　目次を作成した後に本文を修正してページ番号がずれたとしても、目次そのものを編集する必要はありません。参考資料タブの目次の更新から更新作業を行うだけです。目次の更新をクリックして目次の更新ダイアログを開くと、ページ番号だけを更新するか、目次全てを更新するかを選ぶことができます。ページ番号だけを更新すると、目次に記載された項目のページ番号だけが更新されます。目次全てを更新すると、実質的な目次の作り直しとなって、目次に記載される項目も含めて全ての項目が更新されます。

B.6.2　目次に掲載する項目の選択

　本書同人誌版では、目次に目次が掲載されていません[13]。Word の目次では、掲載される項目は見出しレベルによって決まります。そして、特定の項目だけを目次に掲載しないようにする

---

13. 正確に表現すると、本書同人誌版の目次には、目次という章題目とそれの掲載されているページ数がない、ということです。

設定は見当たりません。

　特定の章を目次に掲載しないようにするには、一度目次を作り、そこから特定の章を削除するのが簡単です。不要な項目までカーソルを移動させ、DELキーやBSキーで削除するだけです。ページ番号だけを更新するようにすれば、消した行は現れません。目次全てを更新すると削除した章が再び掲載されるので、もう一度削除します。

　スタイルを使う事もできます。見出し1スタイルを複製して見出し1（目次非掲載）スタイルを作り、アウトラインレベルを本文にすることで目次に掲載されない見出し[14]を作ることができます。

B.7　ページ番号、ヘッダー・フッターの設定

　本書同人誌版では、ページ番号はページ下部中央に付けられています。これは全ページで共通です。ヘッダーは、章の最初のページだけ異なっており、それ以降のページでは節のタイトルが右揃えで書かれています。「はじめに」の章では、章の2ページ目のヘッダーには章題目だけが表示されています。目次では、章の2ページ目のヘッダーに罫線が引かれているだけです。これらを再現します。

　ヘッダーとフッターを編集する前に、必要な設定を行いましょう。ページ設定ダイアログを表示し、その他タブでヘッダーとフッターの設定をします。本書同人誌版の余白はかなり狭いので、ヘッダーとフッターの余白を適切に設定しないと、本文に食い込んでしまいます。

　次に、用紙端からの距離のすぐ上に、先頭ページのみ別指定という項目があるので、チェックを入れます。これで各章の先頭ページだけ別のヘッダー・フッターを使えるようになります。

---

14. 正しくは、見出し1と同じデザイン（フォントの種類、大きさ、位置）の本文です。

図B.46: ヘッダーとフッターの余白設定

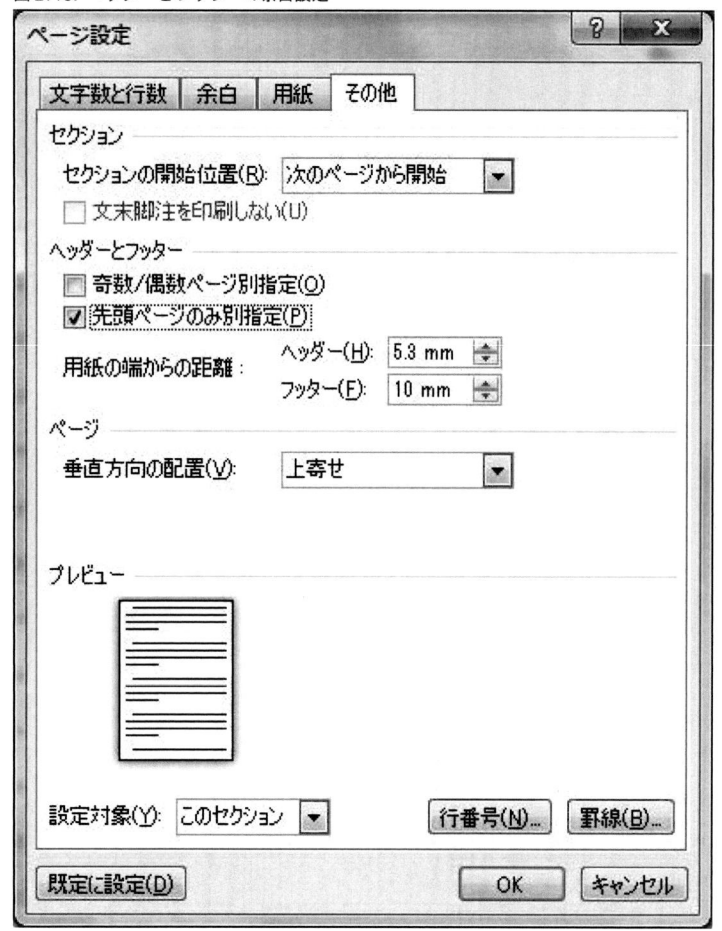

B.7.1 フッター（ページ番号）の設定

　ヘッダーはややこしそうですが、フッターは簡単に設定できます。まずは文書の先頭ページへ行き、フッター領域をダブルクリックします。編集モードに入るので、デザインタブのページ番号からページ下部→番号のみ 2 を選びます。

図 B.47: ページ番号の挿入

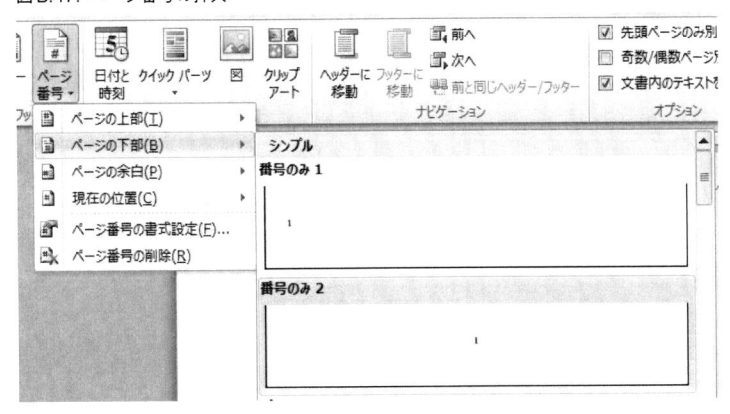

　そうすると先頭ページと各章の先頭ページにページ番号が入ります。次に2ページ目[15]へ移動し、フッターをクリックして、同じようにページ番号を付けます。これでページ番号の設定は完了です。

B.7.2　ヘッダーの設定

　ヘッダーの設定はフッターに比べてすこし面倒です。理由の一つは、本書同人誌版の場合、はじめに、目次、本文各章でヘッダーの設定が異なるからです。他にも、罫線が引かれていることや、章・節の題目を載せることも設定が複雑になる理由です。

　「はじめに」のヘッダーを設定します。先頭ページのヘッダーには何もないので、2ページ目に移動します。ヘッダーをダブルクリックして編集モードに入ったあと、改行記号を選択状態にして右揃えにします。

図 B.48: ヘッダーの設定（右揃え）

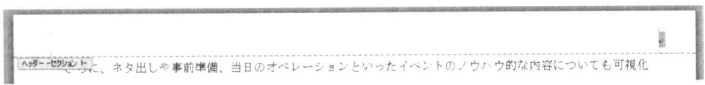

　次に、ページレイアウトタブのページ罫線をクリックし、表示された線種とページ罫線と網掛けの設定ダイアログの罫線タブを選び、線が引かれる位置や線の種類および色を設定します。設定対象を段落とし、罫線の引く位置をボタンから選びます。ここでは段落の下に線を引いています。

---

15. 各章の先頭ページとそれ以降のページで同じ設定にすることが目的です。2ページ目が章の1ページ目になっている場合には、さらに次のページ（文書の中で一番前にある、章の先頭ページではないページ）へ移動してページ番号を付けます。

図B.49: ヘッダーの設定（下線）

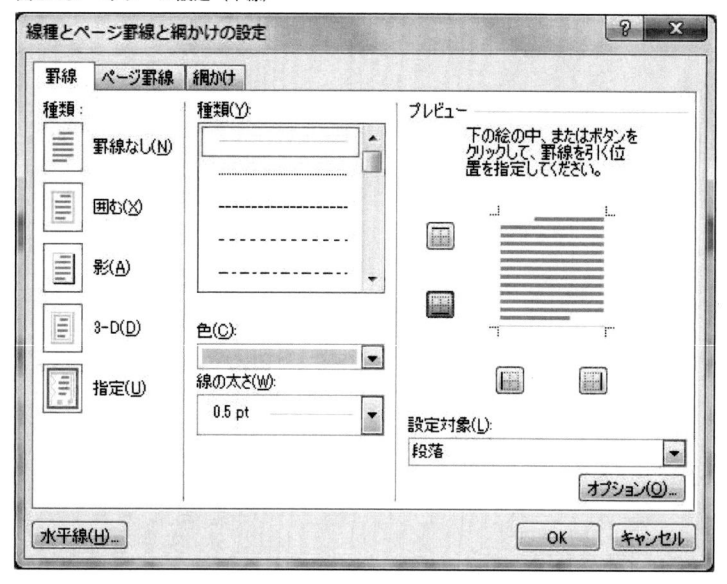

　最後に、章の題目を挿入します。デザインタブのクイックパーツからフィールを選び、フィールドの名前からStyleRefを探します。StyleRefをクリックするとフィールドプロパティにスタイル名が表示されるので、見出し1を選択し、OKを押します。章題目が挿入されました。ヘッダーの文字の書式は、ヘッダースタイルから変更しましょう。書式はゴシック体のBoldです。

図B.50: フィールドを利用した章題目の挿入

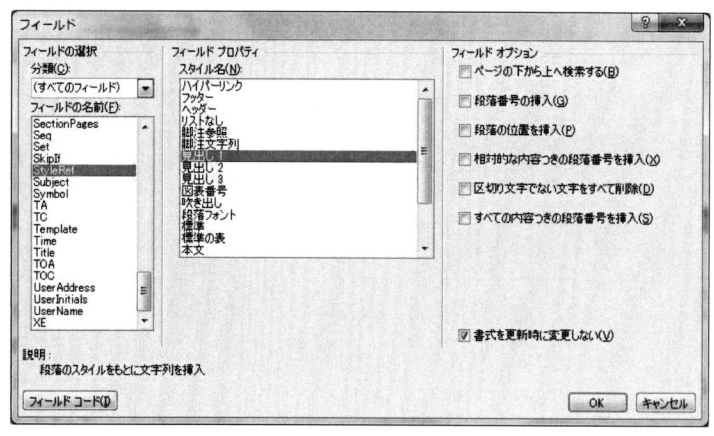

図B.51: 完成した「はじめに」のヘッダー

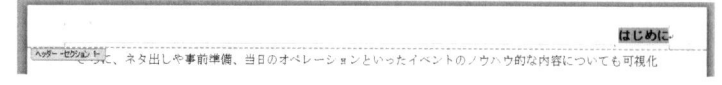

　「目次」のヘッダーを設定します。ページをスクロールして、目次の2ページ目に移動すると、

既にヘッダーに罫線が引かれ、章題目（目次）が挿入されています。

図 B.52: 目次のヘッダー

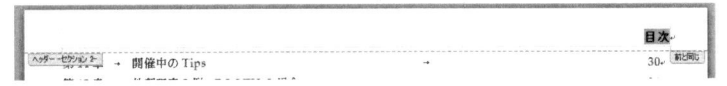

　Wordは基本的に前ページで設定されたヘッダーの設定を引き継ぐので、これを無効にします。デザインタブの前と同じヘッダー/フッターがアクティブになっているので、クリックして無効にします。その後、挿入されている章題目を削除します。

図 B.53: 前と同じヘッダー／フッターの利用設定

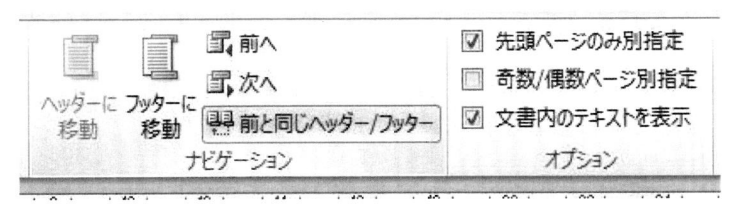

　同じように、本文の2ページ目もヘッダーの設定が引き継がれているので、前と同じヘッダー/フッターを無効にしましょう。本文ではヘッダーに節の番号と題目を掲載するので、「はじめに」の時と同じように、クイックパーツのフィールドからStyleRefを選択します。ここでは見出し2を選択し、フィールドオプションの段落番号の挿入にチェックを入れます。同じ手順で、見出し2を選択し、今度は段落番号の挿入にチェックを入れないようにすると、節の題目が挿入されます。

図 B.54: フィールドを利用した節番号の挿入

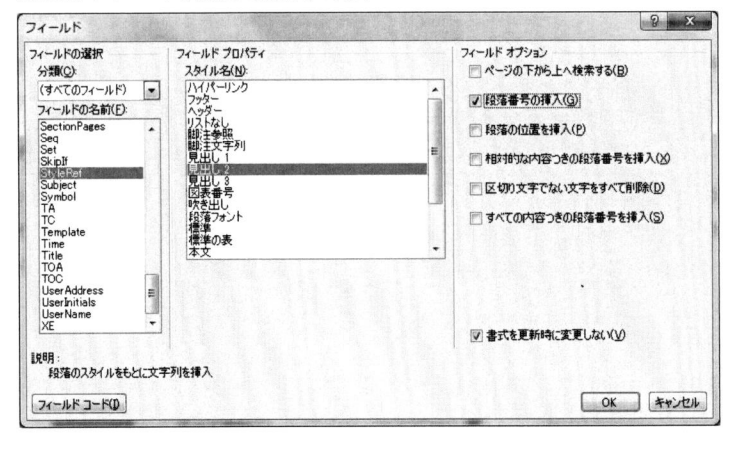

図 B.55: 完成した本文各章のヘッダー

これでヘッダー・フッターの設定が完了し、無事に本の体裁が整いました。

B.8　この章のまとめ

簡単に、といいつつかなり長々と説明をしましたが、多くの項目（特にスタイル）は一度設定すると文書テンプレートに保存しておけるので、次からは設定を簡略化することができます。Wordを使い慣れている方、Re:VIEWはハードルが高そうだと感じる方は、Re:VIEWにこだわらなくてもWordで十分クオリティの高い同人誌を作る事ができます。ここで紹介した内容は、Wordの入門書や解説書[16]を読むと系統立てて説明されているので、Wordが苦手な方も一度読んでみることをお勧めします。

あなたが書く技術同人誌は、何のソフトで書かれたかではなく、そこに込められたあなたの情熱によって人を惹きつけるのです。

Wordドキュメントから EPUB を作る

EPUBとは電子書籍のファイルフォーマットの一つです。Wordでは、Wordで作成したドキュメントをPDFファイルとして保存できるようになりましたが、EPUBファイルとして保存することはできません。WordドキュメントをEPUBに変換するにはいくつかの方法があります。その中でも、お手軽で忠実に変換してくれるソフトウェアにLeME[17]があります。LeMEでWordドキュメントを変換する処理は、WordファイルをLeMEにドラッグ＆ドロップで読み込ませ、タイトルや綴じの方向など本の情報を入力し、変換ボタンを押すという3ステップだけです。現行のバージョンでも図形や数式を完璧に変換してくれるわけではありませんが、精力的にアップデートされているので、今後に期待しています[18]。

---

16. たとえば西上原裕明、Wordで作る長文ドキュメント ～論文・仕様書・マニュアル作成をもっと効率的に、技術評論社、2011
17. https://leme.style
18. LeME のイメージキャラクターも結構力が入っています https://lieselotte.moe

付録C　技術同人執筆者たちの生き様

IIIIIIIIIIIIIIIIIIIIIIIIIIIIIIIIIIIIIIIIIIIIIIIIIIIIIIIIIIIIIIIIIIIIIIIIIIIIIIIIIIIIIIIIIIIIIIIIIIIIII

大げさなタイトルですが、サークル主がこれだけ集まった豪勢な本なので、これまでの同人活動を振り返ってみると、新たに参入する人達のヒントになるかも……ということで、最近の同人活動についての執筆陣へのアンケート形式で付録の最後に掲載いたします。

IIIIIIIIIIIIIIIIIIIIIIIIIIIIIIIIIIIIIIIIIIIIIIIIIIIIIIIIIIIIIIIIIIIIIIIIIIIIIIIIIIIIIIIIIIIIIIIIIIIIII

サークル主：ほしまど

執筆期間：1ヶ月
ページ数：40p
PDF環境：LaTeX
印刷部数：100部
仕事と執筆内容の関係：なし
コメント：

　技術書典2が初参加で、内容の妄想は2カ月前に開始。執筆開始はイベント日の1ヶ月半前。はじめての「印刷屋さん探し」はイベントの1か月ちょい前。初の同人誌作成だったので表紙の作成への見積もりが甘く、入稿直前の2日間で慌てての作成になった思い出。

　サークル参加を決めた理由は『（友人サークルの売り子してたら）Techboosterの方から、「参加しませんか？」って声掛けられたから』＆『大丈夫、書ける、書ける！と友人サークルの主であるBOSUKEさんにノセられたから』。たまたまその1年くらい前にNode.jsに初めて触れて、「JavaScriptでサーバー側も書けるのか！ブラウザ側との通信もこんなに簡単に書けるのか。分かり易い！」と思い、「この簡単さ、面白さを、誰かに伝えたいなー」と思っていたのもあって、うっかり書いてしまった。まさかの完売で、当日はびっくり

サークル主：湊川あい

執筆期間：1ヶ月
ページ数：20p
PDF環境：CLIP STUDIO
印刷部数：200部

仕事と執筆内容の関係：あり

コメント：

　個人制作誌「マンガでわかるWebデザイン 設定資料集」をコミティアと技術書典2で頒布。自著「わかばちゃんと学ぶWebサイト制作の基本」に登場するキャラクター、HTMLちゃん・CSSちゃん・JavaScriptさん・PHPさんのプロフィール・未公開イラストと、書籍の制作過程、番外編4コマなどを収録。

　目的は2つあり、1つは既存読者に対して喜んでもらい、よりキャラクターへの愛着を持ってもらうため。もう1つは、リアルでのイベントという新しい場で、新規読者を開拓するためであった。

　コミティア（マンガ島）では20冊程度、技術書典2では150冊ほど売れました。残りは超技術書典で捌けました。

サークル主：えるきち（erukiti）

執筆期間：構想1月、執筆2週間、PDFとの格闘1週間

ページ数：80P

PDF環境：MacでRe:VIEW + TeXLive　（brewとbrew caskとフォント関係の作業少し）

印刷部数：100部 + 電子100部

仕事と執筆内容の関係：なし

コメント：

　技術書典2でサークルデビュー。Modern JavaScriptという本を出しました。JS関連の情報ってネット上にES5とかの古い情報が蔓延しすぎていて、新しいES2015+で書く時どうすべきかという情報が見つかりづらいので、自分で書いてしまえという事で書きました。JSはバックエンドも含めてガッツリ本格的に開発できるポテンシャルの高い言語だと思うのです！というエモも込めてみました。

　本の作成では印刷所が受け取ってくれる形式でのPDFや表紙など作成までにかなり苦戦しました。当日の戦績としては、12時過ぎに紙100部完売。閉会直前に電子100部完売でした。紙に比べて電子は明らかに売れ行きが鈍る感じで、「紙ないの？」って聞かれることも多く、わざわざイベントに来る人達は紙としての本を求めている人がほとんどなのだというのは知見でした。

サークル主：暗黙の型宣言

執筆期間：執筆1.5ヶ月

ページ数：240

PDF環境：Word + Acrobat Pro

印刷部数：50部

仕事と執筆内容の関係：若干あり

コメント：

Fortranと流体の数値シミュレーションに関する内容を取り扱うサークル。技術書典2で
Fortranによるオブジェクト指向プログラミングに関する本を頒布するために結成。技術書典
2では50部のうち40部強を頒布。技術書典は蓄積した情報をまとめるよい機会となった。現
在Fortranを使っていて最新の情報を探していた人、以前にFortranを使っていた人など、同
じ分野に興味を持った人達と交流できたことが非常に楽しかった。

サークル主：親方

執筆期間：製作1ヶ月、本文2週間

ページ数：50P前後

PDF環境：Word + CubePDF

印刷部数：200部

仕事と執筆内容の関係：ほんの少しあり

コメント：

レーザープロジェクター自作に向けた実装ネタを連載中。前回執筆からの進捗差分をまと
めたものとページ埋めの小ネタを執筆。「あなたにも作れます」をコンセプトに、部品の買い
方、ソフトの実装、組み立て、設計・実装、現地でのデモなどの全てを記載しています。

イベントごとに新刊70部前後と、総集編を頒布。ここまでのサークル参加（約15回）を振
り返って、蓄積したノウハウを整理することで、今回の本（本書同人誌版）ができました。本
体（レーザー本）の実装・執筆の方を進めないと……。

サークル主：ふぃーるどのーつ

執筆期間：製作2ヶ月半、構成2週間

ページ数：40P

PDF環境：Pandoc(Markdown)+Adobe Acrobat DC

印刷部数：150部

仕事と執筆内容の関係：あり

コメント：

TDD（テスト駆動開発）を中心として、ブログ等で公開していた短編5編と書き下ろし2編
で構成しました。

表紙のレイアウト作成や入稿の準備で最後かなり慌ただしくなったので、
これから同人誌執筆に取り組む方はそこの部分もスケジュールに織り込んでおくとよいと思
います。

勢いで加わったところはありましたが、自分の知識の棚卸にもなるのでよかったと思いま

す。何より、「自分で手がけた本を、自分のまえで"ください"といってくれる」という点は何物にもかえがたいですし、分量の制約もジャンルも関係なしに、自分の書きたいものを好きなようにアウトプットできる、自分が主役になれるイベントという魅力は技術同人誌特有のものだと感じています。

サークル主：病葉

執筆期間：1ヶ月

ページ数：54p

PDF環境：Windows Subsystem for Linux + TeXLive(XeLaTeX)

印刷部数：150部

仕事と執筆内容の関係：なし

コメント：

　技術同人誌を介して、ラジオ及びradikoの布教に努めているサークル。raspberry piを使ってラジオをより快適に聴取することを目的に、raspberry pi構築のベストプラクティスに関する本を頒布。技術同人誌に挑戦するきっかけについては1章のコラムをご覧下さい。

　初参加で本の内容に集中するあまり、印刷所への入稿方法やノンブル等の本に関する知識を直前になってから調べて対応するという大変無謀なことをしていました。本書への参加を通じて、一口に"技術同人誌を作る"と言っても、本を作成するツールや展示・販売方法など、執筆者ごとにスタイルや考え方が本当に多岐にわたるのだなあと感じました。

あとがき

　本書をお読みいただきありがとうございます。

　技術同人誌というニッチな、しかし今熱い分野にようこそ。この本に興味を持っていただいたということは、技術同人誌の「執筆者として」歩みだそうとしている方であると想像します。

　本文中でも触れていますが、技術同人誌はアウトプット手段として非常に優れた手段ですが、一方でハードルの高さもあります。執筆手法やネタ出し、入稿方法、イベントのノウハウなど、これまで断片的であった様々なノウハウを網羅することで、そのハードルを下げるために本書が活用されることを祈って、著者一同執筆しました。思いつく限りの内容は盛り込んだつもりではありますが、内容の不十分なところ、間違って理解しているところがありましたら、ご指摘くださいますと幸いです。

　さいごに、技術同人誌を執筆する仲間が増えることを願っています。より具体的には、コミケや技術書典などのイベントで、初めての技術同人誌をかきあげたあなたに会える日を楽しみにしています。

2018年4月
親方Project

編者紹介

親方Project

理工学部でレーザーに関する研究室に所属、卒業後は企業の研究所にて計測システムの研究・開発に従事している。レーザーおよび電子工作を扱う同人誌を執筆し、コミックマーケットおよび技術書典に参加している。同人誌執筆において得た知識、実装が本業で活用できることに喜びを感じている。

◎本書スタッフ
アートディレクター/装丁：岡田章志＋GY
編集協力：飯嶋玲子
デジタル編集：栗原 翔

〈表紙イラスト〉
湊川 あい（みなとがわ あい）
フリーランスのWebデザイナー・漫画家・イラストレーター。マンガと図解で、技術をわかりやすく伝えることが好き。著書『わかばちゃんと学ぶ Webサイト制作の基本』『わかばちゃんと学ぶ Git使い方入門』『わかばちゃんと学ぶ Googleアナリティクス』が全国の書店にて発売中のほか、動画学習サービスSchooにてGit入門授業の講師も担当。マンガでわかるGit・マンガでわかるDocker・マンガでわかるUnityといった分野横断的なコンテンツを展開している。
Webサイト：マンガでわかるWebデザイン http://webdesign-manga.com/
Twitter：@llminatoll

技術の泉シリーズ・刊行によせて
技術者の知見のアウトプットである技術同人誌は、急速に認知度を高めています。インプレスR&Dは国内最大級の即売会「技術書典」（https://techbookfest.org/）で頒布された技術同人誌を底本とした商業書籍を2016年より刊行し、これらを中心とした『技術書典シリーズ』を展開してきました。2019年4月、より幅広い技術同人誌を対象とし、最新の知見を発信するために『技術の泉シリーズ』へリニューアルしました。今後は「技術書典」をはじめとした各種即売会や、勉強会・LT会などで頒布された技術同人誌を底本とした商業書籍を刊行し、技術同人誌の普及と発展に貢献することを目指します。エンジニアの"知の結晶"である技術同人誌の世界に、より多くの方が触れていただくきっかけになれば幸いです。

株式会社インプレスR&D
技術の泉シリーズ　編集長 山城 敬

●落丁・乱丁本はお手数ですが、インプレスカスタマーセンターまでお送りください。送料弊社負担に てお取り替えさせていただきます。但し、古書店で購入されたものについてはお取り替えできません。

■読者の窓口
インプレスカスタマーセンター
〒101-0051
東京都千代田区神田神保町一丁目 105番地
TEL 03-6837-5016／FAX 03-6837-5023
info@impress.co.jp
■書店／販売店のご注文窓口
株式会社インプレス受注センター
TEL 048-449-8040／FAX 048-449-8041

技術の泉シリーズ

技術同人誌を書こう！
アウトプットのススメ

2018年4月13日　初版発行Ver.1.0（PDF版）
2019年4月5日　Ver.1.1

編　者　親方Project
編集人　山城 敬
発行人　井芹 昌信
発　行　株式会社インプレスR&D
　　　　〒101-0051
　　　　東京都千代田区神田神保町一丁目105番地
　　　　https://nextpublishing.jp/
発　売　株式会社インプレス
　　　　〒101-0051　東京都千代田区神田神保町一丁目105番地

印刷・製本　京葉流通倉庫株式会社
Printed in Japan

ISBN978-4-8443-9820-2

NextPublishing®
●本書はNextPublishingメソッドによって発行されています。
NextPublishingメソッドは株式会社インプレスR&Dが開発した、電子書籍と印刷書籍を同時発行できるデジタルファースト型の新出版方式です。https://nextpublishing.jp/